植物线虫
综合治理概论

Introduction to Integrated Nematode Management

高丙利 编著

中国农业科学技术出版社

图书在版编目（CIP）数据

植物线虫综合治理概论 / 高丙利编著 . -- 北京：中国农业科学
技术出版社，2021.8

ISBN 978-7-5116-5272-0

Ⅰ . ①植…　Ⅱ . ①高…　Ⅲ . ①病害—线虫感染—防治—研究
Ⅳ . ① S432.4

中国版本图书馆 CIP 数据核字（2021）第 062589 号

责任编辑　姚　欢
责任校对　马广洋
责任印制　姜义伟　王思文

出 版 者　中国农业科学技术出版社
　　　　　北京市中关村南大街 12 号　邮编：100081
电　　话　（010）82106631（编辑室）（010）82109704（发行部）
　　　　　（010）82109702（读者服务部）
传　　真　（010）82106631
网　　址　http://www.castp.cn
经 销 者　各地新华书店
印 刷 者　北京建宏印刷有限公司
开　　本　185 mm×260 mm　16 开
印　　张　17.75
字　　数　450 千字
版　　次　2021 年 8 月第 1 版　2021 年 8 月第 1 次印刷
定　　价　188.00 元

内 容 简 介

　　本书围绕植物线虫综合治理的主题，在参考国内外大量相关研究成果的基础上，结合作者的工作经验和理解，概述性地介绍了新形势下植物线虫对全球以及中国作物的危害性、线虫寄生的特征和主要种类、线虫与其他病原微生物对作物的复合为害等内容；重点阐述了国际上各种线虫防治技术和产品应用的新进展，包括植物抗性、生物杀线剂和化学杀线剂等；系统地诠释了植物线虫全程综合治理的指导方针——生物和化学措施相结合，靶向农产品质量安全标准的解决方案；列举了不同类型重点作物线虫病害治理的要点内容。

序　言

　　由植物寄生线虫引起的线虫病害是威胁世界粮食安全的重要因素之一，在我国呈现出越发严重的发生趋势。在当今日益重视食品安全和生态环境的形势下，如何运用可持续性的防控综合技术方案治理植物线虫病害，有效控制其对重要粮食作物和经济作物的危害，是农业科技领域面临和亟待解决的重大生产问题。在此背景下，《植物线虫综合治理概论》的出版无疑将对我国植物线虫学科在新形势下的发展起到积极的引领作用。

　　在全体植物线虫工作者的共同努力下，近些年来我国植物线虫学科在前沿科学研究及防控线虫病害方面取得了很大的进步，获得了国际同行的瞩目。但我国在很多研究领域，特别是在线虫防控技术的系统化和标准化方面，与发达国家尚有距离。编著者高丙利教授具有长期在中国和美国从事植物线虫研究的背景，在线虫和植物的分子互作研究中获得过突破性的研究成果，具有丰富的教学、科研和田间工作经验。该书汇总了国际上发表的最新相关文献资料和研究进展，并融合了作者自身的研究成果和对新形势下植物线虫防治工作的理解，具有一定的新颖性、创新性和探索性。

　　全书结构严谨，内容丰富，插附了大量的图表和照片，直观地表达了基本概念、为害途径和田间症状等重要内容，加之整书采用彩色印刷，图文并茂，方便读者对所表述内容的准确理解。

　　我代表中国植物病理学会植物病原线虫专业委员会向全国从事植物保护特别是植物线虫学工作的同仁推荐该书，相信它能够拓展大家的视野、提高对当代植物线虫学内容的认知，对促进我国植物线虫学的教学、研究、产品开发、技术服务等均具有重要的学术价值和实用意义。

彭德良

中国植物病理学会植物病原线虫专业委员会主任委员

2021 年 7 月 5 日

前　言

　　粮食安全依然是人类所面临的关键问题。植物线虫几乎为害所有植物，包括人们基本生活所需的粮食作物和各类经济作物，造成的平均产量损失在12%左右，对全球农业生产构成了巨大的威胁，且呈现出越发严重的趋势，特别是在发展中国家。近几十年来，中国农业生产的方式和结构发生了较大变化，如大宗作物的大面积机械化种植、蔬果类作物的广泛性保护地种植、特色经济作物和中草药植物的多元化种植等。在短期经济利益的驱动下，为了提高土地单位面积产值，种植者已习惯采用单一作物品种连续种植和化学药肥大量施用的种植方式，这些因素的组合导致了线虫病害发生的普遍性和严重性，使其成为继真菌病害之后的另一大病害类群。另外，作为先锋性病原物，植物线虫与病原微生物的复合侵染加大了作物受害的严重程度，造成的经济损失不可估量。

　　植物线虫一旦侵入特定的田块就很难被完全清除。通常情况下，作物对线虫的侵染具有一定程度的耐受性，即少量的线虫种群不足以造成作物产量的损失。鉴于此，通过人为干预措施将线虫种群密度控制在经济阈值（线虫种群密度造成的经济损失相当于防治成本时的数值）水平之下是植物线虫综合治理的精髓理念，也是数值化精准治理的基础。

　　在田间土壤微生态体系中，植物线虫种群的动态变化主要受制于作物根系的健康状况和根际微生物丰度的影响，维护植物线虫、寄主作物和微生物三者之间相互作用关系的平衡，是制定植物线虫综合治理方案以及实施相关技术和产品的目标。健康作物根系旺盛的代谢活动、坚固的组织结构和内在的免疫机制对线虫的侵染有天然抵御能力，而丰富的根际微生物种群不仅能够促进植物的健康生长，同时也能够通过寄生和毒杀作用有效地抑制线虫种群的发展。因此，在实施线虫病害治理时，要优先使用既有抑制线虫种群效果又能持续维护土壤健康的干预措施。

大多数传统的高毒化学杀线剂在环境和食品安全的压力下已经或正在退出市场，给植物线虫病害的防治工作带来了挑战。随着生物技术和分析手段的不断进步，培育抗线虫作物品种、挖掘微生物和植物杀线虫资源、寻找天然诱抗成分等方面的研究和开发工作在深度和广度上都取得了很大的进展。一批对植物线虫种群有抑制作用的新型生物技术和产品开始在市场上发挥越来越重要的作用，如抗线虫作物新品种、微生物杀线剂、植物源杀线剂、生物刺激素、土壤改良剂和生物肥料等；同时，一批具有新用途和新型作用机理的低毒化学杀线剂也开始陆续进入市场，并展现了较好的防治效果，巩固了化学杀线剂在植物线虫治理体系中发挥主导作用的地位。

近年来，植物线虫病害在中国的发生呈现恶化的趋势，使种植业者开始关注或越发重视线虫的危害问题。由于中国市场的巨大需求，许多国内外农化生产企业、植物保护服务公司、农资销售平台纷纷介入。各类规范或不规范的产品充斥市场，各类营销方式层出不穷。作者这些年在全国各地的调查工作中结识了很多从事线虫病害防治工作的一线人员，他们大多具有积极的工作热情，特别渴望了解国际上先进的线虫病害治理理念、技术和产品，但普遍缺乏系统的专业知识和实用技术培训，这正是作者撰写此书的主要初衷。

中国有很多优秀的植物线虫学家，已经出版了多种植物线虫学方面的译著和专著，包括《植物线虫学研究入门》（A. L. 泰勒著，陈品三和郝近大译，1981 年）、《中国植物线虫研究》（王明祖主编，1998 年）、《植物病原线虫学》（刘维志主编，2000 年）、《植物线虫分类学》（谢辉编著，2000 年）、《植物线虫学》（冯志新主编，2001 年）、《中国植物线虫名录》（赵文霞和杨宝君编著，

2006 年）、《植物线虫学》（段玉玺主编，2011 年）、《植物线虫学》（Roland N. Perry 和 Maurice Moens 主编，简恒主译，2011 年）、《植物线虫分子生物学实验教程》（林柏荣、卓侃、廖金铃编著，2018 年）等。在这些书籍中，对植物线虫的形态、解剖、分类、生理、生态、分子生物学等基本知识，以及为害症状、诊断技术和典型作物线虫病害的防治方法等都有详尽或简要的描述。

本书对上述各专著中的植物线虫学基本知识的大部分内容不再赘述，而是围绕植物线虫综合治理的主线，在参阅了大量国际上最新发表的相关研究成果、综述和资讯的基础上，结合作者在长期研究工作中积累的经验以及对植物线虫病害防治工作的理解，概述性地介绍了新形势下植物线虫对全球作物造成的危害、植物线虫的寄生特征以及主要种类、植物线虫和其他病原微生物对作物的复合为害等内容，对现有植物线虫知识进行更新和完善；同时重点阐述了国际上各种植物线虫防治技术研究和产品开发的最新进展，包括植物抗性、生物（微生物和植物）资源和化学制剂等；最后系统诠释了线虫综合治理的理念，将"生物和化学措施相结合，靶向农产品质量安全标准的解决方案"作为新形势下实施植物线虫全程综合治理的指导思想，并列举了一些重要作物的线虫病害治理要点。

为了使内容的表达更形象具体，书中很多信息以图表的形式呈现给读者。由于本书概述了植物线虫学多个领域最新的研究进展，因此可以作为大学、研究院所和相关企业从事植物线虫教学、科研和产品开发的师生、研究人员的参考资料；同时，本书重点阐述的是植物线虫病害的综合治理，侧重于实际应用，因此对植物保护一线的工作人员、农资销售与服务人员、种植业工作者均具有实际的指导作用。

书中引用了国内外专家们提供的大量图片，对各位的慷慨支持深表谢意！

感谢在不同时期对我的研究工作给予指导和帮助的导师、合作者以及团队成员！书中引用的很多资料是大家共同研究的成果。

特别感谢南京农业大学李红梅教授，提出了很多有参考价值的修改意见，为书稿的顺利完成付出了大量的宝贵时间和精力！感谢夫人肖慧玲老师及团队成员张鹏、谢斌斌和杨燕燕提出的诸多修改建议！感谢中国农业科学院植物保护研究所彭德良研究员对书稿的修改建议和出版的支持！感谢姚欢编辑为此书出版所付出的辛劳！

由于本人水平有限，有些表述可能会有偏颇或不妥之处，敬请读者予以批评指正。

高丙利

2020 年 12 月 27 日于美国圣路易斯

目 录

1 植物线虫的特征

1.1 绪论

　　植物寄生线虫（本书统称为"植物线虫"）可以寄生植物的地上和地下部位，但多数种类为害植物的根部组织；不同种类的植物线虫其为害方式不同，有些在根外生活，有些在根内生活，有些迁移取食，有些固定在寄主组织内取食。植物线虫主要利用一个坚硬的骨化口针作为寄生在植物上的工具，口针也是植物线虫区别于其他线虫类群最独特的形态特征。口针的功能主要体现在：①刺穿植物细胞便于线虫在组织中移动；②吸取植物细胞中的营养；③注射来源于线虫食道腺细胞的分泌物并进入植物细胞。有些植物线虫种类在进化过程中与寄主植物建立了高度精妙的互作关系，线虫通过口针把分泌物注入寄主细胞内，改变寄主细胞的遗传表达、生理生化反应和形态结构，使寄主细胞变为植物线虫的永久性取食位点，如巨细胞、合胞体和营养细胞等。了解植物线虫分泌物的成分及其功能是研究植物线虫和寄主互作的基础，迄今已鉴定出了大量根结线虫和孢囊线虫的分泌蛋白（亦称为"效应子"）。线虫寄生与植物防御之间错综复杂的关系是线虫和植物在长期的生存对抗中进化的结果，植物"感受"到线虫侵染后即启动免疫机制实施防御，包括分泌具有驱避性和毒性的成分、加固细胞壁的结构、促使侵染点区域性组织死亡、毁坏或限制线虫取食细胞等；而植物线虫除了调整生理和结构特征来对抗毒素攻击外，还利用其分泌物来克服寄主植物对其侵染产生的先天免疫、减轻宿主细胞的损伤、促进取食位点的形成和扩充等。有些效应子具有多重功能，可以通过不同的机制化解植物的防御反应。利用模式植物拟南芥研究了许多植物线虫效应子的功能并已取得一些进展，但还不足以比较完整和清晰地解析线虫效应子的作用机理。同样，虽然在很多抗线虫作物和模式植物中证实了植物对线虫的各种免疫反应，但在植物对线虫的识别以及线虫诱导植物的特异性免疫等方面尚有很多未知的机制需要深入的研究。

　　线虫是一种假体腔、不分节、无色的蠕虫形动物，通常为丝状或线状。在动物界中，估计的线虫种类仅次于昆虫（Lambshead，1993），但线虫的数量是最大的，估计约有 4.4×10^{20} 条，推测重量约 3 亿 t（Johan 等，2019），占地球上多细胞动物数量的 4/5（Pushpalatha，2014），目前记载约有 260 属 4 100 多种（Decraemer 等，2006）。线虫习居于高山、丘陵、峡谷、河流、湖泊、海洋、沼泽地带、沙漠、各类土壤，以及植物和动物体内，甚至在南非金矿地下 0.9~3.6 km 处都有线虫存在。线虫的体型大小差异很大，寄生在人和动物体内的线虫，如蛔虫，可长达 20 cm，而植物线虫个体相对较小，长 0.3~1 mm。大约有 50% 的线虫生活在海洋中，有 25% 的线虫为自由生活型或称为腐生线虫，主要生活在土壤或淡水中，以真菌、细菌、其他腐生物、小型无脊椎动物或有机物等为食；还有 15% 的线虫为动物寄生性线虫，可寄生小型昆虫、其他无脊椎动物、家畜、野生动物和人类等；只有 10% 的线虫是植物寄生性线虫，可寄生几乎所有的农作物。

1.2 植物线虫特有的形态特征

按照 Perry 和 Moens（2006）的分类系统，植物线虫隶属于动物界（Amimalia）的线虫门（Nematoda），主要分布在色矛纲（Chromodorea）小杆目（Rhabditida）垫刃亚目（Tylenchina）下的垫刃次目（Tylenchomorpha），以及刺嘴纲（Enoplea）矛线目（Dorylaimida）下的长针线虫科（Longidoridae）和三矛目（Triplonchida）下的毛刺线虫科（Trichodoriae）。迄今为止，已有文献描述记载的植物线虫有 4 100 多种，其中分布广泛并造成作物显著减产的约有 3 400 种（Hodda，2011）。常见植物线虫种类的形态如图 1-1 所示（译自 McGawley 和 Overstreet，2015；Common genera of plant-parasitic nematodes；Published at http://www.nematologists.org）。

人类于 1743 年发现第一个植物寄生线虫——小麦粒线虫（*Anguina tritici*）。植物线虫最显著的形态特征是口腔内具有一个中空的骨化口针，是线虫侵入寄主植物体内以及从寄主获取营养的工具，而腐生线虫没有口针（图 1-2 和图 1-3，图片源自 R. S. Hussey）。典型的植物线虫口针分为针锥、针干和基球三部分；基球常为 3 个，连接着牵引肌的一端，而牵引肌的另一端连接着线虫的头架，随着牵引肌的收缩和放松，口针得以伸出口孔，穿刺植物细胞或收回至体内。口针的大小和形状与植物线虫种类有关，是形态鉴定的一个重要依据。

典型的植物线虫形态如图 1-4 所示（译自 Agrios，2005）。虫体可分为体壁和体腔两部分。体壁从外至内由角质层（Cuticle）、下皮层（Epidemics）和肌肉层（Musculature）组成，具有保持体形、保护体腔、调节呼吸、收缩运动的作用。角质层由下皮层细胞分泌，主要由胶原蛋白、不溶性蛋白质（Cuticlins）、糖蛋白和脂类等组成，在线虫的运动、抵御环境损害和生长发育中起重要作用。体壁内的假体腔（Pseudocoel）充满保持膨压的体液和各种结构，这种液体如同原始血液一样，供给虫体所需的营养物质和氧气。假体腔

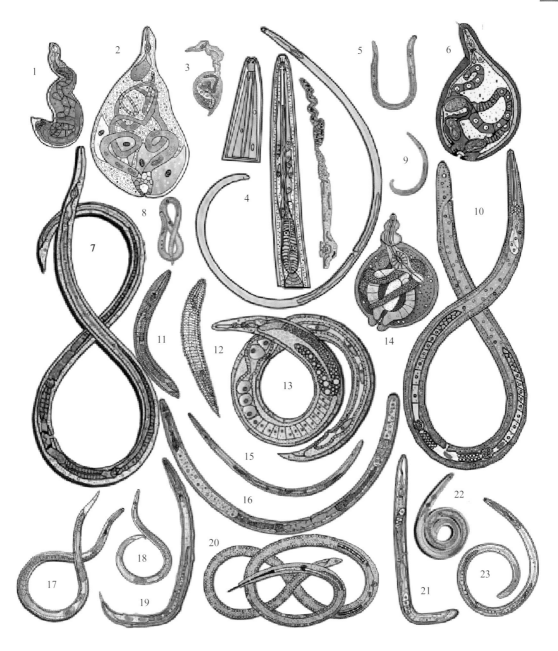

1—肾状线虫（*Rotylenchulus* spp.）；2—根结线虫（*Meloidogyne* spp.）；3—半穿刺线虫（*Tylenchulus* spp.）；
4—长针线虫（*Longidorus* spp.）；5—短体线虫（*Pratylenchus* spp.）；6—孢囊线虫（*Heterodera* spp.）；
7—锥线虫（*Dolichodorus* spp.）；8—穿孔线虫（*Radopholus* spp.）；9—针线虫（*Paratylenchus* spp.）；
10—刺线虫（*Belonglaimus* spp.）；11—中环线虫（*Mesocriconema* spp.）；12—沟环线虫（*Ogma* spp.）；
13—粒线虫（*Anguina* spp.）；14—球线虫（*Sphaeronema* spp.）；15—矮化线虫（*Tylenchorhynchus* spp.）；
16—纽带线虫（*Hoplolaimus* spp.）；17—茎线虫（*Ditylenchus* spp.）；18—滑刃线虫（*Aphelenchoides* spp.）；
19—鞘线虫（*Hemicycliophora* spp.）；20. 剑线虫（*Xiphinema* spp.）；21—毛刺线虫（*Trichodorus* spp.）；
22—螺旋线虫（*Helicotylenchus* spp.）；23—盘旋线虫（*Rotylenchus* spp.）。

图 1-1　常见植物线虫种类的形态

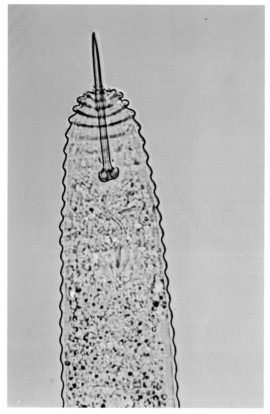
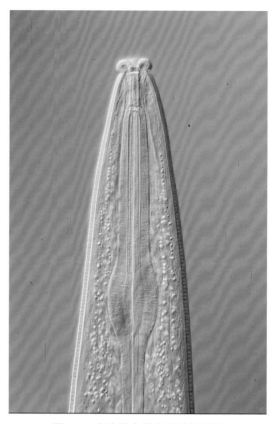

图 1-2 植物线虫具有口针   图 1-3 腐生线虫具有开放性咽部

内有消化系统、生殖系统、神经系统和排泄系统。线虫没有呼吸系统和循环系统。

植物线虫的消化系统是一个不规则的直通管道，起自口腔，经食道、肠、直肠而终于肛门，口针腔连通着食道腔。典型的垫刃型食道由前体部（Procorpus）、中食道球（Metacorpus）和食道后部（Pharyngeal bulb）组成，通过中食道球的收缩功能，线虫可以从口针排出食道腺细胞的分泌物以及从植物细胞汲取营养。生殖系统是在线虫由幼虫发育为成虫过程中逐步发展和完善起来的，幼虫和成虫的区分常根据其生殖系统的发育情况。典型的雌虫生殖系统包含 1 个或 2 个卵巢、受精囊、输卵管、子宫、阴道和阴门，而雄虫生殖系统包括睾丸、精囊、输精管和泄殖腔，以及附属器官如交合刺、交合伞、引带及交配乳突等（Bernard 等，2017）。神经系统由几百个神经细胞和一些感觉器官组成，神经环是神经系统中最显著的结构，神经环带状，多围绕着食道的峡部。排泄系统由 4 种细胞组成，一个排泄孔细胞（Excretory pore cell）、一个导管细胞（Duct cell）、一个管道细胞（Canal cell）和一个腺体细胞（Glandular cell）。

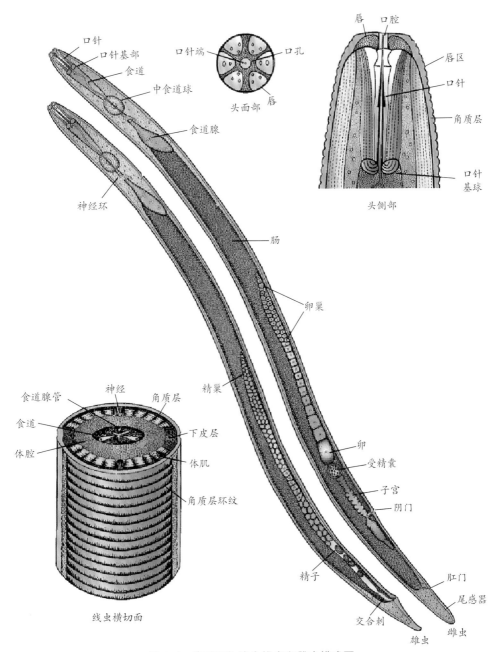

图 1-4 典型植物线虫雄虫和雌虫模式图

1.3 植物线虫为害植物的主要症状

大多数的植物线虫种类主要为害植物的地下部组织，而少数的种类可以为害植物的地上部组织。植物线虫在田间的为害症状，大多与水分和矿物营养缺乏的生理性病害症状相类似。虽然有些线虫种类能够引起独特的病变症状，但在一般情况下，典型的植物线虫为害症状包括植株长势变弱、叶片萎蔫、叶色变黄、根系畸形、产量少、果实品质差等。例如，当大量的根结线虫侵染寄主植物时，正常的根系受到严重损伤，会形成肿大的瘤状根结，维管束支离破碎，水分和养分的吸收和运输受到严重阻碍，根结线虫的为害也会诱导瓜类植物产生乙烯而造成种子或果实早熟。此外，植物线虫口针造成的机械损伤为潜伏在土壤中的根际病原微生物创造了入侵的便利条件，致使寄主植物同时承受着多种病害的威胁，例如，根结线虫可与棉花枯萎病菌（*Fusarium oxysporum* f. sp. *vasinfectum*）复合侵染使病情更加严重；另外，有些外寄生性的植物线虫可作为介体传播植物病毒如葡萄扇叶病毒（*Grapevine fan-leaf virus*）、线传多角体病毒（*Nepo-viruses*）、单链 RNA 病毒（Single-stranded RNA virus）和花叶病毒科（Comoviridae）病毒等。同时，植物线虫的为害也提高了寄主植物对温度、湿度、紫外线（UV）等环境胁迫的敏感性。由于植物线虫引起的寄主植物田间症状常常与其他病虫害或逆境因素造成的症状相似，因此正确地识别和诊断植物线虫的为害症状，对于制定综合治理策略具有重要的意义。几种重要植物线虫的为害症状如图 1-5 所示。

1—多种线虫侵染玉米的田间症状；2—松材线虫造成松树萎蔫枯死；
3—根结线虫引起番茄根部肿大形成根结；4—短体线虫引起橘树根腐烂坏死；
5—大豆根系上的孢囊线虫白色成虫；6—贝西滑刃线虫引起水稻叶尖干枯扭曲；
7—茎线虫造成甘薯变小和腐烂；8—根结线虫侵染马铃薯形成疮疤；
9—根结线虫侵染胡萝卜形成大量须根；10—根结线虫为害生姜引起疮疤；11—棉花根系上的肾状线虫成虫。

图 1-5　几种重要植物线虫的为害症状

1.4 主要植物线虫的寄生特性

植物线虫容易侵染根、地下茎、鳞茎和块茎等地下组织，也能够侵染茎、叶、芽、花、穗等地上组织。线虫与寄主植物之间的作用关系是多种多样的。在整个生命周期里，线虫可以不进入植物体，只在外部取食，也可以暂时或永久性地在植物体内生存；有些种类在植物组织里没有固定的取食位点，而有些种类却固定在植物的某个位点取食。植物线虫依据寄生方式可分为迁移外寄生型（Migratory ectoparasites）、迁移内寄生型（Migratory endoparasites）、固定外寄生型（Sedentary ectoparasites）、固定内寄生型（Sedentary endoparasites）和固定半内寄生型（Sedentary semi-endoparasites）等。植物线虫的主要寄生特性见表 1-1。

表 1-1 植物线虫的主要寄生特性

寄生类型	迁移型	固定型
外寄生 Ectoparasites 在寄主体外取食皮层细胞	[a] 剑线虫属 *Xiphinema* [a] 长针线虫属 *Longidorus* [a] 拟长针线虫属 *Paralongidorus* [a] 毛线虫属 *Trichodorus* [a] 拟毛刺线虫属 *Paratrichodorus*	轮线虫属 *Criconemoides* 半轮线虫属 *Hemicriconemoides* 小环线虫属 *Criconemella* 鞘线虫属 *Hemicycliophora* 针线虫属 *Paratylenchus*
内寄生 Endoparasites 虫体的大部分或全部进入寄主组织内	[b] 粒线虫属 *Anguina* [b] 真滑刃线虫属 *Aphelenchus* [b] 滑刃线虫属 *Aphelenchoides* [b] 伞滑刃线虫属 *Bursaphelenchus* 茎线虫属 *Ditylenchus* 短体线虫属 *Pratylenchus* 穿孔线虫属 *Radopholus* 环带线虫属 *Aorolaimus* 潜根线虫属 *Hirschmanniella* 纽带线虫属 *Hoplolaimus*	根结线虫属 *Meloidogyne* 异皮线虫属 *Heterodera* 球孢囊线虫属 *Globodera* 珍珠线虫属 *Naccobus* 刻点孢囊线虫属 *Punctodera* 类孢囊线虫属 *Meloidodera*
半内寄生 Semi-endoparasites 头或虫体前部埋入寄主组织内	螺旋线虫属 *Helicotylenchus* 盘旋线虫属 *Rotylenchus* 盾线虫属 *Scutellonema* 矮化线虫属 *Tylenchorhynchus*	肾状线虫属 *Rotylenchulus* 半穿刺线虫属 *Tylenchulus* 球线虫属 *Sphaeronema* 膨胀半穿刺线虫属 *Trophotylenchulus*

注：a 这些线虫能够传播线传多角体病毒和烟草脆裂病毒，严重为害木本和草本植物。
　　b 这些线虫为害植物的叶、花和茎等地上部分。

1.4.1 迁移外寄生型

迁移外寄生型线虫只在植物根际游动，不进入植物体内，取食时将长口针刺入根表皮细胞吸取养分（图 1-6 至图 1-8，图片来源于 R. S. Hussey），随后移向下一个表皮细胞，被取食的细胞随即死亡。

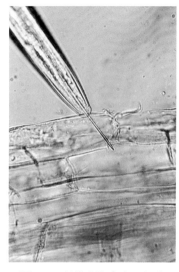 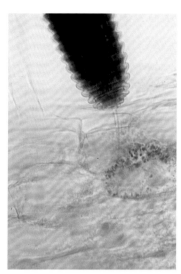 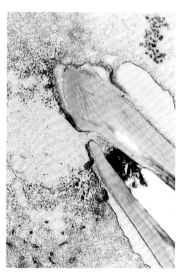

图 1-6　剑线虫取食皮层细胞　　　图 1-7　环线虫取食皮层细胞　　　图 1-8　环线虫口针吸取养分

1.4.2　迁移内寄生型

图 1-9　纽带线虫侵染植物根系

迁移内寄生型线虫的大部分生活阶段在寄主植物组织内，迁移取食致使细胞死亡、组织坏死，甚至引起整个植株枯萎。有些线虫既可在植物外部迁移取食，又可以在植物组织内部迁移取食，如盾线虫（*Scutellonema* spp.）、滑刃线虫（*Aphelenchoides* spp.）和伞滑刃线虫（*Bursaphelenchus* spp.）等。如图 1-9（引自 G. L. Tylka）所示为在植物根内移动取食的纽带线虫（染为红色）。

1.4.3　固定半内寄生型

肾状线虫（*Rotylenchulus* spp.）（图 1-10，图片源自 R.S. Hussey）和半穿刺线虫（*Tylenchulus* spp.）营固定半内寄生型生活，其幼龄成虫侵入寄主后，约 1/3 的头部埋在根内，裸露根外的虫体部分随着发育而膨大，肾状线虫形成的取食位点称为合胞体（Syncytia），半穿刺线虫的取食位点为营养细胞（Nurse cells），该类细胞的细胞质致密，

无液泡，大小不变，也不融合。珍珠线虫
（*Nacobbus* spp.）的幼龄成虫为迁移内寄生
型，而成熟的雌虫为固定内寄生型，形成
的取食位点为合胞体。

1.4.4 固定内寄生型

固定内寄生型线虫通常对作物的为害
最严重，主要包括根结线虫（*Meloidogyne*
spp.）、孢囊线虫（*Heterodera* spp.）和球孢
囊线虫（*Globodera* spp.），它们也是研究与

图 1-10　肾状线虫为害植物根系

寄主植物相互作用关系的模式线虫。这类线虫在根内固定取食，并在根内完成其大部分
生活阶段。图 1-11 以甜菜孢囊线虫为例，描述固定内寄生型线虫在取食位点的取食过程，
作者依据 Wyss 和 Zunke（1986）对甜菜孢囊线虫的录像观察绘制。

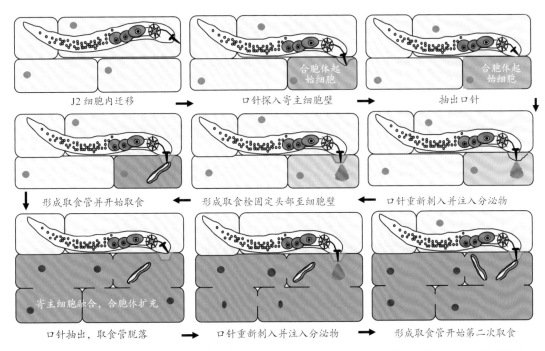

橙色为取食管（Feeding tube）；绿色为取食栓（Feeding plug），取食栓由黏性物质形成，将孢囊线虫头
部固定在寄主细胞壁上，只有口针能够伸缩；深灰色为合胞体起始细胞（Initial syncytial cell）。

图 1-11　甜菜孢囊线虫 2 龄幼虫（J2）的取食循环

经过长期的进化，固定内寄生型线虫与寄主植物之间形成了高度精妙的互作关系，
线虫通过口针把来源于食道腺细胞的分泌物注入寄主细胞内，改变了寄主细胞的遗传表

达、生理生化反应和形态结构，使寄主细胞变成了植物线虫的永久性取食位点（Feeding site），如根结线虫诱导产生的、由单个细胞膨大形成的多核巨细胞（Giant cells）（图 1-12），由孢囊线虫（图 1-13）、肾状线虫、珍珠线虫通过融合众多寄主细胞而形成的合胞体（Syncitia），以及由半穿刺线虫形成的营养细胞（Nurse cells）（图 1-14）。图 1-12 至图 1-14 源自 J. Mejias 和 B.Y. Endo。图 1-15 展示各类取食位点的位置和形态特征，作者基于 Wyss（2002）的描述绘制。

当根结线虫、孢囊线虫和肾状线虫在取食位点吸取营养时，用口针分泌物在取食细胞膜的内侧形成一个起分子筛作用的取食管（Feeding tube），如图 1-16 所示的肾状线虫形成的取食管（引自 Rebiois，1980），如图 1-17 所示甜菜孢囊线虫形成的取食管（引自 Sobczak 等，1999）和如图 1-18 所示根结线虫形成的取食管（引自 Hussey 和 Mim,1991），

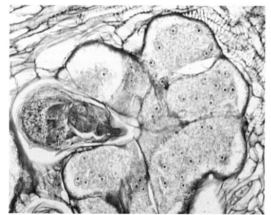

图 1-12　根结线虫诱导的巨细胞

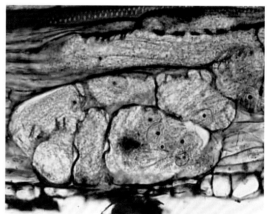

图 1-13　孢囊线虫诱导的合胞体

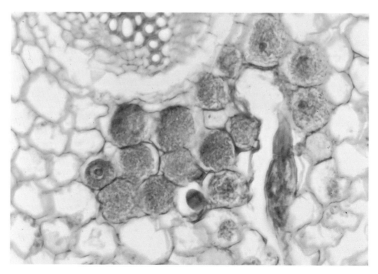

图 1-14　半穿刺线虫诱导的营养细胞

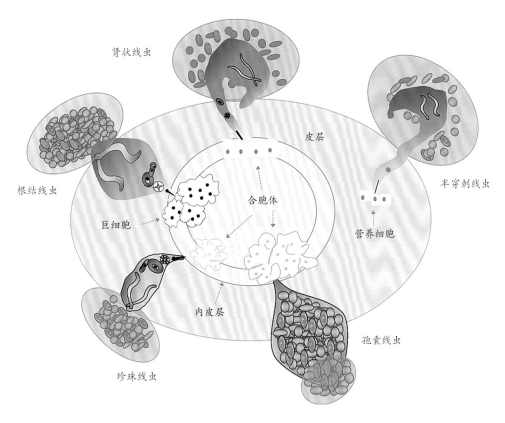

图 1-15　固定内寄生型线虫形成的主要取食位点类型示意图

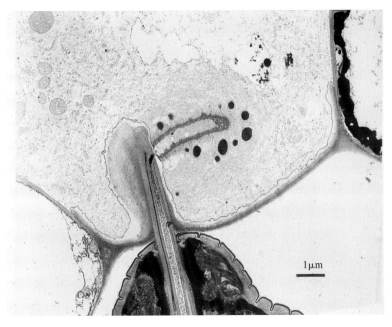

图 1-16　肾状线虫形成的取食管

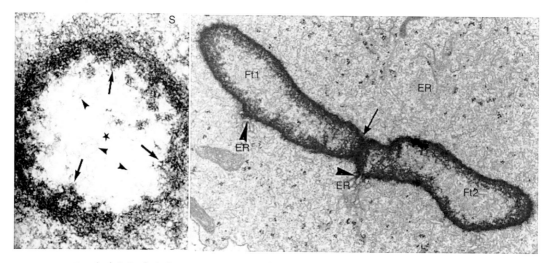

S—合胞体细胞质（Syncytial cytoplasm）；ER—内质网（Endoplasmic reticulum）。

图 1-17　甜菜孢囊线虫形成的取食管

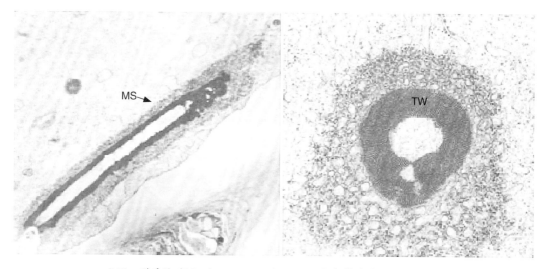

MS—膜系统（Membrane system）；TW—取食管壁（Tube wall）。

图 1-18　根结线虫形成的取食管

膜状结构的取食管可以确保寄主细胞器或大分子不被线虫吸出，从而维持寄主细胞正常的代谢活动，取食管的形成机理目前尚不明确。解析可以通过取食管的分子大小对于培育转基因抗线虫品种具有重要的意义，可以指导需要表达的活性成分，如双链 RNA（dsRNA）、短肽、毒性蛋白等的分子量。然而，针对植物线虫取食管分子筛的研究结果有争议，如 Bockenhoff 等（1994）报告甜菜孢囊线虫（*H. schachtii*）可以取食 20 kDa 的葡聚糖（Dextrans），不能取食 40 kDa 的葡聚糖；而 Urwin 等（1997，1998）的结论是甜菜孢囊线虫可以取食 11 kDa 半胱氨酸蛋白酶抑制剂（Cystatins），不能取食 23 kDa 的融合蛋白（Fusion protein）或 28 kDa 的荧光蛋白 GFP，而根结线虫可以取食 23 kDa 的融合蛋白；Goverse 等（1998）表明马铃薯孢囊线虫（*G. rostochiensis*）能够取食转基因马铃薯中 32 kDa 的 GFP（启动子为 CaMV 35S or TR2）；Li 等（2007）利用蛋白质印迹法（Western Blot）证实根结线虫能够从转基因植物中取食 54 kDa 的 Cry6A 晶体蛋白。

作者和 Divergence 团队于 2007 年构建了表达不同分子量荧光蛋白基因的大豆转基因根毛（Hairing root）系统，表达的红色荧光分子包括 mCherry（26.7 kDa）、OC-mCherry 融合蛋白（38 kDa）、mCherry-mCherry 融合蛋白（53 kDa）和 dsRed（90 kDa）；用大豆孢囊线虫（*H. glycines*）、南方根结线虫（*M. incognita*）和斯克里布纳短体线虫（*P. scribneri*）感染大豆转基因根毛（Hairing root），18 天后从根内分离出线虫种群，荧光显微镜下计数在肠道内吸取了荧光分子的线虫。结果表明，大豆孢囊线虫 47% 的种群能够吸收 26.7 kDa 的 mCherry，18% 的种群能够吸收 38 kDa 的 OC-mCherry 融合蛋白，只有 5% 的种群能够吸收 53 kDa 的 mCherry-mCherry 融合蛋白，没有发现大豆孢囊线虫能够吸收 90 kDa 的 dsRed；根结线虫种群对 26.7 kDa、38 kDa 和 53 kDa 荧光蛋白的吸收没有表现出显著的差异性，吸收比例在 54%~76%，但仅有约 20% 的种群能够吸入 90 kDa 的 dsRed；不形成取食管的短体线虫对所有测试的荧光蛋白都有 100% 的吸收率。3 种植物线虫吸取荧光分子如图 1-19 所示。

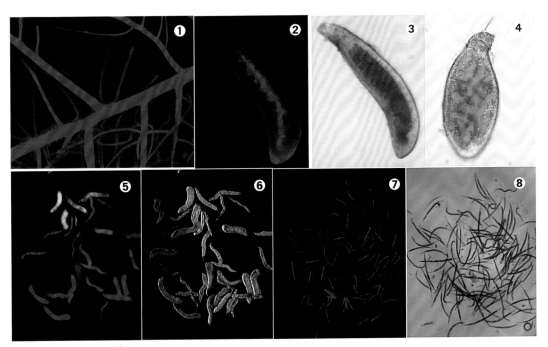

1—转荧光蛋白基因大豆根毛；2、3—取食荧光蛋白的大豆孢囊线虫 4 龄幼虫；
4—取食荧光蛋白的大豆孢囊线虫雌虫；5、6—取食荧光蛋白的南方根结线虫混合种群；
7、8—取食荧光蛋白的短体线虫混合种群。

图 1-19　3 种植物线虫吸取不同分子量的荧光蛋白

　　植物线虫在生存竞争中进化出了精巧的寄生策略，包括突破寄主植物对其侵染的先天免疫（Innate immunity）、减轻植物细胞的损伤、促进取食位点细胞的发育和扩充等。线虫在侵染寄主植物过程中会分泌许多与寄生相关的蛋白，这类蛋白称为效应子（Effectors）。效应子在线虫的生活史中发挥着各种作用，从而有利于线虫的侵染、寄生和生长发育等。线虫的侵染和寄生过程主要包括：①当寄主植物播种或定植后，土壤里的线虫卵开始孵化幼虫，保持发育周期的同步化；②在土壤中向寄主植物迁移；③侵入寄主植物组织；④在寄主组织内部迁移；⑤启动取食位点；⑥扩展取食位点；⑦维持取食位点的细胞功能等，而线虫分泌的效应子在这些过程中扮演了十分重要的角色。

1.5　植物线虫分泌物

1.5.1　植物线虫分泌物的来源

　　在侵染寄主植物的过程中，线虫从其食道腺细胞（Oesophageal glands）、角质层（Cuticle）、头感器（Amphids）、直肠腺细胞（Rectal glands）和排泄分泌系统（Excretory/ Secretory system）分泌出来的物质发挥了重要作用。其中，通过口针注入寄主植物组织或细胞的线虫分泌物受到了极大的关注。它们可以帮助线虫成功侵入根系，缓解寄主对线虫入侵的防御反应，操控线虫选定的根细胞以改变基因的表达和代谢模式，并使这些细胞转变为线虫的取食细胞，用于满足线虫自身发育和繁殖对营养的需求。植物线虫分泌物的主要出口如图 1-20 和图 1-21 所示，分泌物用考马斯亮蓝（Coomasie blue）显色，图片源自 R.S. Hussey。

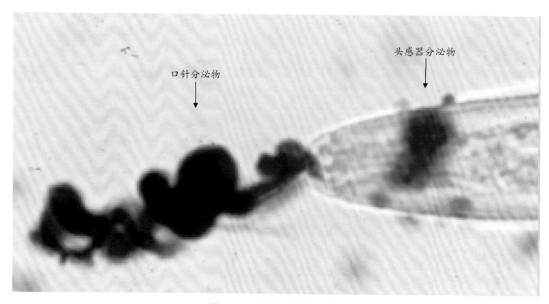

图 1-20　线虫头部分泌物

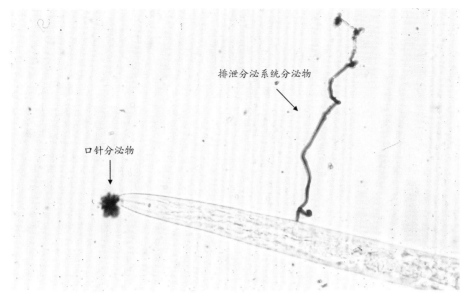

图 1-21　线虫排泄分泌系统分泌物

线虫口针泌出的蛋白主要来源于线虫的 3 个食道腺细胞，包括 2 个亚腹食道腺细胞（Subventral glands）和 1 个背食道腺细胞（Dorsal gland）。在根结线虫和孢囊线虫的研究中发现，来源于亚腹食道腺细胞的分泌蛋白主要在线虫侵染的早期阶段发挥作用，随着取食位点形成和寄生关系建立，线虫的背食道腺细胞变得越来越大，分泌蛋白开始起主导的作用。根结线虫食道腺细胞的位置及大小变化如图 1-22 所示，图片源自 Davis 等（2004）；蛋白的分泌过程如图 1-23 所示，图片源自 R. S. Hussey。

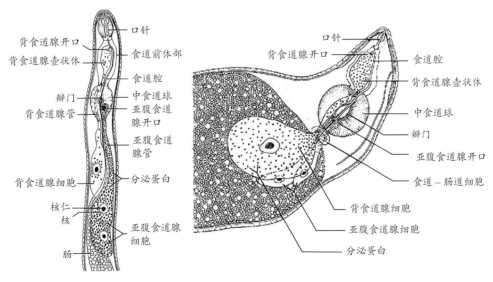

左图为侵染前的根结线虫 2 龄幼虫（J2），2 个亚腹食道腺细胞积聚大量的分泌蛋白；

右图为发育后期的雌虫，背食道腺细胞变得很大且充满了分泌蛋白。

图 1-22　根结线虫食道腺细胞示意图

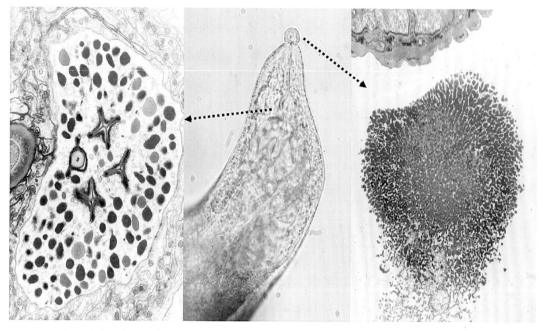

左图为雌虫壶状体中的分泌蛋白颗粒；中图为雌虫头部；右图为雌虫分泌蛋白颗粒。

图 1-23　根结线虫分泌物

1.5.2　植物线虫分泌物的鉴定和功能研究

1.5.2.1　效应子基因的克隆

植物线虫效应子基因的克隆和功能鉴定一直是线虫与寄主植物分子互作的研究热点。笔者在美国佐治亚大学著名植物线虫学家 R.S. Hussey 教授实验室工作期间，结合抽提大豆孢囊线虫食道腺细胞（图 1-24 和图 1-25）、构建 cDNA 文库、原位杂交（In-situ hybridization）（图 1-26）等技术，克隆了 57 个效应子基因，在国际上首次发表了植物线虫寄生基因组（Parasitome）的研究报告（Gao 等，2001b，2002a 和 2003）。其中，在大豆孢囊线虫亚腹食道腺细胞中表达的效应子包括果胶裂解酶（Pectate lyase）、几丁质酶（Chitinase）、纤维素酶（Cellulase）、纤维素酶结合蛋白（Cellulase-binding protein）、类毒液过敏原蛋白（Venom allergen-like）等（Gao 等，2001a，2002b，2002c，2004a 和 2004b）；在背食道腺细胞中表达的效应子包括分支酸变位酶（Chorismate mutase）、膜联蛋白Ⅱ（Annexin Ⅱ）、泛素蛋白连接酶 Ring-H2、泛素延伸蛋白（Ubiquitin extension protein）、SKP1 蛋白以及 CLAVATA3 等（Gao 等，2004c）。利用蛋白质组学、生物信息学技术等新的分析和实验手段，特别是随着 DNA 测序的经济化，在世界各国相关研究人员的努力下，已从根结线虫中鉴定出 500 多个效应子基因，从大豆孢囊线虫中鉴定出 80 多个效应子基因（Mejias 等，2019），其中有多种效应子已通过免疫定位证实为分泌蛋白，如图 1-27、图 1-28 和图 1-29 所示。

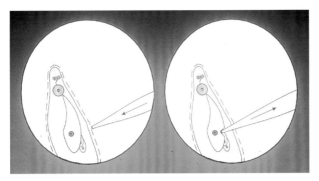

图 1-24　抽取线虫食道腺细胞内含物示意图

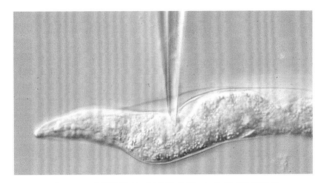

图 1-25　抽取线虫食道腺细胞内含物实际操作

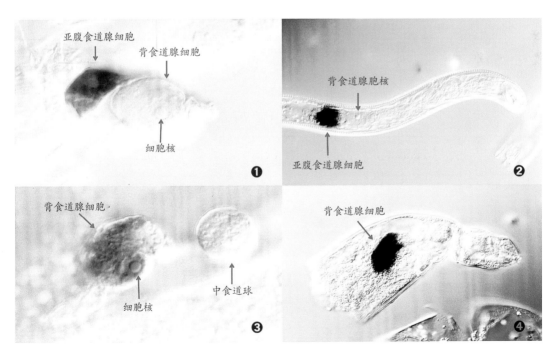

1、2—大豆孢囊线虫亚腹食道腺细胞表达的效应子基因原位杂交图；
3、4—背食道腺细胞表达的效应子基因原位杂交图（Gao 等，2003）。

图 1-26　在大豆孢囊线虫食道腺细胞中表达的效应子基因

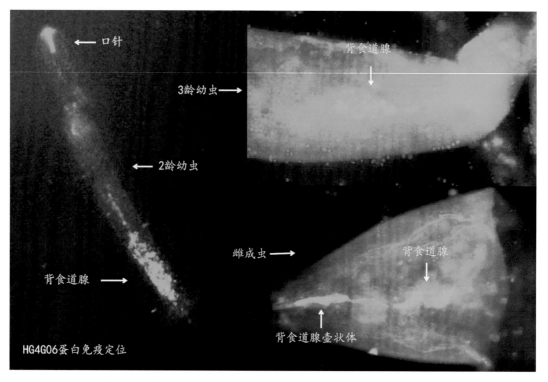

图 1-27　效应子 HG4G06 在大豆孢囊线虫食道腺细胞中的免疫定位

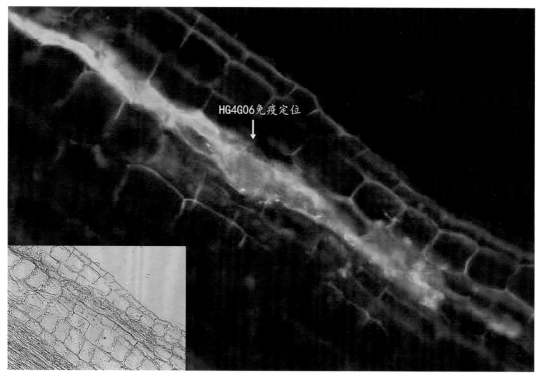

图 1-28　效应子 HG4G06 在大豆孢囊线虫移动路径中的免疫定位

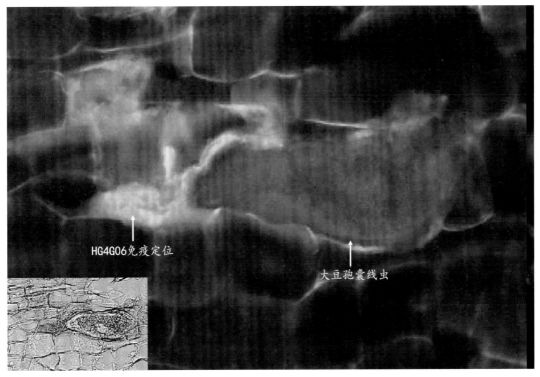

图 1-29　效应子 HG4G06 在大豆孢囊线虫取食位点中的免疫定位

1.5.2.2　效应子基因功能的鉴定

（1）促进线虫侵入和抑制植物早期免疫反应。植物线虫通过分泌效应子来分解或降解植物细胞结构组成成分，进而帮助其在植物组织中移动；同时，在线虫寄生的初期阶段，效应子也能够诱导或抑制植物的免疫反应，而线虫亚腹食道腺细胞分泌的效应子主要参与了线虫的早期侵染过程。证据主要来自两个方面：一是这些效应子基因主要在侵染前的 2 龄幼虫（Pre-J2）（包括在土壤中游动和根内移动的时期）中表达；二是 2 龄幼虫早期的亚腹食道腺细胞要比背食道腺细胞大许多，而在发育的后期则相反（图 1-22）。2 龄幼虫分泌的纤维素酶和果胶裂解酶等可以降解植物细胞壁和细胞间黏质，从而帮助其在组织中移动。孢囊线虫可以穿破植物细胞壁并在细胞内移动，在组织中留下坏死状路径（图 1-28），而根结线虫则在细胞间穿梭，对植物组织造成的损伤相对较小。几丁质酶和类毒液过敏原蛋白很可能是线虫分泌到植物细胞质外体（Apoplast）的效应子，在介导植物的早期免疫反应中起重要作用（Sato 等，2019）。例如，马铃薯金线虫（*G. rostochiensis*）的类毒液过敏原蛋白 Gr-VAP1 通过与番茄质外体的木瓜酶类半胱氨酸蛋白酶（Papain-like cysteine protease，PLCP）RCR3[pim] 相互作用进而抑制寄主植物的免疫反应（Lozano-Torres 等，2012）。

（2）介导植物细胞代谢和抑制植物免疫反应。线虫在寄生植物的过程中，可通过泛素化（Ubiquitination）途径介导取食位点细胞的代谢活动和抑制植物的免疫反应。已经证实了植物线虫能够分泌多个参与泛素化途径的效应子。从大豆孢囊线虫中鉴定出的效应子 4G06 基因编码泛素延伸蛋白（Ubiquitin extension protein），证实在线虫的各侵染时期均能分泌，其蛋白序列中含有引导分泌的信号肽，泛素区（Uiquitin domain）与大豆泛素蛋白的序列相似性达 100%，延伸区由 19 个氨基酸组成，作者的酵母双杂交实验证实该延伸区可与大豆的一个含有 U-box 区的蛋白结合，该蛋白与 Avr9/Cf-9、syringolide 以及真菌的应激蛋白有 53% 的同源性；效应子 10A06 基因编码泛素连接酶（Ubiquitin-ligase enzymes）Ring-H2，在酵母双杂交中与 CalB（Calcium-dependent lipid-binding）结合（value=2e–68）（作者资料）。 在拟南芥中，CalB 基因功能的丧失可增强植物的耐旱和耐盐等抗逆能力（Silval 等，2011）；效应子 28B03 是 S- 期激酶关联蛋白 1（SKP-1），酵母双杂交证实其与大豆的细胞周期蛋白（Cyclin）结合（作者资料），可能与加速细胞代谢的周期有关联。推测大豆孢囊线虫通过口针将泛素延伸蛋白注入植物组织后，后者断裂为两个部分，延伸区用于抑制植物对线虫侵入的防卫反应，泛素区则参与植物的泛素（Ub）-26S 蛋白酶体途径（Ubiquitin/26S proteasome pathway，UPP），而该途径是目前所知的原核生物中最具特异性的蛋白质降解途径，对维持细胞正常的生理功能、调控植物对逆境（生物的或非生物的）胁迫的响应具有重要的作用。除了泛素蛋白，Ring-H2 和 SKP-1 也是 Ub-26S 蛋白酶体的主要组成成员（图 1-30）。

植物细胞有丝分裂能够严格有序地进行，完全是由于细胞周期蛋白能够适时正常降解。植物线虫通过向取食位点细胞补充 Ub-26S 蛋白酶体系统中的成分如泛素蛋白、Ring-H2 和 SKP-1 等，保证或加速了细胞周期蛋白的降解，从而加快了植物细胞的代谢速度，满足了植物线虫对营养物质供应的需求；同时，Ub-26S 蛋白酶体系统的正常或加速运转，也保证了植物的耐受机制（针对各种非生物逆境如干旱、极端温度、盐等）以及防御机制（针对各种病原生物）的正常运转，包括对 PTI（PAMP -trigged immunity）免疫系统和 ETI（Effector-trigged immunity）免疫系统中成员的降解作用。例如，植物线虫可以抑制或操控 Ub-26S 蛋白酶体系统，以利于它们侵染寄主和维持寄生关系（Marino 等，2012；Zhou 和 Zeng，2017）。泛素延伸蛋白与植物病原应激蛋白的互作，以及泛素连接酶 Ring-H2 与调节植物逆境响应蛋白 CalB 的互作，都是效应子激活免疫（ETI）的具体表现。Kud 等（2019）从马铃薯白线虫（G. pallida）中也鉴定出了效应子 Ring-H2，命名为 RHA1B，并且发现 RHA1B 参与了对植物免疫受体（Immune receptors）NB-LRR（Nucleotide-binding leucine-rich repeat）的降解作用，从而解除或削弱了植物对线虫侵染的防御。作者基于目前所掌握的研究结果，提出"线虫效应子可通过泛素化途径调节植物的代谢和免疫性"的假设，如图 1-30 所示。

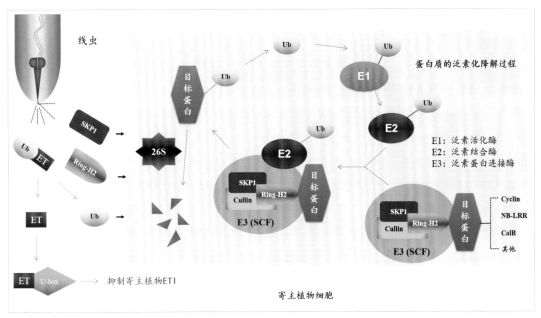

图 1-30 线虫效应子通过泛素化途径调节植物的代谢和免疫反应示意图

（3）模仿或促进植物激素合成。线虫的分泌蛋白可以通过促进植物体内激素的合成，或者直接模仿（Mimics）植物激素的功能来调控取食细胞的代谢活动和免疫应答反应。生长素（Auxin）和细胞分裂素（Cytokinin）在孢囊线虫和根结线虫形成取食位点的过程中起着重要作用。取食位点的形成与生长素的局部积累有关，而生长素在取食位点的积累来源于线虫的分泌物、局部诱导的生物合成和临近细胞的输入。在南方根结线虫和甜菜孢囊线虫的分泌物中检测到了以共轭形式（Conjugated form）存在的细胞生长素（De Meutter 等，2005）；线虫侵染后不久，植物生长素合成基因以及与生长素调控相关的基因表达量上升，而那些编码生长素抑制因子的基因表达量则显著下调，说明生长素在取食位点形成初期就在发挥作用。生长素合成基因发生突变的植株可以显著降低对根结线虫和孢囊线虫侵染的敏感性（Gleason 等，2016）。此外，在线虫的侵染初期，植物的 AUX1 和 LAX3 内流蛋白（Influx proteins）基因的表达也呈现上调趋势，线虫对这些基因突变植株的侵染力下降。甜菜孢囊线虫效应子 19C07 与拟南芥 LAX3 结合可以促使生长素流向合胞体及其邻近细胞（Lee 等，2011）。效应子 10A07 与 IAA16（Indoleacetic acid-induced 16）的结合阻止了蛋白酶对生长素相关成员蛋白的降解作用，保证了生长素途径的工作效率（Chapman 和 Estelle，2009）。

细胞分裂素可与生长素协同作用，控制细胞的分裂和分化。细胞分裂素在细胞循环中起着重要的作用，决定细胞能否进入有丝分裂或内复制（Endoreduplication），并通过调节营养转运把植物组织转变为营养池，以及延缓细胞的衰老。南方根结线虫和甜菜孢囊线虫可以直接分泌细胞分裂素进入线虫的取食位点（De Meutter 等，2005）；另外，Siddique

等（2015）检测到细胞分裂素合成基因异戊烯基转移酶（Isopentenyltransferase）在甜菜孢囊线虫的早期侵染幼虫中的表达，利用基因沉默（Gene silencing）技术降解该基因的mRNA，可以导致取食位点细胞的发育受到抑制，进而使线虫的致病性减弱。因此，线虫的分泌蛋白可以调节植物体内生长素和细胞分裂素的合成，同时，线虫也可以生成植物激素并把它们输入植物细胞，从而对取食位点的形成、维持和扩展发挥作用。

水杨酸（Salicylic acid）和茉莉酸（Jasmonic acid）是与植物免疫反应紧密相关的两种激素，二者以相互拮抗或相互促进的方式作用于植物的免疫信号途径。在土壤中施用水杨酸对线虫的侵染有一定的抑制作用（Shukla 等，2018）。植物线虫能够分泌效应子分支酸变位酶（Chorismate mutase）来降低水杨酸的水平，并通过抑制水杨酸通路来减弱植物的免疫反应。在根结线虫、孢囊线虫、短体线虫等多种植物线虫中均发现了分支酸变位酶基因。茉莉酸也是一种抗性分子，施用茉莉酸甲酯能够减轻根结线虫的为害（Kyndt 等，2017）。对于其他植物激素，包括赤霉素（Gibberellic acid）、脱落酸（Abscisic acid）、油菜素内酯（Brassinosteroids）和独脚金内酯（Strigolactones）等，在线虫和植物相互作用关系中的可能功能也有一些研究（Gheysen 和 Mitchum，2019）。例如，赤霉素对水稻防御拟禾本科根结线虫（*M. graminicola*）的侵染有一定的影响（Yimer 等，2018）；施用脱落酸可以增加番茄对根结线虫侵染的敏感性（Moosavi，2017）；油菜素内酯能够抑制水稻对拟禾本科根结线虫的抗性（Nahar 等，2013）；独脚金内酯也可以增强水稻对拟禾本科根结线虫侵染的敏感性（Lahari 等，2018）。

分泌型的小分子植物多肽激素（Plant peptide hormone）在植物生长和发育过程中也起着重要的调节作用。植物线虫可以分泌类似植物多肽激素的效应子，已经发现了多种此类分泌多肽分子，包括 CLE（Clavata3/Embryo surrounding region-like）多肽、类 CEP（C-terminally encoded peptide-like）多肽和类 IDA（Inflorescence deficient in abscission-like）多肽等。从根结线虫、孢囊线虫和肾状线虫等固定寄生型线虫中已经克隆到编码 CLE 的基因。CLE 的前体蛋白分子通过羟脯氨酸（Hyp）阿拉伯糖基化进行翻译后修饰，并随后被蛋白水解为仅含有 12 个氨基酸的生物活性配体（Bioactive ligands）（Chen 等，2015），这些配体再与植物的富含亮氨酸重复（Leu-rich repeat，LRR）结构的受体激酶（包括 CLV1 和 CLV2）结合，正向调控线虫取食位点的发育。在根结线虫和肾状线虫的基因组里发现了类似植物 CEP 蛋白的基因。CEP 通过与 CLE 相似的途径被降解后可以释放出含有 15 个氨基酸的生物活性多肽，并与 LRR-RK CEPR1 结合，然而 CEP-CEPR 结合体所调节的后续信号传导途径还需进一步探究。虽然从根结线虫中鉴定出了几个类似植物 IDA 蛋白的基因（Kim 等，2018），但目前对 IDA 结合的受体尚不了解。

迄今，虽然对线虫效应子如何参与植物和线虫间互作的研究取得了一些实质性进展，然而有关少数效应子参与取食位点形成的研究成果，尚不能完全阐释取食位点从形成到成熟的一系列复杂变化过程（Gheysen 和 Mitchum，2019）。

（4）孢囊线虫效应子功能研究进展概述。有关孢囊线虫效应子功能的研究主要借助甜菜孢囊线虫（Hs）和拟南芥（At）互作模型。图 1-31 总结了一些孢囊线虫效应子功能研究的成果（Mejias 等，2019；Viera 等，2019）。植物线虫分泌效应子（红色字体）进入植物细胞质（浅黄色背景）或细胞核（浅绿色背景）后与寄主植物的受体蛋白结合（蓝色字体），从而诱发一系列的功能反应。

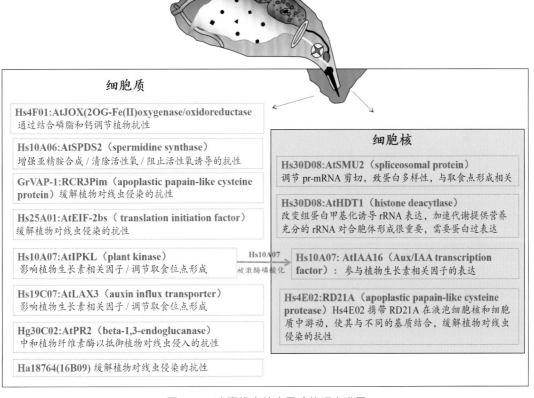

图 1-31　孢囊线虫效应子功能研究进展

由于所发现的 70% 的效应子基因没有可识别的功能区，加之植物线虫难以离体培养和缺乏便利的转基因研究体系等，极大地限制了对效应子基因功能的研究。基于目前所掌握的知识，难以对植物线虫效应子的作用机理展开较完整和清晰的解析，仅对少数根结线虫和孢囊线虫的效应子基因功能有所阐释（Davis 等，2004；Viera 等，2019）。

目前了解到的植物线虫效应子的功能主要包括：①溶解寄主植物细胞壁和中胶层使细胞离析，结合口针的物理穿刺作用，帮助线虫在寄主组织内移动；②与寄主植物受体蛋白结合，减缓或解除寄主植物对线虫侵入的免疫反应；③影响与植物生长素相关的因子，调节取食位点的形成；④通过加快取食位点细胞的细胞循环、诱导 rRNA 表达、调节 mRNA 前体的剪切，为线虫制造充足的食物；⑤消化取食位点细胞的内含物便于线虫吸取；⑥调节寄主细胞分裂，形成根系肿瘤或大量侧根等畸形；⑦抑制根茎顶端分生组织细胞的分裂。

1.6　线虫寄生与植物防御的分子机制

线虫和寄主植物之间错综复杂的关系是二者在长期的生存对抗中进化出的结果。在寄生过程中，植物和线虫各自都形成了一套含有"攻击"和"防守"的"组合拳"，包括生理和结构特征的变化，以及各种化学物质的释放等。

在土壤环境中接触植物前，线虫利用其化学感受器官如头感器（Amphids）或尾感器（Phasmids）去接收植物向土壤环境中释放的信号分子，启动寄生程序如卵孵化和幼虫侵入。一般情况下，孢囊线虫的寄主范围窄，对根释放的特异性化学成分有很强烈的反应，而根结线虫的寄主范围广，对土壤环境中酸碱和 CO_2 浓度梯度等非生物因子有较强的反应（Pline 等，1986；Wang 等，2009）。乙烯是一种参与植物多种生理生化过程的气态激素，它能够通过降低植物对根结线虫的吸引力来抑制线虫的侵染，但是乙烯可以增强拟南芥对甜菜孢囊线虫的吸引力（Gheysen 和 Melissa，2019）。

1.6.1　线虫抵抗植物毒素的机制

在线虫寄生植物的早期阶段，"感受"到线虫入侵的植物会释放出对线虫有害的活性组分，主要有：①活性氧（Reactive oxygen species）和活性氮（Reactive nitrogen species）等；②植物代谢产物中对线虫有毒性作用的酶类，如木瓜酶类半胱氨酸蛋白酶 RCR3pim 和几丁质酶等，以及次级代谢产物如绿原酸（Chlorogenic acid）、苯基苯丙烯酮（Phenylphenalenone anigorufone）（Melillo 等，2011）和黄酮类化合物（Chin 等，2018）等。

为了应对植物营造的氧化胁迫（Oxidative stress）等毒性环境，线虫利用两种方式来化解：①通过关闭大部分代谢活动，将身体机能调整为"休眠"状态的方式来抵御毒性物质的危害。营腐生生活的秀丽隐杆线虫（Caenorhabditis elegans）能够利用滞育型幼虫来克服恶劣的生存条件。根结线虫和孢囊线虫的侵染前 2 龄幼虫与秀丽隐杆线虫的滞育型幼虫有许多相似之处，例如二者均表现出某些相同的形态和代谢特征，包括有较厚的角质层和丰富的脂肪储存，以及对氧化胁迫环境有很强的抵抗力等。比较基因组学研究发现，多种植物线虫都含有与秀丽隐杆线虫同源的滞育型异常形成基因 DAF（Dauer abnormal formation）（Gillet 等，2017）；②通过分泌多种物质包括蛋白质（酶）和小分子化合物的方式来缓解或降解植物毒性物质的作用。为避免活性氧的毒性，线虫在其表面和皮下组织中进化出了许多抗氧化酶，如过氧化物酶（Peroxiredoxins）和谷胱甘肽 S- 转移酶（Glutathione S-transferases）等，这些酶能够解除植物质外体的过氧化氢等植物氧化应激产物对线虫的毒性；另一个应对策略是分泌效应子去激活植物的活性氧清除系统

（ROS-scavenging system），例如孢囊线虫分泌的效应子 10A06 能够与植物的亚精胺合成酶 2 相互作用而增加亚精胺的浓度（Hewezi 等，2010），高浓度的亚精胺可以直接清除活性氧，低浓度的亚精胺可以通过活化细胞的抗氧化系统间接地减轻氧化胁迫（Kasukabe 等，2004）。

1.6.2　线虫抗衡植物免疫反应的机制

植物线虫进化出了"通过抑制寄主植物免疫反应形成取食位点"的策略，作为对应，寄主植物衍生出了特定的分子来识别线虫的入侵，并发出启动免疫反应的信号。一般情况下，入侵的病原物可以被植物中几种不同的识别系统感知，一个是病原物相关分子模式（Pathogen-associated molecular patterns，PAMPs），如对细菌鞭毛蛋白和真菌几丁质的识别；另外一个是损伤相关分子模式（Damage-associated molecular patterns，DAMPs），如对植物组织损伤的识别。位于植物细胞表面的模式识别受体（Pattern recognition receptors，PRRs）"感知"到入侵物或损伤后开始产生免疫反应，称为模式激活免疫（Pattern-trigged immunity，PTI）。模式识别受体一般是激酶或蛋白质（Boutrot 和 Zipfel，2017）。还有一种免疫反应是由病原物无毒基因（Avirulence gene）启动的效应子激活免疫（Effector-trigged immunity，ETI）。在 ETI 反应中，植物抗病基因（Resistance gene）产物可以识别与它对应的病原物无毒基因产物，二者结合后能够产生高效的特异性反应。局部的 ETI 反应可以激发系统性的抗病反应，即系统性获得抗性（Systemic acquired resistance）。ETI 中的过敏反应（Hypersensitive response）可以促使被侵染的植物细胞快速死亡，从而阻止病原物从入侵部位向邻近健康组织扩散。继过敏性坏死反应后，经过一系列的信号传导，可以引发整个植株产生对病原物广泛的抗性。在植株产生系统性获得抗性的过程中，水杨酸含量呈现增长的态势，同时与病程相关（Pathogenesis-related）的蛋白也开始系统地表达；此外，通过外施水杨酸也可以增加植物对病原物的抗性。

1.6.2.1　小分子化合物启动的免疫反应

在线虫侵染早期，植物会快速产生活性氧（ROS）如超氧阴离子和过氧化氢，这也是生物普遍存在的信号反应。活性氧具有直接毒杀线虫的特性，也可作为信号分子激活免疫反应，如通过交联聚合物增强细胞壁、放大和传递细胞内和细胞间的防御信号、调节植物过敏反应引起的细胞死亡等。

一氧化氮（Nitric oxide）是植物中具有多种功能的一种重要的信号分子，植物经一氧化氮的供体硝普钠（Sodium nitroprusside）处理后可以增强对根结线虫的抗性。一氧化氮可能参与了茉莉酸相关的免疫反应（Zhou 等，2015）。各种异源蛋白酶抑制剂如肽类化合物，包括胰蛋白酶抑制剂和半胱氨酸蛋白酶抑制剂等，在植物中表达后均可以产生对植物线虫的抗性，表明基于蛋白酶抑制剂的免疫反应对植物线虫是有效的（Urwin 等，2003）。

在进化上保守的线虫信息素蛔苷（Ascaroside，Ascr）是至今发现唯一参与模式激活免疫（PTI）的线虫小分子化合物。Ascr#18 是植物线虫中含量最丰富的一种蛔苷，它可以激活典型的植物免疫反应，如蛋白激酶的分裂素活化、PTI 标记基因的表达、水杨酸和茉莉酸防御信号通路的介导等。Ascr#18 具有重要的实践意义，经其处理的拟南芥增加了对根结线虫和孢囊线虫的抗性；此外，番茄、马铃薯和大麦也能识别 Ascr#18，表明单子叶和双子叶植物对 Ascr#18 的识别是保守的。蛔苷除了通过 PTI 反应途径诱导植物抗性外，同时也可通过植物的过氧化物酶体 β- 氧化酶系（Peroxisomal β-oxidation）代谢为缺少几个碳结构的小分子蛔苷化合物（图 1-32），而这些衍生化合物对线虫均有驱避作用（Manohar 等，2020）。

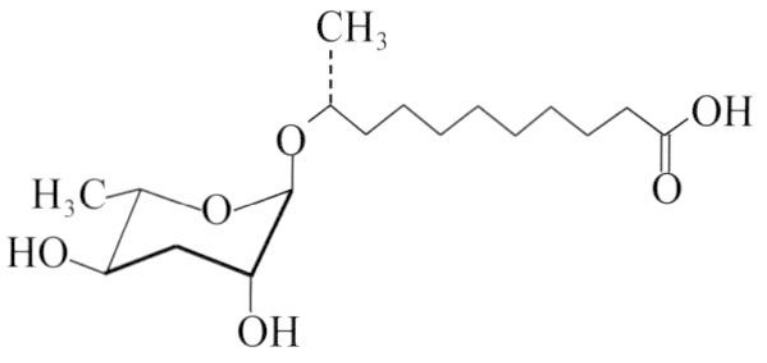

ascr#18（11-carbon sidcchain）

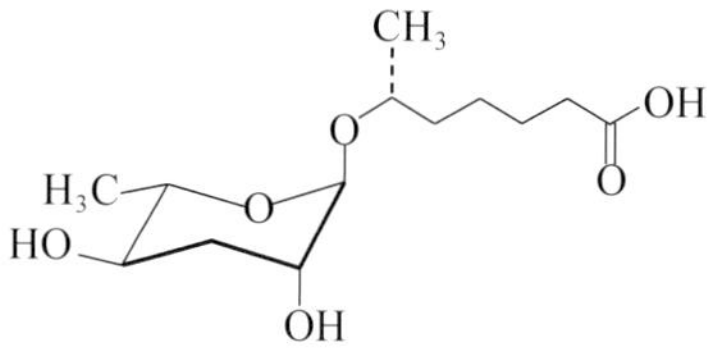

ascr#1（7-carbon sidcchain）

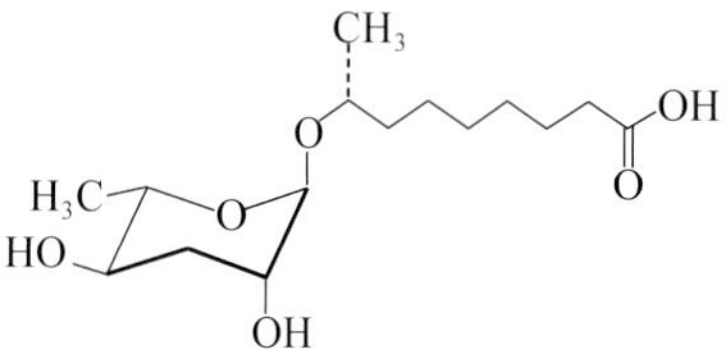

ascr#10（9-carbon sidcchain）

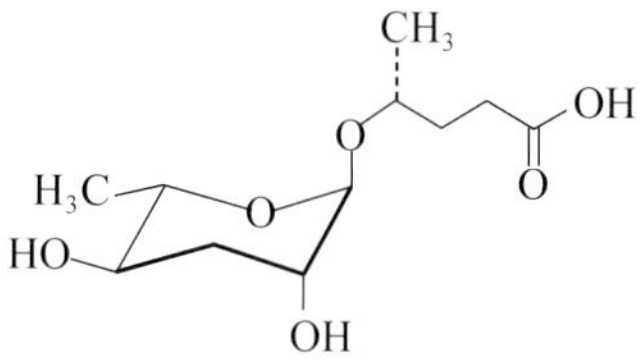

ascr#9（5-carbon sidcchain）

图 1-32　Ascr#18 及其衍生物的结构

线虫需要用口针穿透植物细胞壁取食，细胞壁结构强化也是植物的一种防御形式。例如，线虫的侵染常导致抗性植株的木质素积累，而木质素水平提高的拟南芥转基因植株能降低南方根结线虫的繁殖率（Wuyts 等，2006），因此木质素在根系中的积累是抵御线虫侵染的有效方式。β - 氨基丁酸（BABA）可以诱导木质素在根组织的积累以及胼胝质（Callose）在巨细胞的积累，从而抑制根结线虫的侵袭，并延缓巨细胞的形成以及阻碍线虫的发育（Ji 等，2015）；硫胺素（Thiamine）和香紫苏醇（Sclareol）也能够诱导根内木质素的积累进而对线虫产生抗性；另外，木栓素（Suberin）的增加也可减弱线虫的为害（Sato 等，2019）。

1.6.2.2　线虫效应子与植物过敏反应

线虫和植物“斗争”的结果为：①线虫“战胜”植物而繁殖大量后代，失败方为线虫敏感植物；②线虫的寄生被植物"成功"防御而死亡或仅产生少量后代，获胜方为抗线虫植物。抗性品种常常采用局部"自杀"与线虫同归于尽的方式来抵御线虫侵染的扩散；而在敏感植物中，线虫能够通过效应子抑制植物组织的"自杀"行为而成功建立寄生关系。

植物过敏反应中的细胞死亡是一种程序性细胞死亡（Programmed cell death，PCD），由植物抗性基因和线虫无毒基因的不亲和互作引起。钙离子（Ca^{2+}）、活性氧、水杨酸、茉莉酸等均是 PCD 过程中的重要信号分子。过敏性坏死反应在植物对线虫侵染的免疫中起着至关重要的作用。在抗性植物中，这种现象主要发生在线虫寄生植物的 3 个阶段：①在植物皮层和表皮中移动的时期；②在植物维管束中诱导取食细胞形成的初期；③在取食细胞向周边细胞扩充的时期。当线虫侵入和迁移时，在敏感性植物中也经常观察到细胞死亡的现象，但与抗线虫植物相比，细胞死亡的速度和频率都要比较低。过敏反应引起的细胞死亡能够抑制线虫的迁移，推测的可能机理包括：①直接把线虫限制在死亡的细胞组织内；②通过释放毒性化学物质杀死线虫；③通过损伤相关分子模式（DAMPs）激活植物的免疫反应，间接地阻止线虫的移动。事实上，过敏反应在取食细胞启动形成的初期就已经发生，例如，含 *Mi-1.2* 抗性基因的番茄植株在根结线虫诱导巨细胞形成的过程中可以触发植物细胞死亡，从而抑制取食细胞的发育（Melillo 等，2006）。

成功建立寄生关系的线虫能够将效应子分泌到植物细胞的质外体和细胞质中，干扰植物识别和传导免疫信号。在抗性植物中，这些效应子通常被细胞内的 NLR（Nucleotide-binding domain leucine-rich repeat）型免疫传感器识别，随后产生免疫反应（Cui 等，2015）。过敏反应的另一个作用可能是在取食细胞及其周围细胞之间形成一个物理间隙，阻止营养和水分的输入。例如，在携带 *Hero* 基因的抗性番茄品系中，马铃薯金线虫可以使番茄产生合胞体，但却诱导合胞体周围的细胞发生过敏反应，导致合胞体与中柱输导组织分离（Sobczak 等，2005），而周围组织的分离会进一步导致合胞体营养供应不足，甚至导致合胞体死亡，从而抑制线虫的生长，雌虫的繁殖力降低，最终只能产生少量的卵。根结线虫和孢囊线虫分泌的一些效应子能够抑制过敏反应引起的细胞死亡，如南方根结线虫 zinc-finger 蛋白 MiISE5、象耳豆根结线虫（*M. enterolobii*）MeTCTP 蛋白、孢囊线虫 SPRYSEC 蛋白、E3 泛素接合酶 RHA1B 以及扩展蛋白 GrEXPB2 等（Sato 等，2019）。

植物线虫除了通过口针分泌蛋白来介导植物的免疫系统外，还可以通过线虫体表的分泌蛋白来影响植物的抗性。Zhao 等（2019）发现南方根结线虫皮下组织分泌巨噬细胞移动抑制因子（Macrophage migration inhibitory factors，MIFs）；在植物中过量表达 MIF-2 可抑制 Bax 和 RBP1/Gpa2 诱导的细胞死亡，MIF-2 通过被植物的膜联蛋白（Annexin）识别而诱发免疫反应。马铃薯白线虫体表的脂肪酸和视黄醇结合蛋白（Fatty acid and retinol-binding proteins，FAR）可参与植物脂氧合酶（Lipoxygenase，LOX）介导的抗性（Prior 等，2001），而在表达 MjFAR 蛋白的转基因植物中，爪哇根结线虫能够繁衍出更大的种群（Iberkleid 等，2013）。

植物对线虫侵染的识别和免疫是一个复杂的过程，现阶段对植物线虫效应子和病原体相关分子模式（PAMPs）的了解非常有限，同时对效应子的植物受体也缺乏相当的认知。各项研究表明，线虫有些效应子具有多重功能，可以通过多种机制来阻止植物的防御反应。虽然已经在很多抗线虫作物和模式植物中证实，植物对线虫侵染可产生各种免疫反应，但植物识别线虫以及线虫诱导植物特异性免疫的机制，还需要做进一步的深入研究。作者基于对当前线虫和寄主植物免疫互作研究结果的理解绘制了示意图（图 1-33）。

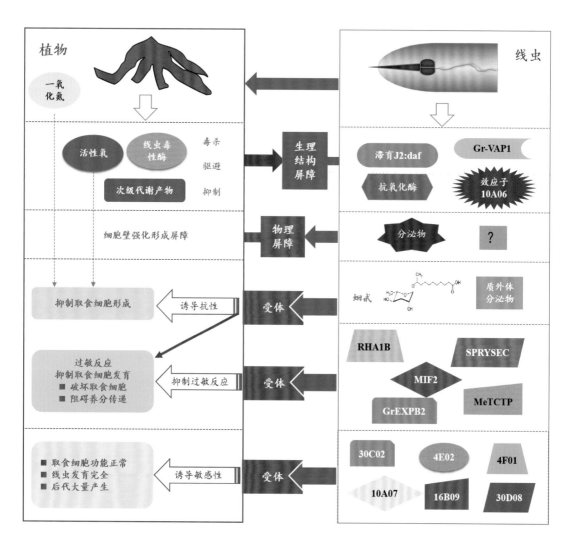

图 1-33　线虫寄生和植物免疫互作示意图

参考文献

Agrios G N, 2005.Plant diseases caused by nematodes[M].5th ed. San Diego: Elsevier Academic Press: 825–874.

Anderson R C, 2000.Nematode parasites of vertebrates: their development and transmission[M]. New York: CABI, Publication: 1–2.

Bernard G C, Egnin M, Bonsi C, 2017.The impact of plant-parasitic nematodes on agriculture and methods of control[M]//Shah M M, Mahamood M .Nematology-concepts, diagnosis and control, edited by Mohammad Manjur Shah. Rijeka: InTech.

Böckenhoff A, Grundler F, 1994. Studies on the nutrient uptake by the beet cyst nematode *Heterodera schachtii* by in situ microinjection of fluorescent probes into the feeding structures in *Arabidopsis thaliana*[J]. Parasitology, 109(2): 249–255.

Boutrot F, Zipfel C, 2017. Function, discovery, and exploitation of plant pattern recognition receptors for broad-spectrum disease resistance[J]. Annual Review of Phytopathology, 55(1): 257–286.

Chapman E J, Estelle M, 2009. Mechanism of auxin-regulated gene expression in plants[J]. Annual Review of Genetics, 43(1): 265–285.

Chen S, Lang P, Chronis D, et al, 2015. In planta processing and glycosylation of a nematode CLAVATA3/ENDOSPERM SURROUNDING REGION-like effector and its interaction with a host CLAVATA2-like receptor to promote parasitism[J]. Plant Physiology, 167(1): 262–272.

Chin S, Behm C, Mathesius U, 2018. Functions of flavonoids in plant-nematode interactions[J]. Plants, 7(4): 7, 85.

Cui H, Tsuda K, Parker J E, 2015. Effector-triggered immunity: from pathogen perception to robust defense[J]. Annual Review of Plant Biology, 66: 487–511.

Decraemer W, Hunt D J, 2006.Structure and classification [M]//Perry R N, Moens M.Plant Nematology .Wallingford, Oxfordshire: CAB International: 3–32.

Eisenback D, Rammah A, 1987. Evaluation of the utility of a stylet extraction technique for understanding morphological diversity of several genera of plant-parasitic nematodes[J]. Journal of Nematology, 19(3): 384–386.

Davis E L, Hussey R S, Baum T J, 2004 . Getting to the roots of parasitism by nematodes[J]. Trends in Parasitology, 20(3): 134–141.

Gao B, Allen R, Maier T, et al, 2001a. Molecular characterization and expression of two venom allergen-like secretory proteins from the soybean cyst nematode, *Heterodera glycines*[J].

International Journal for Parasitology, 31: 1617–1625.

Gao B, Allen R, Maier T, et al, 2001b. Identification of putative parasitism genes expressed in the esophageal gland cells of the soybean cyst nematode *Heterodera glycines*[J]. Molecular Plant-Microbe Interactions: MPMI, 2001, 14(10): 1247–1254.

Gao B, Allen R, Maier T, et al, 2002a. Large-scale identification of parasitism genes of the soybean cyst nematode[M]//Leong S A, Allen C, Triplett E W. Biology of Plant-Microbe Interactions. Volume 3. IS-MPMI: 212–216.

Gao B, Allen R, Maier T, et al, 2002b. Characterisation and developmental expression of a chitinase gene in *Heterodera glycines*[J]. International Journal for Parasitology, 32(10): 1293–1300.

Gao B, Allen R, Maier T, et al, 2002c. Identification of a new -1,4-endoglucanase gene expressed in the esophageal subventral gland cells of *Heterodera glycines*[J]. Journal of Nematology, 34(1): 12–15.

Gao B, Allen R, Maier T, et al, 2003. The parasitome of the phytonematode *Heterodera glycines*[J]. Molecular Plant- Microbe Interactions, 16(8): 720–726.

Gao B, Allen R, Davis E L, et al, 2004a. Molecular characterisation and developmental expression of a cellulose-binding protein gene in the soybean cyst nematode *Heterodera glycines*[J]. International Journal for Parasitology, 34(12): 1377–1383.

Gao B, Allen R, Maier T, et al, 2004b. A novel secretory ubiquitin extension protein from the soybean cyst nematode 2004[J]. Phytopathology, 94: S33.

Gao B, Allen R, Davis E L, et al, 2010. Developmental expression and biochemical properties of a beta-1,4-endoglucanase family in the soybean cyst nematode, *Heterodera glycines*[J]. Molecular Plant Pathology, 5(2): 93–104.

Gheysen G, Mitchumb M G, 2019.Phytoparasitic nematode control of plant hormone pathways[J].Plant Physiology, 179: 1212–1226.

Gillet F X, Bournaud C, de Souza Junior D A, et al, 2017.Plant-parasitic nematodes: towards understanding molecular players in stress responses[J].Annals of Botany, 119: 775–789.

Gleason C, Leelarasamee N, Meldau D, et al, 2016.OPDA has key role in regulating plant susceptibility to the root-knot nematode *Meloidogyne hapla* in Arabidopsis[J]. Frontiers in Plant Science, 7: 1565.

Goverse A, Biesheuvel J, Wijers G J, et al, 1998. In planta monitoring of the activity of two constitutive promoters, CaMV 35S and TR2', in developing feeding cells induced by *Globodera rostochiensis* using green fluorescent protein in combination with confocal laser scanning microscopy[J]. Physiological and Molecular Plant Pathology, 52(4): 275–284.

Hewezi T, Howe P J, Maier T R, et al, 2010. Arabidopsis spermidine synthase is targeted by an effector protein of the cyst nematode *Heterodera schachtii*[J]. Plant Physiology, 152(2): 968–984.

Hodda, M. 2011. Phylum Nematoda Cobb 1932[M]//. Zhang Z Q.Animal biodiversity: An outline of higher-level classification and survey of *Taxonomic richness.* Auckland: Magnolia Press: 63–95.

Hussey R S, Mims C W, 1991. Ultrastructure of feeding tubes formed in giant-cells induced in plants by the root-knot nematode *Meloidogyne incognita*[J]. Protoplasma, 162(2-3): 99–107.

Iberkleid I, Vieira P, de Almeida E J, et al. 2013.Fatty acid-and retinol-binding protein Mj-FAR-1 induces tomato host susceptibility to root-knot nematodes[J]. PLoS One, 8(5): e64586.

Ji H, Kyndt T, He W, et al, 2015. β-aminobutyric acid-induced resistance against root-knot nematodes in rice is based on increased basal defense[J]. Molecular Plant-Microbe Interactions, 28 (5)：519–533.

Kasukabe Y, He L, Nada K, et al, 2004. Overexpression of spermidine synthase enhances tolerance to multiple environmental stresses and up-regulates the expression of various stress-regulated genes in transgenic *Arabidopsis thaliana*[J]. Plant Cell Physiology, 45 (6): 712–722.

Kim J, Yang R, Chang C, et al, 2018 The root-knot nematode (*Meloidogyne incognita*) produces a functional mimic of the Arabidopsis IDA signaling peptide[J]. Journal of Experimental Botany, 69: 3009–3021.

Kud J, Wang W, Gross R, et al, 2019.The potato cyst nematode effector RHA1B is a ubiquitin ligase and uses two distinct mechanisms to suppress plant immune signaling[J]. PLoS Pathogens, 15(4): e1007720.

Kyndt T, Nahar K, Haeck A, et al, 2017.Interplay between carotenoids, abscisic acid and jasmonate guides the compatible rice-*Meloidogyne graminicola* interaction[J]. Frontiers Plant Science, 8: 951.

Lahari Z, Ullah C, Kyndt T, et al, 2018.Strigolactone defificiency reduces root-knot nematode *Meloidogyne graminicola* infection in rice by enhancing the jasmonate pathway[C]. Montreal：The Plant Biology Meeting 2018.

Lambshead P J D, 1993. Recent developments in marine benthic biodiversity research[J]. Oceanis, 19 (6): 5–24.

Lee C, Chronis D, Kenning C, et al, 2011. The novel cyst nematode effector protein 19C07 interacts with the *Arabidopsis auxin* influx transporter LAX3 to control feeding site development[J]. Plant Physiology, 155(2): 866–880.

Li X Q, Wei J Z, Tan A, et al, 2010. Resistance to root-knot nematode in tomato roots expressing a nematicidal *Bacillus thuringiensis* crystal protein[J]. Plant Biotechnology Journal, 5(4): 455–464.

Manohar M, Tenjo-Castano F, Chen S, et al, 2020. Plant metabolism of nematode pheromones mediates plant-nematode interactions[J]. Nature Communications, 11(1): 208.

Marino D, Peeters N, Rivas S, 2012. Ubiquitination during plant immune signaling[J]. Plant Physiology, 160(1): 15–27.

Mejias J, Truong N M, Abad P, et al, 2019. Plant proteins and processes targeted by parasitic nematode effectors[J]. Frontiers Plant Science, 10: 970.

Melillo M T, Leonetti P, Bongiovanni M, et al, 2010. Modulation of reactive oxygen species activities and H_2O_2 accumulation during compatible and incompatible tomato-root-knot nematode interactions[J]. New Phytologist, 170(3): 501–512.

Melillo M T, Leonetti P, Leone A, et al, 2011. ROS and NO production in compatible and incompatible tomato *Meloidogyne incognita* interactions[J]. European Journal of Plant Pathology, 130(4): 489–502.

Meutter J, Tytgat T, Prinsen E, et al, 2005. Production of auxin and related compounds by the plant parasitic nematodes *Heterodera schachtii* and *Meloidogyne incognita*[J]. Communications in Agricultural & Applied Biological Sciences, 70(1): 51–60.

Moosavi M R, 2017.The effect of gibberellin and abscisic acid on plant defense responses and on disease severity caused by *Meloidogyne javanica* on tomato plants[J]. Journal of General Plant Pathology, 83(3): 1–12.

Nahar K, Kyndt T, Hause B, et al, 2013. Brassinosteroids suppress rice defense against root-knot nematodes through antagonism with the jasmonate pathway[J]. Molecular Plant-Microbe Interactions, 26(1): 106–115.

Perry R N, Moens M, 2006.Plant Nematology[M].Wallingford, UK: CABI Publishing.

Pline M, Dusenbery D B, 1987. Responses of plant-parasitic nematode *Meloidogyne incognita* to carbon dioxide determined by video camera-computer tracking[J]. Journal of Chemical Ecology, 13(4): 873–888.

Prior A, Jones J T, Blok V C, et al, 2001. A surface-associated retinol- and fatty acid-binding protein (Gp-FAR-1) from the potato cyst nematode *Globodera pallida*: lipid binding activities, structural analysis and expression pattern[J]. Biochemical Journal, 356: 387–394.

Pushpalatha R, 2014.Entomopathogenic nematodes, farmers best friend[J]. International Journal of Development Research, 4(5): 1088–1091.

Rebois R V, 1980. Ultrastructure of a feeding peg and tube associated with *Rotylenchulus reniformis* in cotton[J]. Nematologica, 26: 396–405.

Sato K, Kadota Y, Shirasu K, 2019. Plant immune responses to parasitic nematodes[J]. Front Plant Science, 10: 1165.

Siddique S, Radakovic Z S, De L, et al, 2015. A parasitic nematode releases cytokinin that controls cell division and orchestrates feeding site formation in host plants[J]. Proceedings of the National Academy of Sciences, 112(41): 12669–12674.

Shukla N, Yadav R, Kaur P, et al, 2018. Transcriptome analysis of root-knot nematode (*Meloidogyne incognita*)-infected tomato (*Solanum lycopersicum*) roots reveals complex gene expression profiles and metabolic networks of both host and nematode during susceptible and resistance responses[J]. Molecular Plant Pathology, 19(3): 615–633.

Silva K D, Laska B, Brown C, et al, 2011. *Arabidopsis thaliana* calcium-dependent lipid-binding protein (AtCLB): a novel repressor of abiotic stress response[J]. Journal of Experimental Botany, 62(8): 2679–2689 .

Sobczak M, Golinowski W, Grundler, F M W, 1999.Ultrastructure of feeding plugs and feeding tubes formed by *Heterodera schachtii*[J].Nematology, 1(4): 363–374.

Sobczak M, Avrova A, Jupowicz J, et al, 2005. Characterization of susceptibility and resistance responses to potato cyst nematode (*Globodera* spp.) infection of tomato lines in the absence and presence of the broad-spectrum nematode resistance Hero gene[J]. Molecular Plant-Microbe Interactions, 18(2): 158–168.

Urwin P E, Moller S G, Lilley C J, et al, 1997. Continual green-fluorescent protein monitoring of cauliflower mosaic virus 35S promoter activity in nematode-induced feeding cells in *Arabidopsis thaliana*[J]. Molecular Plant-Microbe Interactions, 10(3): 394.

Urwin P E, Mcpherson M J, Atkinson H J, 1998. Enhanced transgenic plant resistance to nematodes by dual proteinase inhibitor constructs[J]. Planta, 204(4): 472–479.

Urwin P E, Green J, Atkinson H J, 2003. Expression of a plant cystatin confers partial resistance to *Globodera*, full resistance is achieved by pyramiding a cystatin with natural resistance[J]. Molecular Breeding, 12(3): 263–269.

Vieira P , Gleason C, 2019.Plant-parasitic nematode effectors -insights into their diversity and new tools for their identifification[J].Current Opinion in Plant Biology, 50: 37–43.

Wang C, Bruening G, Williamson V M, 2009. Determination of preferred pH for root-knot nematode aggregation using pluronic F-127 gel[J]. Journal of Chemical Ecology, 35(10): 1242–1251.

Wuyts N, Lognay G, Swennen R, et al, 2006. Nematode infection and reproduction in transgenic and mutant *Arabidopsis* and tobacco with an altered phenylpropanoid metabolism[J]. Journal of Experimental Botany, 57(11): 2825–2835.

Wyss U, Zunke U.1986.Observations on the behaviour of second stage juveniles of *Heterodera schachtii* inside host roots[M]. Revue de Nématologie, 1986: 153–165.

Yimer H Z, Nahar K, Kyndt T, et al, 2018. Gibberellin antagonizes jasmonate-induced defense against *Meloidogyne graminicola* in rice[J]. New Phytologist, 218: 646–660.

Zhou B, Zeng L, 2017. Conventional and unconventional ubiquitination in plant immunity[J]. Molecular Plant Pathology, 18(9): 1313–1330.

Zhou J, Jia F, Shao S, et al, 2015. Involvement of nitric oxide in the jasmonate-dependent basal defense against root-knot nematode in tomato plants[J]. Frontiers in Plant Science, 6: 193.

2 重要的植物寄生线虫种类

2.1 绪论

　　陆地作物的生长主要受温度、湿度和土壤条件等因素的影响。在全球范围内，这些因素的变化主要受制于纬度、海拔和海洋等因素。不同的国家或地区由于饮食文化、耕作方式、气候特点、土壤环境条件等诸多方面的差异性，选择适合种植的作物种类千差万别，由此也导致了所发生的植物线虫种类有明显的差异性，有些线虫种类的为害是世界性的，而有些则是区域性的。为害作物的线虫种类之所以复杂，缘于：①不同种类的作物受为害的线虫种类不同；②种植在不同国家和地区的同种作物，受为害的线虫种类也不同；③种植在同一地区的同种作物，因土壤条件的差异，受为害的线虫种类亦不同。就植物线虫为害的普遍性和造成经济损失的严重性而言，在植物根内营固定寄生的根结线虫和孢囊线虫，是世界公认的最重要的植物线虫种类，同时，由于它们与寄主植物之间存在复杂的相互作用关系，也是植物线虫领域科学研究的最重要对象。本章对全球的主要植物线虫种类做了简要的说明。为方便叙述，采用了 Jones 等（2013）的十大重要植物线虫种类排序，即根结线虫、孢囊线虫、根腐线虫、穿孔线虫、鳞球茎茎线虫、松材线虫、肾状线虫、剑线虫、假根结线虫和叶芽线虫，对这些植物线虫的主要形态特征、生活史或发生规律、为害症状等进行了概述，有关它们的综合治理措施将在第 9 章讨论。

2.2 为害国际重要经济植物的线虫种类

　　迄今，文献记载描述的植物线虫已超过 4 000 多种，其中的很多种类会对作物造成重大的经济损失。在重要的植物线虫类群中，最受关注的是在植物根内营固定寄生的线虫类群。这类线虫能在寄主植物根内诱导产生一个永久性的取食位点，并依赖这个特殊的组织结构获得持续性的营养供给，直至完成生命周期。在全球范围内，每个国家或地区在种植的作物品种、习惯采用的耕作方式、气候特点、土壤环境条件等诸多方面都存在着差异，致使所发生的植物线虫种类和为害程度有很大不同。表 2-1 列举了为害全球重要经济作物的主要线虫种类，资料来源于 AGRANOVA（http://www.brychem.co.uk/docs/RJB20131119.pdf）。

表 2-1　为害全球重要经济作物的主要线虫种类

作物	线虫属或种的拉丁学名	译名	英文通用名	通用译名
水稻	*Aphelenchoides besseyi*	贝西滑刃线虫	White tip nematode	水稻干尖线虫
	Ditylenchus angustus	水稻茎线虫	Rice stem nematode	水稻茎线虫
	Hirschmaniella oryzae	水稻潜根线虫	Rice root nematode	水稻根线虫
	Meloidogyne graminicola	拟禾本根结线虫	Rice root knot nematode	水稻根结线虫
麦类	*Anguina tritici*	小麦粒线虫	Wheat gall nematode	小麦粒瘿线虫
	Heterodera avenae	禾谷孢囊线虫	Cereal cyst nematode	禾谷孢囊线虫
	Heterodera hordecalis	大麦孢囊线虫	Barley cyst nematode	大麦孢囊线虫
	Heterodera latipons	麦类孢囊线虫	Wheat cyst nematode	麦类孢囊线虫
	Heterodera major	更大孢囊线虫	Cereals root eelworm	禾谷作物根线虫
	Meloidogyne nassi	纳西根结线虫	Cereal root-knot nematode	禾谷根结线虫
玉米	*Belonolaimus* spp.	刺线虫	Sting nematode	刺线虫
	Criconemoides spp.	轮线虫	Ring nematodes	轮线虫
	Helicotylenchus spp.	螺旋线虫	Spiral nematodes	螺旋线虫
	Heterodera zeae	玉米孢囊线虫	Corn cyst nematode	玉米孢囊线虫
	Hoplolaimus spp.	纽带线虫	Lance nematode	纽带线虫
	Longidorus spp.	长针线虫	Needle nematode	长针线虫
	Meloidogyne spp.	根结线虫	Root knot nematodes	根结线虫
	Paratrichodorus spp.	拟毛刺线虫	Stubby root nematodes	粗短根线虫
	Pratylenchus spp.	短体线虫	Lesion nematode	根腐线虫
	Tylenchorhynchus spp.	矮化线虫	Stunt nematodes	矮化线虫
	Xiphinema spp.	剑线虫	Dagger nematode	剑线虫
马铃薯	*Ditylenchus destructor*	腐烂茎线虫	Potato rot nematode	马铃薯腐烂线虫
	Globodera rostochiensis	马铃薯金线虫	Potato golden nematode	马铃薯金线虫
	Globodera pallida	马铃薯白线虫	Potato white nematode	马铃薯白线虫
	Meloidogyne chitwoodi	奇伍德根结线虫	Columbia root knot nematode	哥伦比亚根结线虫
	Meloidogyne hapla	北方根结线虫	Northern root knot nematode	北方根结线虫
蔬菜类	*Aphelenchoides* spp.	滑刃线虫	Foliar nematodes	叶芽线虫
	Belonolaimus longicaudatus	长尾刺线虫	Sting nematode	刺线虫
	Ditylenchus dipsaci	起绒草茎线虫	Stem and bulb nematode	鳞球茎茎线虫
	Meloidogyne spp.	根结线虫	Root knot nematodes	根结线虫

（续表）

作物	线虫属或种的拉丁学名	译名	英文通用名	通用译名
大豆	*Belonolaimus* spp.	刺线虫	Sting nematode	刺线虫
	Heterodera glycines	大豆孢囊线虫	Soybean cyst nematode	大豆孢囊线虫
棉花	*Belonolaimus longicaudatus*	长尾刺线虫	Sting nematode	刺线虫
	Meloidogyne brevicauda	短尾根结线虫	Tea root knot nematode	茶根结线虫
	Meloidogyne incognita	南方根结线虫	Root knot nematode	南方根结线虫
	Rotylenchulus reniformis	肾形肾状线虫	Reniform nematode	肾状线虫
香蕉	*Helicotylenchus multicinctus*	多带螺旋线虫	Spiral nematode	螺旋线虫
	Hoplolaimus pararobustus	拟强壮纽带线虫	Lance nematode	纽带线虫
	Meloidogyne spp.	根结线虫	Root knot nematode	根结线虫
	Pratylenchus coffeae	咖啡短体线虫	Lesion nematode	根腐线虫
	Pratylenchus goodeyi	古氏短体线虫	Lesion nematode	根腐线虫
	Radopholus similis	相似穿孔线虫	Burrowing nematode	穿孔线虫
花生和豆类	*Heterodera goettingiana*	豌豆孢囊线虫	Pea cyst nematode	豌豆孢囊线虫
	Meloidogyne arenaria	花生根结线虫	Peanut root knot nematode	花生根结线虫
甜菜和甘蔗	*Ditylenchus dipsaci*	起绒草茎线虫	Beet stem nematode	鳞球茎茎线虫
	Heterodera sacchari	甘蔗孢囊线虫	Sugar cane cyst nematode	甘蔗孢囊线虫
	Tylenchorhynchus martini	马丁矮化线虫	Sugar cane stylet nematode	甘蔗针线虫
	Belonolaimus longicaudatus	长尾刺线虫	Sting nematode	刺线虫
葡萄	*Bursaphelenchus xylophilus*	松材线虫	Pine wilt nematode	松材线虫
	Meloidogyne hapla	北方根结线虫	Root knot nematode	北方根结线虫
	Mesocriconema xenoplax	异盘中环线虫	Ring nematode	环线虫
	Pratylenchus spp.	短体线虫	Lesion nematode	根腐线虫
	Radopholus similis	相似穿孔线虫	Burrowing nematode	穿孔线虫
	Rotylenchulus spp.	肾状线虫	Reniform nematode	肾状线虫
	Tylenchorhynchus spp.	矮化线虫	Citrus nematode	矮化线虫
	Xiphinema americanum	美洲剑线虫	Dagger nematode	剑线虫
咖啡和茶树	*Meloidogyne exigua*	短小根结线虫	Coffee root knot nematode	咖啡根结线虫
	Meloidogyne spp.	根结线虫	Root-knot nematode	根结线虫
	Pratylenchus coffeae	咖啡短体线虫	Coffee root lesion nematode	咖啡根腐线虫
草坪	*Belonolaimus* spp.	刺线虫	Sting nematodes	刺线虫
	Criconemoides spp.	似环线虫	Ring nematode	环线虫
	Hoplolaimus galeatus	帽状纽带线虫	Lance nematode	纽带线虫
	Meloidogyne spp.	根结线虫	Root-knot nematode	根结线虫

2.3　世界各地重要植物线虫种类的排序

根据线虫与寄主植物相互作用关系的复杂性、寄主范围的广泛性、造成经济损失的严重性、科学研究的重要性等进行评判，根结线虫（*Meloidogyne* spp.）通常会排在首位，其次是短体线虫（*Pratylenchus* spp.）和孢囊线虫（*Heterodera* spp. 和 *Globodera* spp.）。Sasser 和 Freckman（1987）的问卷调查结果显示，在世界范围内，十个最重要的植物线虫属排序依次为根结线虫属（*Meloidogyne*）、短体线虫属（*Pratylenchus*）、孢囊线虫属（*Heterodera*）、茎线虫属（*Ditylenchus*）、球孢囊线虫属（*Globodera*）、半穿刺线虫属（*Tylenchulus*）、剑线虫属（*Xiphinema*）、穿孔线虫属（*Radopholus*）、肾状线虫属（*Rotylenchulus*）和螺旋线虫属（*Helicotylenchus*）。美国对多种作物进行的一项调查结果显示，造成作物损失的主要线虫类群有：孢囊线虫属、纽带线虫属（*Hoplolaimus*）、根结线虫属、短体线虫属、肾状线虫属和剑线虫属（Koenning 等，1999）。欧洲为害作物的线虫类群排序与上述顺序相比有较大的差异，依据为害严重性排序依次为孢囊线虫属、球孢囊线虫属、根结线虫属、半穿刺线虫属、短体线虫属、滑刃线虫属（*Aphelenchoides*）、剑线虫属、毛刺线虫属（*Trichodorus*）、长针线虫属（*Longidorus*）和半穿刺线虫属（Sasser，1988）。出现这种情况的主要原因与各国家或地区所种植的主栽作物相关。

从世界农田分布可以看出，世界粮食的主要生产区域分为以美国为代表的北美地区、以巴西为代表的南美地区、欧洲的欧盟 27 国、以中国和印度为代表的亚洲地区。这些国家和地区是世界粮食的主要生产地，表 2-2 仅记录每个国家或地区进入全球前 6 位的作物，资料来源于 https://www.atlasbig.com。

表 2-2　2018/2019 年世界主要作物生产国（地区）排名

作物	中国	美国	巴西	欧盟 27 国	印度
水稻	1				2
玉米	2	1	3	4	
小麦	2	5		1	3
马铃薯	1	6		2	3
蔬菜	1	3			2
大豆	4	2	1		
甘蔗	3	5	1		2
棉花	2	3	4		1
香蕉	2		4		1

欧盟大部分地区属温带海洋性气候，与其他几个主要粮食生产区相比气候偏冷，主要作物为小麦、马铃薯和玉米，孢囊线虫是主要的为害种类；美国则以玉米、大豆和小麦为主，孢囊线虫也是主要的为害种类。巴西的甘蔗和大豆产量位居世界第一，甘蔗的主要线虫种类是根结线虫，其次是短体线虫和螺旋线虫，大豆孢囊线虫为害大豆，因此，巴西最主要的线虫种类是根结线虫和孢囊线虫。印度除大豆和玉米外，其主要作物和线虫为害种类与中国基本一致。在非洲亚撒哈拉地区，山药、玉米、香蕉、马铃薯和蔬菜是主要作物，造成重要经济损失的线虫种类为根结线虫、短体线虫、肾状线虫和香蕉穿孔线虫（Coyne 等，2018）。在澳大利亚，根结线虫、禾谷孢囊线虫（*H. avenae*）和致死粒线虫（*Anguina funesta*）严重影响农业经济；在新西兰，发生比较严重的线虫种类是马铃薯金线虫和白线虫，以及为害三叶草的三叶草孢囊线虫（*H. trifolii*）（Stirling 等，1992）。

依据对经济损失的影响，作者认为我国最重要的植物线虫种类排序为：①根结线虫：我国水稻和蔬菜产量均占世界第一，根结线虫是这两类作物的主要植物线虫，此外，根结线虫寄主范围非常广，几乎为害所有的作物，当属第一；②孢囊线虫：主要为害小麦、大豆和水稻；③松材线虫：是我国当前林业上最重要的病原物，导致松树大面积死亡，不仅造成重大经济损失，而且严重影响森林生态安全；④茎线虫：是马铃薯和甘薯最重要的寄生线虫，我国这两种块茎作物的产量均居世界第一位；⑤短体线虫：寄主范围广，为害我国大多数粮食和经济作物如小麦、玉米、马铃薯、大豆、棉花、柑橘和香蕉等；⑥穿孔线虫：是香蕉和橘树的主要寄生线虫，我国香蕉和橘子产量均居世界第二位；⑦半穿刺线虫：主要为害经济林果如柑橘、葡萄、荔枝和杧果等；⑧肾状线虫：主要为害棉花、多种蔬菜、大豆以及其他经济作物和经济林果如菠萝和木瓜等；随后依次为滑刃线虫（如水稻干尖线虫）、潜根线虫（如水稻潜根线虫）、剑线虫（为害经济作物且传播植物病毒）和长针线虫（为害木本经济作物且传播植物病毒）等。

Jones 等（2013）对代表 1 100 位世界各地植物线虫学家的 225 份回复问卷进行了统计，整理出了一份排列前十的重要植物线虫名单。这份名单把所有的孢囊线虫归在了一起。虽然世界各地区植物线虫发生情况有所不同，但在分析中尽量包括了各线虫学家的意见，具有一定的代表性。

2.4　全球重要植物线虫种类介绍

2.4.1　根结线虫（Root-knot nematode）（表 2-3）

表 2-3　根结线虫（Root-knot nematode）

根结线虫属 *Meloidogyne*	主要特性
代表种： 南方根结线虫 *M. incognita* 花生根结线虫 *M. arenaria* 爪哇根结线虫 *M. javanica* 北方根结线虫 *M. hapla* 奇伍德根结线虫 *M. chitwoodi* 伪根结线虫 *M. fallax* 短小根结线虫 *M. exigua* 纳西根结线虫 *M. naasi* 象耳豆根结线虫 *M. enterolobii* 水稻根结线虫 *M. oryzae* 拟禾本科根结线虫 *M. graminicola* 林氏根结线虫 *M. lini*	固定内寄生型，雌雄异形，2 龄幼虫（J2）从根冠侵入，在细胞间移动，在取食位点形成几个多核的巨细胞，致使受害部位膨大，外观呈根结状。J2 取食后体形开始膨大，3 龄（J3）和 4 龄（J4）幼虫无功能性口针而不取食（图 2-1 和图 2-2）。孤雌生殖或两性生殖。雌虫将卵排出体外形成胶质的卵块，常附着在根表，卵块约含几百粒卵。卵孵化一般无需诱导物，但需要适宜的温度和湿度。在胶质的保护下卵可在土壤中存活多年。截至 2013 年已鉴定 98 个种，几乎寄生所有植物，对全球作物为害最为严重。中国报道约有 28 个种。根结线虫易与病原真菌如镰刀菌和丝核菌等形成复合侵染。象耳豆根结线虫是为害我国南方作物的主要根结线虫之一。表格左侧所列最后 4 个种类是为害我国水稻的主要根结线虫

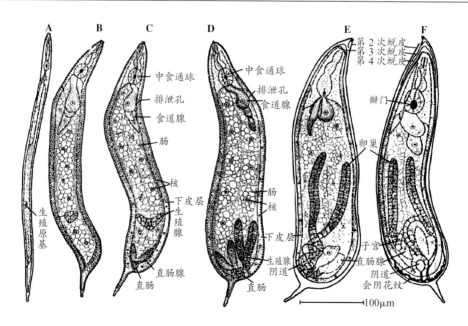

A—侵染性 2 龄幼虫；B—膨大但性别尚未分化的 2 龄幼虫；C—分化为雌虫的早期 2 龄幼虫；
D—将要蜕皮的 2 龄幼虫；E—4 龄阶段的雌幼虫；F—第 4 次蜕皮后不久的成熟雌虫。

图 2-1　南方根结线虫 2 龄幼虫发育到雌虫的形态变化示意图

图片引自 Triantaphyllou 和 Hirschmann（1960）。

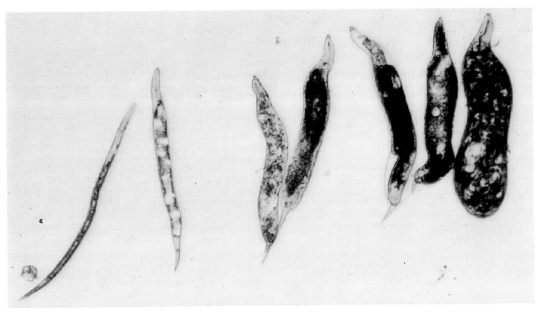

图 2-2　南方根结线虫从 2 龄幼虫发育到成虫阶段的形态

图片引自 R. S. Hussey。

　　图 2-3 和图 2-4 为根结线虫的生活史及其在植物根内的发育过程。根结线虫的胚胎在卵壳内发育为 1 龄幼虫，经历第 1 次蜕皮成为 2 龄幼虫（J2）并从卵壳中破出。根结线虫的卵孵化主要受土壤环境温度的影响，无须寄主植物根分泌物的刺激（孢囊线虫卵孵化则需要分泌物的诱导），但根系分泌物有时会提高卵的孵化率。J2 游离卵块后侵染附近新根或已经形成根结的根组织。J2 在根组织内选定取食细胞前不进行取食，主要耗费其体内储存的能量，用于寻找寄主植物、侵入根组织内并在根内移动、启动取食位点的形成等。J2 主要从根冠部的细胞伸长区侵入，通过口针的机械穿刺作用以及分泌的纤维素酶、果胶酶等化学降解作用，帮助其穿透细胞壁并在细胞间移动。在寻找到适宜的取食细胞后，根结线虫利用其口针注射的分泌物将取食细胞改变为永久性的取食位点。根结线虫的取食位点由位于韧皮部或者薄壁组织上的 2~12 个（通常为 6 个）巨型细胞组成。J2 取食后体型逐渐膨大为取食前的 10 多倍。J2 经历 3 次蜕皮后发育为成虫。3 龄（J3）和 4 龄（J4）幼虫虽然经历蜕皮的过程，但都被包裹在角质壳内，没有口针，不取食，第 4 次蜕皮后的成虫重新形成口针（图 2-2）。4 龄雄幼虫被包裹在角质壳中，蜕皮后变成蠕虫状的雄虫，用口针穿刺植物表皮及根部组织而游离到根外，不再取食。大多数根结线虫种类营孤雌生殖，种群中形成雄虫的比例受寄主植物和环境条件的调节，在食物供给能力不足和环境条件不利的情况下，为了保持后代的繁衍，减少生态位竞争，根结线虫大多发育为雄虫而离开寄主植物，以保证少数雌虫的正常发育。成熟的雌虫产卵于体外的胶状基质内，通常在根表面形成卵块，初期呈白色，后期呈棕色。环境条件适宜时，卵会立即孵化，在作物的一个生长季中尽可能繁衍多个世代，而在不良环境条件下，卵会进入滞育（Diapause）的休眠状态。图 2-5 和图 2-6 为受根结线虫为害的海南哈密瓜植株与根系症状。

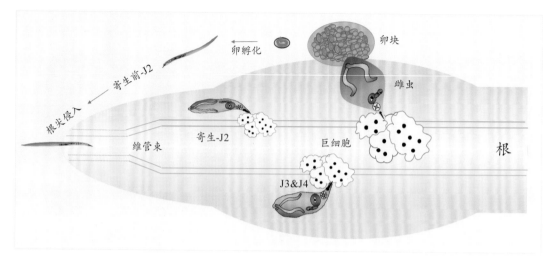

图 2-3 根结线虫生活史

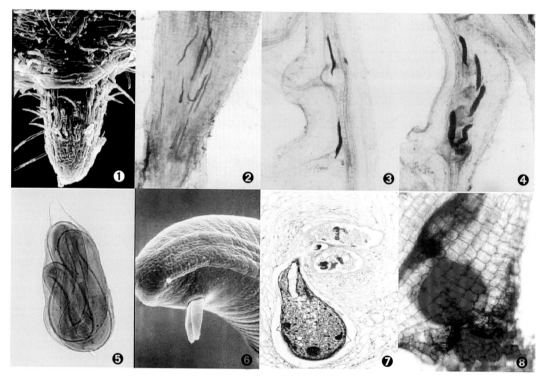

1—J2从根尖侵入；2—J2沿维管束向根内移动；3—J2建立取食位点后开始取食；

4—幼虫维持2~7个巨细胞，转动头部轮流取食，身体逐渐膨大；

5—在老化的角质壳内，细长且发育成熟的雄虫即将破壳；6—雄虫的交合刺；

7—巨细胞的细胞质致密、多核、无液泡，比周围正常细胞大几百倍；

8—雌虫将卵产出体外，卵由胶状基质包裹黏附在根的表面。

图 2-4 根结线虫在植物根内的发育过程

图片引自 R. S. Hussey。

图 2-5　受根结线虫严重为害的　　　　图 2-6　受根结线虫为害的
　　　　海南哈密瓜植株症状　　　　　　　　　　海南哈密瓜根系症状

2.4.2　孢囊线虫（Cyst nematode）（表 2-4）

表 2-4　孢囊线虫（Cyst nematode）

孢囊线虫属 *Heterodera* 球孢囊线虫属 *Globodera*	主要特性
代表种： 大豆孢囊线虫 *H. glycines* 甜菜孢囊线虫 *H. schachtii* 马铃薯白线虫 *G. pallida* 马铃薯金线虫 *G. rostochiensis* 禾谷孢囊线虫 *H. avenae* 菲利普孢囊线虫 *H. filipjevi* 麦类孢囊线虫 *H. latipons*	固定内寄生型。雌雄异形（图 2-7）。J2 龄幼虫从寄主植物幼根的表皮直接侵入，穿透细胞移动到皮层组织内，诱导取食位点 – 合胞体的形成，合胞体由 200 多个寄主细胞融合而成。卵大多储存在深褐色厚壁的孢囊内，无寄主时在土壤中存活可达 20 年以上。卵孵化需要根系分泌物的诱导。两性生殖。受害根上附着明显可见的膨大雌虫，虫体的大部分露出根外，只有头部留在根内。雄虫成熟后游离根组织进入土壤，寻找雌虫交配或者不交配，在土壤中存活几天后即死亡。孢囊线虫对全球作物造成了严重的为害，在美国引起的年经济损失约为 15 亿美元，局部严重时产量损失可达 90%；马铃薯孢囊线虫起源于南美，现已扩散至大部分马铃薯种植区，造成全球马铃薯的产量损失平均约为 9%，为世界各国的重要检疫对象

　　在温带地区，随着温度的上升，植物根部组织进入活跃时期，孢囊内的卵在根分泌物的刺激下开始孵化，蜕皮后的 J2 用口针在卵壳上切出裂缝后从卵中孵化出来，孵化的 J2 可以从孢囊的阴门锥膜孔游出，也可以从孢囊头部的破损部位游出；土壤中的 J2 受根分泌物信号吸引，游到根系附近准备侵染。作为一种生存策略，孢囊内的卵，或雌虫尾部的

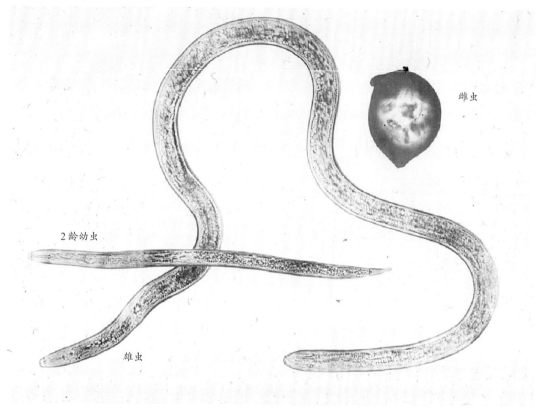

图 2-7　大豆孢囊线虫虫体形态

卵块或卵囊中卵，不是全部都孵化出 J2，还有一定比例的卵仍然保存在其中。球孢囊线虫不产生卵囊，大豆孢囊线虫在合适的生长条件下会把大多数卵产在卵囊中。与根结线虫 J2 从根尖端侵入不同，孢囊线虫 J2 倾向于从紧靠根尖生长区的后方位置侵入，通过口针的机械穿刺作用（图 2-8，图片源自 ipmimages.org）以及口针分泌酶的降解作用，帮助其穿透细胞壁并在细胞内移动。

孢囊线虫 2 龄幼虫移动到中柱鞘后选择一个合适的取食位点，口针刺破取食位点细胞的细胞壁后压迫寄主细胞膜凹陷而不刺破（图 2-9），随后通过口针注射来源于其食道腺细胞的颗粒状分泌物，并在口针开口处的寄主细胞膜内侧形成一个膜状的取食管。线虫通过中食道球的收缩运动吸入寄主细胞内的营养物质，而取食管起到一个过滤筛的作用，阻止维护寄主取食细胞正常运作的细胞器或大分子的流出，同时也避免这些大分子堵塞线虫口针的可能性。孢囊线虫取食位

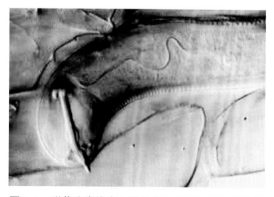

图 2-8　甜菜孢囊线虫 2 龄幼虫口针穿刺植物细胞壁

点——合胞体由约 200 个寄主细胞融合而成，线虫分泌物中的纤维素酶、纤维素结合酶等成分参与了植物细胞壁的断裂和细胞膜的重组等。作者曾在大豆孢囊线虫中发现了 6 种纤维素酶基因，它们编码的蛋白均具有代谢纤维素的活性（Gao 等，2004）。在孢囊线虫 J2 发育为 J3、J4 和成虫的过程中，持续利用其完整的口针从合胞体中获得养分。

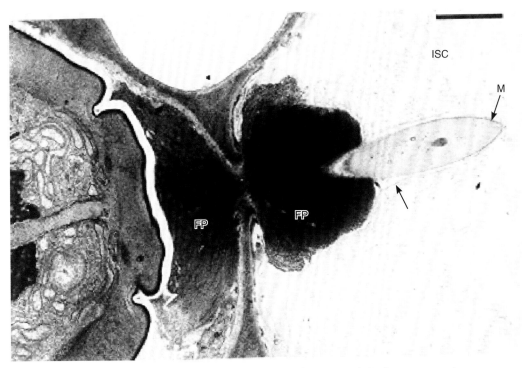

ISC—初始合胞体细胞（Initial syncytial cell）；FP—取食栓（Feeding plug）；
箭头所指为围绕口针的细胞膜（Plasmalemma）；M—在口针尖部的细胞膜。

图 2-9　大豆孢囊线虫在初始合胞体细胞内取食的切面图

图片引自 B. Y. Endo。

孢囊线虫雌虫呈柠檬形或球形，成熟后撑破根皮层，并散发性信息素吸引雄虫。雄虫与雌虫在同一植株的根系内同步发育，在第 4 次蜕皮后钻出根表皮游离到土壤中。Anjam 等（2020）能够在 J2 接种拟南芥 5 天后准确地分辨出甜菜孢囊线虫的雌幼虫和雄幼虫，因为雌幼虫的体型明显大于雄幼虫；在雄幼虫形成的合胞体中，与抗性和营养胁迫相关的基因会过量表达，而在雌幼虫形成的合胞体中，与细胞壁生物合成和修饰相关以及与新陈代谢相关的基因表达则更为活跃。雄虫在土壤中不取食，自由生活，生存时间很短，与雌虫交配后不久即死亡。雌虫死后表皮变厚，形成褐色孢囊，内含几百粒受精卵，卵的数目取决于孢囊线虫的种类及其生存的环境条件，有些种类的成熟雌虫会将卵排出阴门锥外，并用胶状基质包裹形成卵囊。

寄主植物死亡后，雌虫死亡变成褐色孢囊，从根系脱落到土壤中，呈休眠状态，等待下一个生长季节的侵染。孢囊线虫完成一代生活周期的时间依据种类和温度的不同而有所不同，大豆孢囊线虫的生活周期一般在30天左右，在25℃条件下会缩短到21天，其生活史见图2-10，在寄主根组织内的发育过程见图2-11。三叶草孢囊线虫（H. trifolli）在15℃下需要约45天的时间完成一代。通常情况下，孢囊线虫在温带地区一年可完成1~2代，而热带地区全年的环境条件对孢囊线虫的生长发育都有利，会发生更多的世代，如稻生孢囊线虫（H. oryzicola）一年可发生11代。

作物受孢囊线虫为害后常表现为植株黄化、矮化、生长稀疏的症状，根上有孢囊附着，容易脱落在土壤中。马铃薯孢囊线虫为害马铃薯的田间症状见图2-12（图片源自Bonsak Hammeraas），附着在马铃薯根上的孢囊见图2-13（图片源自Ulrich Zunke）；甜菜孢囊线虫为害甜菜的田间症状和根部症状见图2-14和图2-15（图片源自Jonathan D. Eisenback）。该病害隐蔽性强，症状常与缺水、缺肥症状相似。

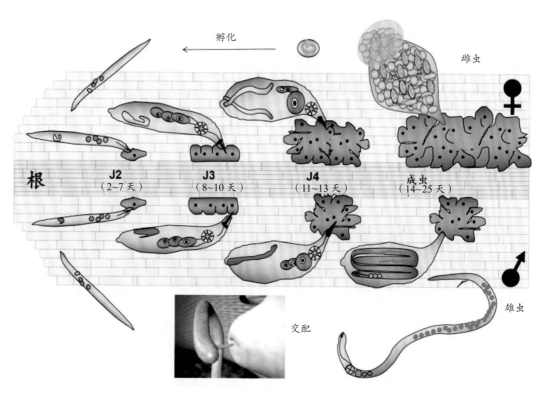

图 2-10　大豆孢囊线虫生活史

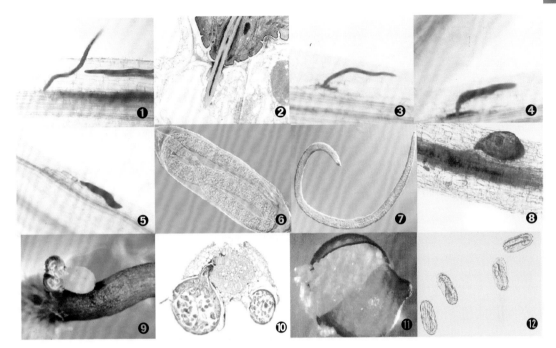

1—2龄幼虫（J2）在根内移动寻找取食细胞；2—J2用口针刺探取食细胞；3—J2建立取食位点；
4、5—随着3龄幼虫（J3）和4龄幼虫（J4）的发育，合胞体逐渐扩充；6—在老化的角质壳内，细长且
发育成熟的雄虫即将破壳；7—游离的雄虫；8—在寄主组织中发育的雌虫；9—附着在根表面的成熟雌虫；
10—根组织横切面所示雌虫及其合胞体；11—孢囊内充满卵；12—卵壳内的1龄幼虫。

图 2-11　孢囊线虫在寄主根组织内的发育过程

图片引自 R. S. Hussey、G. L. Tylka、B. Y. Endo、E. C. McGawley 和 E. L. Davis。

图 2-12　马铃薯孢囊线虫田间为害症状

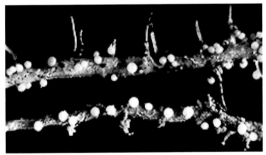

图 2-13　附着在马铃薯根上的孢囊

图 2-14　甜菜孢囊线虫田间为害症状

图 2-15　甜菜根系上的孢囊线虫成虫

2.4.3 根腐线虫（Root lesion nematode）（表 2-5）

表 2-5 根腐线虫（Root lesion nematode）

短体线虫属 *Pratylenchus*	主要特性
代表种： 穿刺短体线虫 *P. penetrans* 斯克里布纳短体线虫 *P. scribneri* 桑尼短体线虫 *P. thornei* 落选短体线虫 *P. neglectus* 玉米短体线虫 *P. zeae* 伤残短体线虫 *P. vulnus* 咖啡短体线虫 *P. coffeae*	迁移内寄生型。通常称为根腐线虫。生活史如图 2-16 所示。已描述 100 多个种。所有龄期的幼虫以及成虫均可在寄主组织内移动取食。产卵于根内或根表土壤中。孤雌生殖或两性生殖，易与镰刀菌和轮枝菌等病原真菌共同作用引起根表皮腐烂或维管束腐烂。寄主范围广，受害根由于细胞死亡表现为局部坏死和褐变，常伴有腐烂。严重时可造成澳大利亚小麦减产 30%

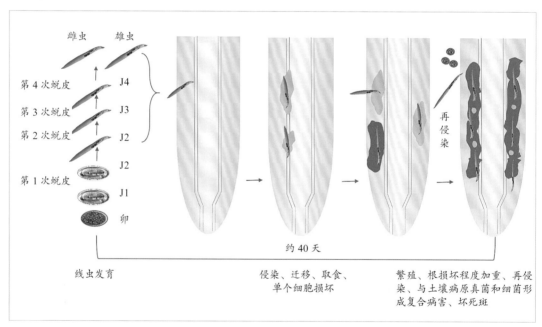

图 2-16 根腐线虫的生活史

　　短体线虫属是世界上分布最广的一个属，虽然该属中大多数种类很少或者没有经济重要性，但个别种类却能够导致许多重要作物的产量损失严重，如穿刺短体线虫（图 2-17，图片来源 http://nemaplex.ucdavis.edu）。短体线虫是一种迁移性线虫，它在根与根之间移动，同时也是一种根系内寄生线虫。短体线虫的卵内胚胎在卵壳内发育为 1 龄幼虫（J1），经第一次蜕皮为 2 龄幼虫（J2）后从卵壳中孵化出来。J2 经三次蜕皮从 J3、J4 变为成虫，它们都是蠕虫状，都能侵染根部（图 2-16），通常侵染根冠后部，也可侵染根、根茎或块茎表面，通过机械压力和线虫口针的切割作用完成侵入过程。

已知大多数短体线虫种类的生殖方式为孤雌生殖，少数种类营两性生殖。雌虫通常每天在根组织中产 2 粒卵，有时也会把卵产于附着在根表的土壤中。短体线虫主要习居于植物根系或地下组织的表皮细胞中，一般不会穿过内皮层或中柱层。在一段根组织中常有大量的短体线虫聚集，不同龄期的短体线虫可混合侵染。受线虫伤害的植物细胞会释放出酚类化合物，致使根组织呈现褐色的坏死症状（图 2-18）。当一段寄主组织死亡后，短体线虫会向健康组织迁移，有时从看似健康的根上可以分离到比坏死病根更多的线虫。

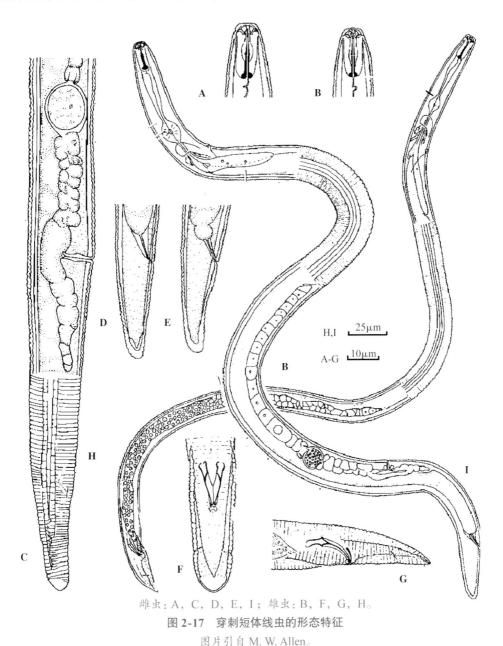

雌虫：A，C，D，E，I；雄虫：B，F，G，H。

图 2-17 穿刺短体线虫的形态特征

图片引自 M. W. Allen。

图 2-18　穿刺短体线虫为害大豆根系的症状

短体线虫利用口针重复穿刺来破坏植物细胞壁，随后迁移进入细胞或停下来开始取食，先向取食的寄主细胞内注入其食道腺分泌物，取食过程持续数小时，造成细胞死亡；如果在迁移途中取食，线虫短暂的取食过程不会导致细胞死亡。短体线虫迁移和长时间取食的过程交替进行，线虫有时会盘旋卷曲在细胞中，静止几个小时。在 17~30℃条件下，短体线虫在苜蓿根系内完成一个完整的生活史需要 22~46 天；在较高温度条件下，生活在热带的短体线虫种类通常只需要 3~4 周就能够完成一个生活史，而生活在较低温度下的温带种类则需要 5~7 周的时间。

短体线虫可在植物根系中频繁进出，受害的根部呈现出与根轴线平行的褐色到淡红色的坏死条斑；侵染严重的根系由于生长减缓而变得短小，且表现出丛枝、根肿、短小分支等症状，甚至腐烂。受害的块茎作物不仅产量损失严重，品质也会受到极大的影响而失去商业价值。例如，斯克里布纳短体线虫致使马铃薯产生凹陷的坏斑或疮痂，穿刺短体线虫引起马铃薯出现疣状凸起，咖啡短体线虫导致甘薯块茎表面组织干枯和腐烂等。

短体线虫种类的寄主范围广泛。穿刺短体线虫和咖啡短体线虫的寄主植物分别有 350 种和 130 种。短体线虫为害植物的种群密度通常很高，例如，咖啡短体线虫侵染柑橘的田间种群密度，可高达每克根内含有 1 万条线虫。在美国、欧洲和澳大利亚，短体线虫对小麦和玉米都有不同程度的为害，短体线虫造成美国的谷物产量损失多达每公顷 1t。短体线虫的侵染可导致香蕉和大蕉植株矮小和成熟期延迟，降低香蕉抵抗暴风雨的能力而引起大面积猝倒，极大地缩短了香蕉种植园的寿命。短体线虫对多年生木本植物根部的侵染不仅降低了植株的活力和产量，更重要的是可以协同其他土传病原菌对植株造成复合侵染为害，影响果园的再植。

2.4.4 穿孔线虫（Burrowing nematode）（表 2-6）

表 2-6　穿孔线虫（Burrowing nematode）

穿孔线虫属 *Radopholus*	主要特性
代表种： 　相似穿孔线虫 *R. similis* 　柑橘穿孔线虫 *R. citriphilus*	迁移内寄生型（图 2-19）。该属有 30 多个种，其中，相似穿孔线虫发生最为普遍，可侵染约 12 个科 250 种植物，适生于热带地区，低于 15~20℃时发育受限。营孤雌生殖或两性生殖。易侵染幼根的根尖及其附近组织，受害根系黑色并常伴有腐烂，常引起倒伏，导致香蕉、柑橘和辣椒等经济作物的毁灭性减产。生物学特征与根腐线虫比较相似。生活史见图 2-20，示意图参照 Pestnet.org 绘制

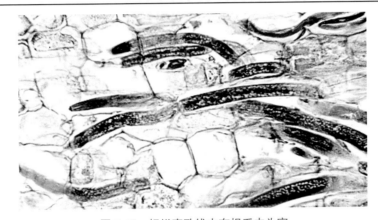

图 2-19　相似穿孔线虫在根系内为害

图片引自 Florida Division of Plant Industry Archive。

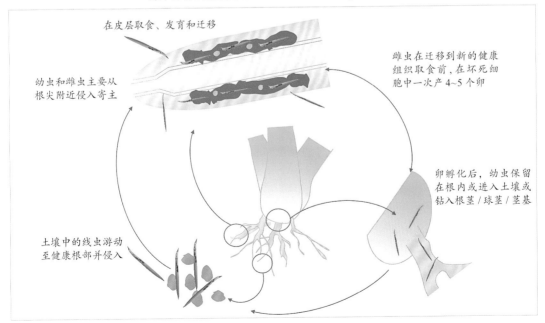

图 2-20　相似穿孔线虫生活史

穿孔线虫的生物学特征与根腐线虫相似。穿孔线虫通常营有性生殖,但相似穿孔线虫的雌虫在没有条件交配时营孤雌生殖。雄虫不取食,交配率受性别比的影响,即雄虫数量多时,交配率下降。穿孔线虫一般从植物的根尖或根尖附近侵入,在根表皮内寄生,但也可以侵入香蕉的中柱层。穿孔线虫一直在根系内取食生活,直到根系腐烂或种群过密时才离开。成熟雌虫在柑橘根内平均每天产 2 个卵,在香蕉上每天产 5 个卵。当温度条件适宜时,卵在一些植物根内 2~3 天即可孵化,而在有些植物根内则需要 6~9 天。在合适的条件下,穿孔线虫在柑橘上完成一个生活史需要 18~20 天。当温度低于 15~20℃时,相似穿孔线虫的发育会受到抑制。穿孔线虫没有休眠期,土壤水分不足时会限制线虫的发育。土壤质地也会影响相似穿孔线虫种群的增长及毒力,在沙土中,线虫的致病力要比在壤土中强,同时线虫也能够更好的迁移,增加扩散的距离。

穿孔线虫严重为害的植株常呈矮小、萎蔫及叶黄等地上部症状,特别是在干旱的季节发病最为严重。受害的树木生长矮小、枝叶和果实稀疏、枝条末端光秃或枯死。穿孔线虫与根腐线虫的为害症状相似,通常从寄主根部的伸长区侵入,通过破坏细胞而迁移,导致根系形成红褐色的坏死病斑。当线虫刺穿根尖末端入侵时,末端会膨胀肿大,反复侵染会引起组织的腐烂。穿孔线虫可侵染香蕉的初生根、次生根和球茎,只侵染木本植物非木质化的须根。穿孔线虫为害的姜块因失去嫩黄的颜色而极大地降低了商品价值。

相似穿孔线虫主要分布在热带地区,为害严重时导致香蕉猝倒(图 2-21 和图 2-22),影响许多国家的香蕉产业。相似穿孔线虫可引起亚洲东南部和印度的黑胡椒树黄化病,发病后叶片黄化并掉落,随后枝条枯死,植株逐渐衰退。第二次世界大战后的 20 年间,印度尼西亚近 2 200 万株黑胡椒树因发生黄化病而被清除,损失惨重。相似穿孔线虫也严重为害美国佛罗里达州中部地区的柑橘树,由于该地区为沙质土,线虫传播速度很快。相似

图 2-21 相似穿孔线虫导致香蕉树倒伏
(陈绵才 摄)

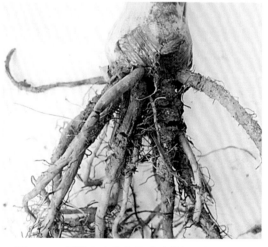

图 2-22 相似穿孔线虫导致香蕉根系坏死症状
(陈绵才 摄)

穿孔线虫侵染的橘树须根在土壤表层相对正常，但在25~50 cm土层下的须根数量严重减少。在斯里兰卡低海拔地区，相似穿孔线虫对茶叶的为害较为严重。此外，穿孔线虫也能为害在温度较高地区生长的椰子树、槟榔、生姜、姜黄、豆蔻及肉豆蔻等经济作物和郁金香等花卉（图2-23和图2-24）。

图2-23　相似穿孔线虫为害郁金香地上部症状
（陈绵才　摄）

图2-24　相似穿孔线虫为害郁金香地下部症状
（陈绵才　摄）

2.4.5　鳞球茎线虫（Bulb & stem nematode）（表2-7）

表2-7　鳞球茎线虫（Bulb & stem nematode）

茎线虫属 *Ditylenchus*	主要特性
代表种： 起绒草茎线虫 *D. dipsaci* 腐烂茎线虫 *D. destructor* 水稻茎线虫 *D. Angustus* 非洲茎线虫 *D. africanus*	内寄生迁移型。已知有90多种，其中起绒草茎线虫能为害约450种植物。雌雄同形，两性生殖，形态特征见图2-25；雌虫在一个生长季约产250粒卵，卵在2天内孵化为J2，4天发育为成虫。为害地上茎叶、地下根、鳞茎和块根等组织，从气孔或伤口进入植物，被取食细胞的周围细胞分裂加速，增大形成畸形组织。受害症状主要表现为植株矮化、组织坏死、腐烂、瘤肿等。苗、蔓和薯块都能受害，引起薯块干腐和空心等症状。易引起复合病害。被很多国家列为检疫对象。茎线虫的生活史见图2-26

　　茎线虫是杂食性的迁移内寄生线虫，主要为害植物的地下部尤其是块根、块茎和球茎等组织，在田间缺少经济作物寄主时，很容易寄生于杂草寄主或依赖于土壤中的真菌存活。起绒草茎线虫主要为害苜蓿、豌豆、蚕豆、芹菜、大蒜、洋葱、马铃薯、草莓、燕麦和黑麦等，也可为害水仙、郁金香等鳞球类花卉，是我国的检疫性有害生物，尚未有发生发布。腐烂茎线虫在我国主要为害甘薯、马铃薯、洋葱、甜菜、胡萝卜、大蒜、芹菜、黄

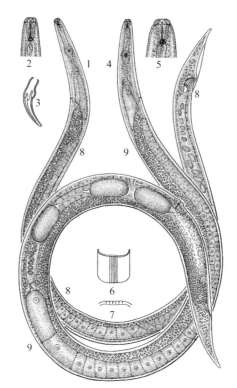

1—雄虫；2—雄虫头部；3—雄虫交合刺；4—雌虫；5—雌虫头部；6、7—侧带区示 6 条刻线；
8—雄虫；9—雌虫。

图 2-25　马铃薯茎线虫形态特征

图片仿自 Gerald Thorne, 1961。

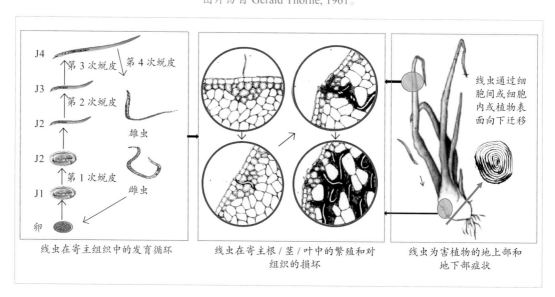

图 2-26　茎线虫的生活史

注：绘制参考资料包括 http://nemaplex.ucdavis.edu/Taxadata/G042s1.aspx 和 Disease life cycle of the stem and bulb nematode, Ditylenchus dipsaci. From "Plant diseases caused by nematodes" in Plant Pathology, 3rd. edition by George N. Agrios (1987)。

瓜、西葫芦、大豆、紫苜蓿、蚕豆、向日葵、番茄、烟草、甘蔗、大麦和小麦等。茎线虫还能取食 40 个属约 70 种真菌的菌丝并完成其生活史。

起绒草茎线虫可以侵染植物的茎和叶，导致植株矮化和畸形，可引起幼苗较高的死亡率。该线虫能够破坏植物细胞内的激素水平、溶解细胞间膜和细胞、促使细胞过度生长、形成胞间孔洞并导致组织局部肿大等。受害的叶片和叶柄通常呈矮小、扭曲和节间缩短等症状。受害洋葱或大蒜的茎呈现疙瘩状，茎干扭曲，茎蔓膨大、软化、倒伏。随着植物块茎的生长，线虫迁移至茎块外层并布满整个块茎，块茎内部呈现变色的环状坏死。茎线虫有较强的抗低温和抗干燥能力，能够在冷冻或干燥状态下存活多年；而在温暖潮湿的土壤里，如果没有寄主植物，存活的时间则相对较短。

腐烂茎线虫（*D. destructor*），是国际公认的检疫性有害生物，植物寄主有 90 多种，不仅能对马铃薯造成严重的经济损失，而且对甘薯和人参的为害有时是毁灭性的，甚至可以造成绝产。腐烂茎线虫的发育和繁殖温度为 5~34℃，最适温度为 20~27℃，在 27~28℃、20~24℃、6~10℃下，完成一个世代分别需要 18 天、20~26 天、68 天。当温度在 15~20℃，相对湿度为 80%~100% 时，腐烂茎线虫对马铃薯的为害最严重。腐烂茎线虫不形成"虫绒"，不耐干燥，在相对湿度低于 40% 时难以生存。马铃薯受害后，薯块表皮下产生小的白色斑点，斑点随后逐渐扩大并变成淡褐色，薯块组织软化后中心变空，内部组织呈干粉状，颜色变为灰色、暗褐色至黑色；病薯严重时表皮开裂（裂皮）或皱缩（糠心）（图 2-27）。茎线虫为害甘薯幼苗后，块根出现斑驳，后变为黑色（图 2-28），髓部为褐色或紫红色，地上部矮黄、苗稀；茎蔓受害后髓部会变白发糠，后期变褐色干腐，表皮破裂，蔓短、叶黄，甚至主蔓枯死。一般情况下，茎线虫对花卉的侵染从基部开始，向上扩展至肉质鳞片处，引起鳞片组织灰色或黑色坏死，根部变黑，叶片生长不良，叶尖变黄。

图 2-27　腐烂茎线虫为害马铃薯块茎症状
（陈书龙　摄）

图 2-28　腐烂茎线虫为害甘薯块根症状
（陈书龙　摄）

2.4.6 松材线虫（Pine wilt nematode）（表 2-8）

表 2-8　松材线虫（Pine wilt nematode）

伞滑刃线虫属 Bursaphelenchus	主要特性
代表种： 松材线虫 B. xylophilus 拟松材线虫 B. mucronatus 椰子红环腐线虫 B. cocophilus	伞滑刃线虫属目前约有 120 多个种，多与昆虫有关联，该属最重要的种类是松材线虫，可引起松树萎蔫枯死，其近似种拟松材线虫也能在枯死的松树中发现，但能否引起松树枯死尚无定论。松材线虫雌雄虫均呈蠕虫状，虫体细长（图 2-29），两性生殖；生活史较为复杂，包括植食和菌食两个阶段（图 2-30），可取食枯死松树内的真菌渡过逆境。在实验室用真菌培养时，4 天可完成一代。在林间依靠昆虫媒介如松墨天牛（Monochamus alternatus）传播。全球重要的检疫性有害生物，起源于北美，日本、中国和韩国受害严重，已扩散至欧洲的葡萄牙和西班牙。我国于 1982 年在南京中山陵首次发现，以后相继在多省（区）蔓延为害，是当前我国最重要的森林病害

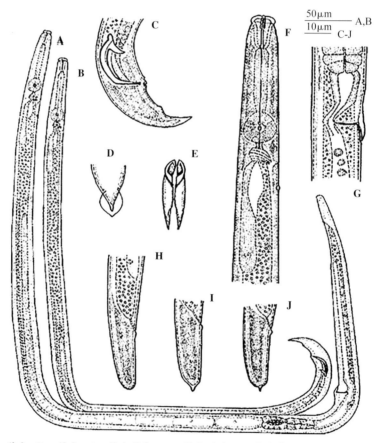

A—雌虫；B—雄虫；C—雄虫尾部；D—雄虫尾末端的交合伞；E—交合刺腹面观；
F—雌虫虫体前部；G—雌虫阴门区示阴门盖；H、J—雌虫尾部。

图 2-29　松材线虫形态特征

图片引自 Mamiya 和 Kiyohara（1972）。

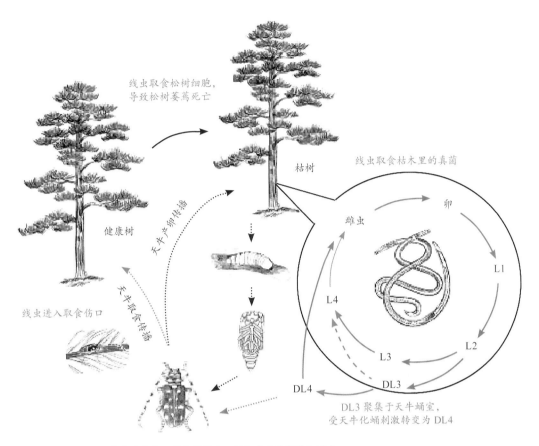

线虫取食松树细胞，
导致松树萎蔫死亡

线虫取食枯木里的真菌

枯树

健康树

天牛产卵传播

天牛取食传播

线虫进入取食伤口

雌虫 卵

L1

L4

L2

L3

DL3

DL4

DL3聚集于天牛蛹室，
受天牛化蛹刺激转变为DL4

DL4线虫迁移进入羽化的天牛，随取食或产卵进入树内

图 2-30 松材线虫的生活史
编译自 Kikuchi 等，2011。

松材线虫的生物学特性与其昆虫媒介墨天牛（*Monochamu* spp.）的发育世代同步。在图 2-30 中（译自 Kikuchi 等，2011），松材线虫的发育周期用棕色箭头表示。松材线虫在木材组织环境适宜、食物充足的情况下可以快速繁殖，雌虫产生大量的卵，卵发育为 1 龄幼虫（L1），通过 4 次蜕皮从 2 龄幼虫（L2）、3 龄幼虫（L3）、4 龄幼虫（L4）变为成虫。当死树的木材干燥、食物缺乏时，L2 转变为特殊的滞育型 L3（DL3）或称为扩散型 3 龄幼虫，此时天牛通常进入幼虫晚期或蛹期；天牛化蛹时，大量 DL3 向天牛蛹室聚集（图 2-31），并逐渐涌向蛹室壁侧的真菌长喙壳属（*Ceratocystis* spp.）子囊壳顶端；天牛羽化过程中触碰到子囊壳并沾染上 DL3，天牛产生的二氧化碳（CO_2）刺激 DL3 蜕皮为扩散型 4 龄幼虫（DL4）（图 2-32），DL4 逐渐聚集在鞘翅下的气管内（图 2-33）。

随着羽化天牛飞到健康松树取食当年生或一年生新鲜枝条，天牛携带的 DL4 从取食伤口进入树内并立即蜕皮为成虫，开始取食薄壁细胞并大量繁殖，取食阶段可持续 10~21 天。线虫扩散到树脂道并破坏树脂道细胞，感染 3 周后，松树树脂分泌减少或停止，水

图 2-31　天牛蛹室
（李红梅　摄）

图 2-32　天牛蛹
（李红梅　摄）

图 2-33　羽化的天牛成虫
（李红梅　摄）

图 2-34　松材线虫为害南京紫金山黑松〔程瑚瑞，1985〕

分输导组织堵塞，开始出现松针发黄症状，几个月后松树即萎蔫枯死。死亡松树的树干、枝条和树根内常含有大量的线虫（图2-34）；枯树的木质部颜色逐渐变蓝，由长喙壳属真菌所致（图2-35），这些蓝变真菌也是死树中线虫的食物。松材线虫的第二个传播途径是产卵传播，天牛经过营养取食后发育成熟，被死亡或垂死的松树吸引并聚集在树干上交配产卵，其体内携带的DL4游出经产卵孔进入树内，蜕皮后取食真菌菌丝并大量繁殖。

松材线虫感染后的松树症状发展分2个阶段。早期症状表现为树脂分泌减少，形成层薄壁细胞坏死和外层木质部产生空洞化，由此导致植株水分亏缺以及蒸腾作用和光合作用下降，局部树枝的针叶开始出现黄化萎蔫，随后整株发病并最终死亡。松材线虫病通常发生在夏季平均温度超过20℃的地区，在夏季高温少雨的季节，松树从感染线虫到萎蔫枯死只需要2~3个月时间。松材线虫在不同温度条件下完成一代所需时间有差异，在15℃下需要12天，25℃下需要6天，30℃时仅需要3天。在25℃下，卵可在26~32小时内孵化。松材

图 2-35　发病松树木质部的蓝变（李红梅　摄）

线虫发育的极限低温是 9.5℃。松材线虫可用真菌培养。

松材线虫主要侵染松属（*Pinus*）树种。白皮松（*P. bungeana*）、赤松（*P. densiflora*）、琉球松（*P. luchuensis*）、马尾松（*P. massoniana*）、欧洲黑松（*P. nigra*）、海岸松（*P. pinaster*）、日本黑松（*P. thunbergii*）以及樟子松（*P. sylvestris*）等都是松材线虫的敏感树种。

据推测，松材线虫起源于北美洲，在加拿大、墨西哥和美国（夏威夷除外）广泛分布，事实上，北美洲大部分的针叶树都抗松材线虫。松材线虫于 1905 年通过感病木材传入日本，而日本的针叶树都是感病树种。随后松材线虫从日本传播到中国、韩国和台湾地区。1998 年松材线虫首次在欧洲葡萄牙的海岸松上发现，2008 年扩散至西班牙。

2.4.7　肾状线虫（Reniform nematode）（表 2-9）

表 2-9　肾状线虫（Reniform nematode）

肾状线虫属 *Rotylenchulus*	主要特性
代表种： 肾形肾状线虫 *R. reniformis* 小肾状线虫 *R. parvus*	固定半内寄生型，营孤雌生殖或两性生殖。J2 经 J3 和 J4 发育至体型更小的幼龄成虫而不蜕皮。成虫开始侵染并在植物组织内形成合胞体。虫体 1/3 埋在根内，后部膨大呈肾形，雌虫产 40~100 粒卵至体外的胶状基质中。生活史见图 2-36。可为害 350 多种植物，产生的症状不明显，有时根系呈现坏死症状。受害作物的局部产量损失可达 40%~60%。易与其他土壤病原菌形成复合病害。主要为害棉花、菠萝、大豆以及一些蔬菜作物

肾状线虫是一类半内寄生（部分在根内）的线虫。成熟雌虫产的卵经 1~2 周后开始发育，卵壳内的 J1 蜕皮为 J2 后，从卵壳中游离出来，经 J3 和 J4 发育至幼龄成虫（图 2-37

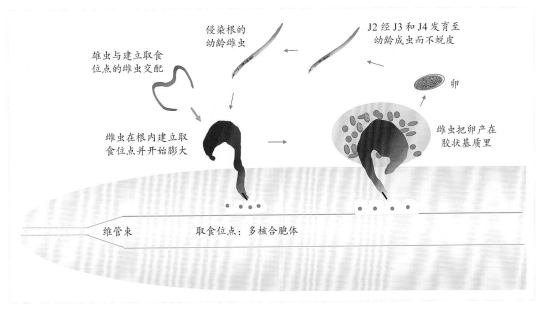

图 2-36　肾状线虫生活史

和图 2-38）。幼龄雌虫开始侵染寄主植物的根系，其头部穿入根组织，在根的中柱区建立永久性取食位点——合胞体，并固定取食。在发育成熟过程中，雌虫身体的前部仍然嵌入根中，而露在根表面的身体后部开始膨胀为肾形，肾状线虫由此得名。幼龄雌虫取食 1~2 周后达到成熟状态。雄虫能在雌虫生殖腺成熟前与之交配，精子储存在受精囊中，随后精子与雌虫性腺成熟后产生的卵子结合。雌虫可产 60~200 粒卵至其体外的胶状基质中（图 2-36）。肾状线虫的有些种群可进行孤雌生殖，其生命周期的长短受土壤温度的影响，有时会短于 3 周的时间。在没有寄主植物的情况下，肾状线虫可以通过脱水方式在干燥的土壤中存活至少两年，脱水状态的线虫有较强的抗药性，这也是肾状线虫的一种生存机制。

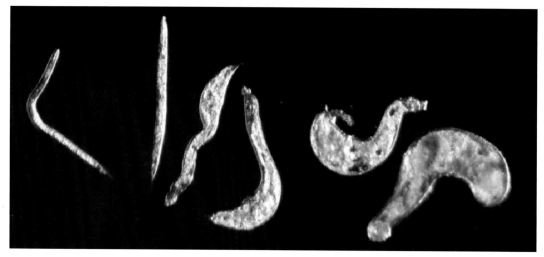

图 2-37　不同发育阶段的肾状线虫

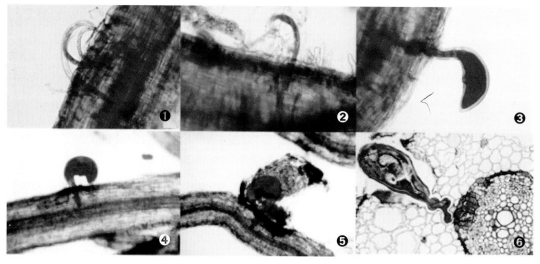

1—幼龄雌虫侵染根组织；2—取食根系的幼龄雌虫开始膨大；

3、4—雌虫发育膨胀；5—产卵；6—肾状线虫寄生棉花根组织的横切面。

图 2-38　肾状线虫在寄主上的发育过程

图片引自 R.S. Hussey。

肾状线虫属已描述有 10 个种，目前我国只有肾形肾状线虫（*R. reniformis*）发生。该线虫最早发现于夏威夷的豇豆根部（Linford 和 Oliveira，1940），主要分布在南美洲、北美洲、非洲、南欧、中东、亚洲、澳大利亚和太平洋的热带、亚热带和暖温带地区，造成农作物严重的经济损失。肾形肾状线虫可以为害至少 314 种寄主植物，其中棉花、豇豆、大豆、菠萝、茶叶和各种蔬菜是最常见的寄主，也可以为害甘薯和木瓜等热带果树，以及许多杂草和观赏植物（Robinson 等，1997）。肾形肾状线虫在美国南部普遍发生，严重为害棉花、菠萝和许多蔬菜作物，包括番茄、秋葵、南瓜和生菜等作物。美国密西西比州和阿拉巴马州农业研究和推广服务部门建议，如果棉田的肾形肾状线虫种群密度在春季超过 2 条线虫 /mL 土，在秋季或冬季超过 10 条线虫 /mL 土时，要对棉田进行杀线虫处理。菠萝种植园的肾形肾状线虫经济阈值为 310 条线虫 /250 mL 土（Sipes 和 Schmitt，2000）。肾状线虫是我国蔬菜上的一种重要线虫，也有报道能寄生菊花和剑兰等。马承铸等（1987）调查了上海近郊 27 种蔬菜的肾形肾状线虫发生率为 45%。除了直接为害外，肾形肾状线虫也是棉花枯萎病和黄萎病发生的重要诱因，可导致棉花抗枯萎病的品种丧失抗性。

2.4.8　剑线虫（Dagger nematode）（表 2-10）

表 2-10　剑线虫（Dagger nematode）

剑线虫属 *Xipihinema*	主要特性
代表种： 标准剑线虫 *Xiphinema index*	外寄生型，全球广泛分布。虫体较长，孤雌生殖或两性生殖。所有龄期幼虫和成虫都能取食，诱导产生多核取食细胞。主要寄生葡萄，引起根尖膨大畸形或形成根结，是葡萄扇叶病毒的介体

剑线虫是一类在植物根外取食的外寄生型线虫。剑线虫的生命周期与其他外寄生线虫相似，幼虫从卵中孵化，经 4 次蜕皮变为成虫，每次蜕皮时虫体都会变大。剑线虫的雌虫在植物根际土壤中产卵。1 龄幼虫从卵中孵化，经 24~48 小时后蜕皮，以后每隔约 6 天蜕皮一次。在 24℃条件下，剑线虫完成一个生命周期需要 22~27 天，在环境条件较差时则可能需要几个月时间（图 2-39）。通常剑线虫的雄虫稀少，主要以减数分裂的孤雌生殖方式进行繁殖，但也会发生有性繁殖。剑线虫可出现在各类土壤中，包括黏性土壤，但容易出现在 pH 值 6.5~7.5 的沙壤土中。线虫数量通常随着土壤深度的增加而减少，有时会出现在深达 360 cm 的土层中。剑线虫的其他龄期虫态在土壤中可存活 3 年多的时间，但是剑线虫主要以卵在土壤中渡过逆境。

标准剑线虫的主要寄主是葡萄，分布范围几乎包括了非洲、澳洲、欧洲以及美国的所有葡萄栽培区，其他寄主还包括无花果、柑橘、桑树、苹果、玫瑰、开心果、李树和梨属植物等。剑线虫在根外把长口针刺入皮层细胞直接取食（图 2-40，图片引自

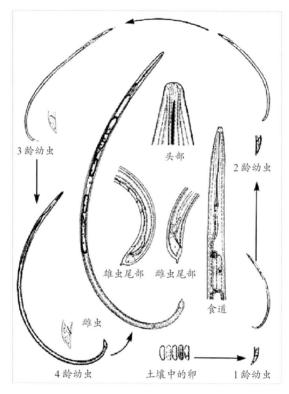

图 2-39　剑线虫生活史

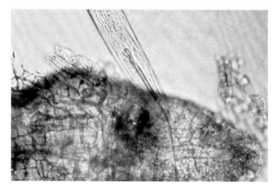

图 2-40　剑线虫取食无花果根尖

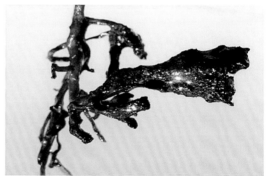

图 2-41　剑线虫引起葡萄根端部肿大

Nemaplex），引起根的机械和生理损伤，形成坏死斑、根尖端肿大等症状，侧根发育不良（图 2-41，图片源自 Pablo Castillo，CSIC）。Anonymous 等（2014）报道剑线虫的为害可减少 38%~65% 葡萄根的重量，导致严重的产量损失。

　　20 世纪 50 年代，Hewitt 等（1958）首先发现标准剑线虫可传播葡萄扇叶病毒（GFLV），该病毒目前已经传播至有葡萄栽培的多个大陆，引起世界范围内为害最重的葡萄病毒病。GFLV 造成黄色花叶和条纹症状，可导致葡萄坐果率下降 80%，造成巨大的经济损失。GFLV 通过带毒的种子或嫁接砧木进行远距离传播，在田间通过剑线虫穿刺取食葡萄根系进行传播。据推测，标准剑线虫和 GFLV 是共同进化的，GFLV 的存在给标准剑线虫带来了生存优势，GFLV 在标准剑线虫的幼虫体内可持续存在 4 年以上（Demangeat，2005）。GFLV 属于豇豆花叶病毒科（Family Comoviridae）的线传多角体病毒组（*Nepoviruses*），粒体为直径 30 nm 的多角体，单链 RNA。GFLV 粒体存在于线虫齿针的针腔内壁上，随线虫蜕皮时脱离虫体；病毒不能通过卵传递至下一代，也不能在线虫体内增殖。GFLV 侵染葡萄产生的症状包括叶片畸形、叶和嫩枝呈现黄色马赛克（图 2-42，图片源自 Pablo Castillo，CSIC）、果穗小、不结实或果实不均匀成熟等。剑线虫也可传播其他多种植物病毒造成作物产量损失，如剑线虫传播的番茄环斑病毒（*Tomato ringspot virus*）引起马铃薯叶的黄化症状（图 2-43，图片引自 The International Potato Center Archive），严重为害马铃薯产量和品质。

图 2-42　剑线虫传播 GFLV 引起
葡萄黄花叶病

图 2-43　剑线虫传播番茄环斑病毒引起
马铃薯叶黄化

2.4.9　假根结线虫（False root-knot nematode）（表 2-11）

表 2-11　假根结线虫（False root-knot nematode）

珍珠线虫属 *Nacobbus*	主要特性
代表种： 　异常珍珠线虫 *N. aberrans* 　背侧珍珠线虫 *N. dorsalis*	珍珠线虫的形态特征如图 2-44 所示，寄生习性复杂。繁殖方式不明。幼虫可重复进出根部，取食行为如根腐线虫，在根内移动取食，导致细胞和组织坏死；成虫固定取食，并在根组织中形成如孢囊线虫合胞体的取食位点，产生卵块。取食位点周围组织增生，形成如根结线虫引起的根结状膨大。主要在美洲发生，可寄生约 84 种植物。可造成拉丁美洲 65% 的马铃薯、墨西哥 55% 的番茄和 36% 的菜豆、美国 10%~20% 的甜菜损失

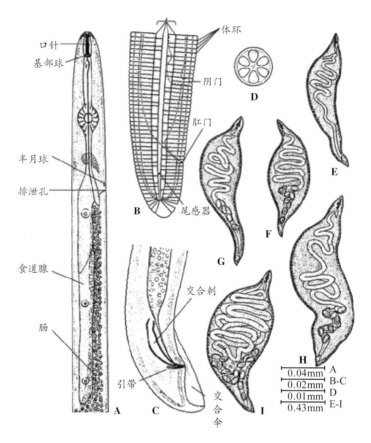

A、B—未成熟雌虫的前部和尾部；C、D—雄虫尾部和切面；
E—成熟雌虫早期；F、I—成熟雌虫的连续发育阶段。

图 2-44　异常珍珠线虫形态特征

图片译自 Sher（1970）。

在异常珍珠线虫的生活史中（图 2-45，参照 Akker，2014），其 J2、J3 和 J4 幼虫和幼龄雌虫均在根内或土壤中迁移，能穿入根尖及主根。幼虫的侵入可导致甜菜、番茄、马铃薯等作物的根部膨大，甜菜的根结状膨大可以延伸到根茎部。从卵孵化出的 J2 侵入寄主植物根系，破坏性地在细胞内移动，随后发育成线状的雄虫和囊状的雌虫（图 2-46，图片源自 Cid del Prado Vera）。异常珍珠线虫变为成虫后，在根内诱导形成合胞体型取食位点，并开始固定取食。随着线虫在根内取食和发育，根组织亦发生变化，形成虫瘿状根结（图 2-47，图片源自 Vera 等，2005）。雌虫产卵于根表的胶状基质中，也有一部分卵会留在虫体末端。在 25℃ 条件下，完成一个世代需要约 48 天。在墨西哥，异常珍珠线虫 J3 和 J4 以脱水的方式处于休眠状态，在没有寄主植物的田间土壤中可以存活一年以上，成为来年的初侵染源，但是卵和 J2 在寄主植物缺乏或环境条件不利情况下是不能存活的（Vera 等，2005；Stone 等，1985）。异常珍珠线虫在 –13℃ 土壤中可以存活 12 个月，在相对湿度只有 7%~9% 的风干土壤中可存活 2 年（Jatala，1979）。

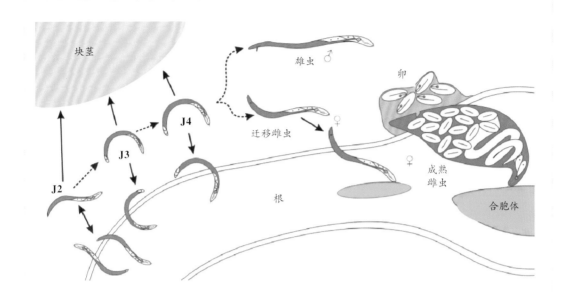

图 2-45　珍珠线虫在马铃薯上的侵染循环

图 2-46　异常珍珠线虫雌成虫

图 2-47　异常珍珠线虫为害墨西哥番茄

假根结线虫属主要有异常珍珠线虫和背侧珍珠线虫两个种，后者很少见，而前者对农业为害严重。异常珍珠线虫主要发生在南美洲和北美洲的温带和热带地区，我国尚未见分布。其寄主范围广，约有 84 种寄主植物，其中马铃薯是最重要的寄主，此外还包括甜菜、番茄、甘蓝、胡萝卜、辣椒、仙人掌等以及多种杂草，不侵染禾本科植物。许多国家和地区都将其列为检疫性对象。异常珍珠线虫在墨西哥是最重要的番茄病原线虫，可导致50%~100% 的产量损失（Zamudio，1987）。异常珍珠线虫一旦暴发，感染的土壤几年内都不适合种植番茄。异常珍珠线虫有 3 个生理小种，分别是马铃薯、甜菜和菜豆生理小种（Manzanilla 等，2002）。

2.4.10 叶芽线虫（Foliar nematode）（表 2-12）

表 2-12 叶芽线虫（Foliar nematode）

滑刃线虫属 Aphelenchoides	主要特性
代表种： 贝西滑刃线虫 A. besseyi 草莓滑刃线虫 A. fragariae 菊花滑刃线虫 A. ritzemabosi	半外寄生。形态特征见图 2-48。贝西滑刃线虫广泛分布，侵染水稻，引起干尖病，造成经济损失。线虫随种子传播，播种后侵入幼苗，吸取幼叶尖端细胞营养，受害叶尖呈白色，后干枯卷缩。幼穗形成时侵入颖壳，引起谷粒空瘪，在稻谷颖壳内越冬。无寄主植物时可取食真菌生存

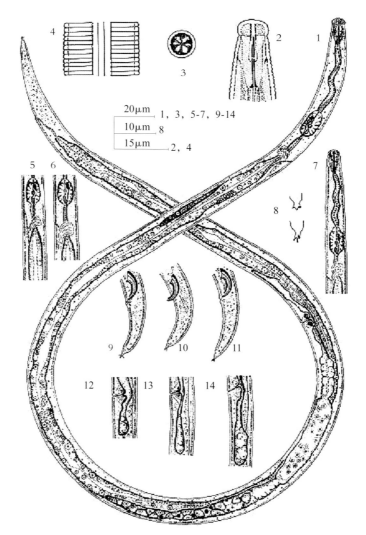

1—雌虫；2—雌虫头部；3—雌虫头顶面观；4—侧带区；5、6—雌虫食道部分；7—雄虫虫体前部；
8—雌虫尾端，示尾尖突的变化；9~11—雄虫尾部；12~14—后阴子宫囊的变化。

图 2-48 贝西滑刃线虫形态特征

图片仿自 Fortuner，1970。

　　滑刃线虫属迄今已描述 180 多个种，绝大多数种类是取食真菌的，而具有经济重要性的 3 个种分别是贝西滑刃线虫（ *A. besseyi* ）、草莓滑刃线虫（ *A. fragariae* ）、菊花滑刃线虫（ *A. ritzemabosi* ），它们是兼性植物寄生线虫，可以取食真菌以及活的植物组织，又称叶芽线虫。与大多数植物线虫不同，叶芽线虫侵染植物的地上部分，而不是严格地生活在土壤和根中。叶芽线虫能够寄生至少 126 个科 700 多种植物，涵盖单子叶植物和双子叶植物、裸子植物和被子植物，甚至还有蕨类、苔类和石蒜类植物等（Sánchez-Monge 等，2015）。叶芽线虫的为害会降低粮食作物的产量，破坏观赏植物的外观和商品价值。叶芽线虫的生活史见图 2-49（仿 Lambert 和 Bekal，2002）。

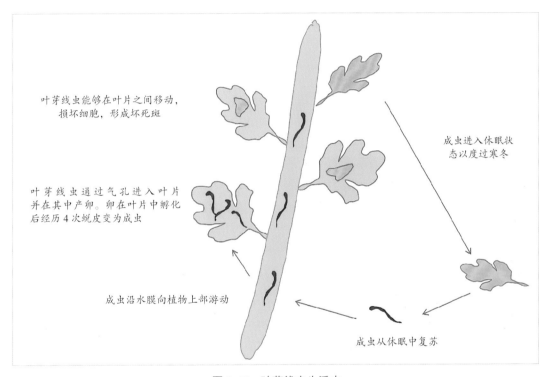

图 2-49　叶芽线虫生活史

　　贝西滑刃线虫，也称水稻干尖线虫，是一种外寄生线虫，可进行两性生殖或孤雌生殖。感染贝西滑刃线虫的稻种播种后，休眠的线虫恢复活动，游动到幼茎的生长点和秧苗的叶尖处，能进入小穗，在子房、雄蕊、浆片和胚芽上，在外部取食；在谷粒灌浆阶段，线虫盘绕于颖轴，聚集在颖壳内，随着谷粒灌浆成熟，逐渐发育为成虫；在水稻分蘖后期和生殖生长期，线虫数量急剧增长，在叶腋和花序处产卵。贝西滑刃线虫一季可繁殖多代，是喜温性线虫，产卵和孵化的最适温度是 30℃，在该温度下完成一个生活周期需要 8~12天，温度低于 13℃时，线虫停止发育。种子干燥时，线虫会缓慢脱水，可在谷壳内存活2~3 年，但在田间的谷壳内只能存活 4 个月，在土壤中不能存活。在谷物堆集和缓慢干燥的情况下，线虫存活力会得到增强，但线虫数量和侵染力会随着谷物存放时间的增长而降低。

贝西滑刃线虫于1915年首次在日本被发现为害水稻，1935年在美国南方水稻产区出现，目前在世界各国的水稻产区广泛发生，如中国、印度、日本、印度尼西亚、菲律宾、泰国、巴基斯坦、澳大利亚、萨尔瓦多、匈牙利、意大利、马达加斯加、古巴、美国、墨西哥等。中国是世界上最大的稻米生产国，贝西滑刃线虫广泛分布于大陆24省（自治区、直辖市）和台湾省。

水稻受贝西滑刃线虫侵染后的典型症状是叶的分生组织区坏死后呈现白色，常被称作水稻"干尖"病，受害严重的植株表现矮小或孕穗不良，产量损失可高达50%（Bridge等，2007）。贝西滑刃线虫也可引起围绕散穗花序的旗叶皱曲变形，花序的大小以及穗粒的数量和大小都会减少（图2-50和图2-51，图片源自Adnan Tulek）。种子被侵染后活力变低，发芽延迟，感病植株的长势和高度都会下降。除了为害水稻外，贝西滑刃线虫还可以寄生草莓（图2-52）、洋葱、大蒜、甜玉米、甘薯、大豆、大白菜、甘蔗、辣根、莴苣、谷子、兰花、万寿菊、向日葵、非洲紫罗兰、橡胶、芙蓉、绣球花等植物。

图2-50　贝西滑刃线虫引起水稻叶尖和小穗病粒症状

图2-51　健康稻谷（左）和贝西滑刃线虫侵染的　　图2-52　贝西滑刃线虫引起草莓叶卷曲
　　　　　病粒（右）

参考文献

马承铸，黄为泉，刘兆良，1987. 普通肾状线虫（*Rotylenchulus reniformis*）在几种蔬菜作物上的生物学和防治试验 [J]. 上海农业学报 (3): 52–61.

Akke S E V D, Lilley C J, Danchin E, et al, 2014. The transcriptome of *Nacobbus aberrans* Reveals insights into the evolution of sedentary endoparasitism in plant-parasitic nematodes[J]. Genome Biology & Evolution, 6(9): 2181–2194.

Anjam M S, Shah S J, Matera C, et al, 2020. Host factors influence the sex of nematodes parasitizing roots of *Arabidopsis thaliana*[M].Plant Cell Environment, 43: 1160–1174.

Blasingame D. 2006.Cotton disease loss estimate. Proceedings beltwide cotton conferences[C]. Memphis, TN: National Cotton Council of America.

Bridge J, Jim L, 2007.Plant nematodes of agricultural importance: a colour handbook[J]. Nematology, 2007, 9(6): 911.

Coyne D L, Laura C, Dalzell J J, et al, 2018. Plant-parasitic nematodes and food security in Sub-Saharan Africa[J]. Annual Review of Phytopathology, 56(1): 381–403.

Decraemer W, Hunt D J, 2006.Structure and classification[M]//Perry R N, Moens M.Plant Nematology. Wallingford, Oxfordshire: CAB International.

Demangeat G, Voisin R, Minot J C, et al, 2005. Survival of *Xiphinema index* in Vineyard soil and retention of grapevine fanleaf virus over extended time in the absence of host Plants[J]. Phytopathology, 95(10): 1151–1156.

Gao B, Allen R, Davis E L, et al, 2004. Molecular characterisation and developmental expression of a cellulose-binding protein gene in the soybean cyst nematode *Heterodera glycines*[J]. International Journal for Parasitology, 34(12): 1377–1383.

Gao B, Allen R, Davis E L, et al, 2010. Developmental expression and biochemical properties of a beta-1, 4-endoglucanase family in the soybean cyst nematode, *Heterodera glycines*[J]. Molecular Plant Pathology, 5(2): 93–104.

Hewitt W B, Raski D J, Goheen A C, 1958. Nematode vector of soil-borne fanleaf virus of grapevines[J]. Phytopathology, 48: 586–595.

Jatala P, Kattenbach R, Jatala P, et al, 1979. Survival of *Nacobbus aberrans* in adverse conditions[J]. Journal of Nematology, 11(4): 303.

Jones M, Fosu-Nyarko J, 2014. Molecular biology of root lesion nematodes (*Pratylenchus* spp.) and their interaction with host plants[J]. Annals of Applied Biology, 164(2): 163–181.

Jones J T, Haegeman A, Danchin, E G J, et al. 2013. Top 10 Plant-parasitic nematodes in molecular plant pathology[J]. Molecular Plant Pathology, 4(9): 946–961.

Kikuchi T, Cotton J A, Dalzell J J, et al, 2011. Genomic insights into the origin of parasitism in the emerging plant pathogen *Bursaphelenchus xylophilus*[J]. PLoS Pathogens, 7(9): e1002219.

Koenning S, Overstreet C, Noling J, et al, 1999.Survey of crop losses in response to phytoparasitic nematodes in the United States for 1994[J]. Journal of Nematology, 31(4S): 587–618.

Linford M B, Oliveira J M, 1940. *Rotylenechulus reniformis*, nov. gen. n. sp. a nematode parasite of roots[J]. Proceedings of the Helminthological Society of Washington, 7: 35–42.

Manzanilla-López R H, Costilla M A, Doucet M, et al, 2002. The genus *Nacobbus* Thorne & Allen, 1944 (Nematoda: Pratylenchidae): Systematics, distribution, biology and management[J]. Nematropica, 32(2): 149–227.

McSorley R, Parrado J L, Stall W M. 1981. Aspects of nematode control on snapbean with emphasis on the relationship between nematode density and damage[J]. Proceedings of Florida State Horticulture Society, 94: 134–136.

Robinson A F, Inserra R N, Caswell-Chen E P, et al, 1997. Review: *rotylenchulus* species: identification, distribution, host ranges, and crop plant resistance[J]. Nematropica, 27(2): 127–180.

Sanchez-Monge A, Flores L, Salazar L, et al, 2015. An updated list of the plants associated with plant-parasitic *Aphelenchoides* (Nematoda: Aphelenchoididae) and its implications for plant-parasitism within this genus[J]. Zootaxa, 4013(2): 207–224.

Sasser J N, 1988. perspective on nematode problems worldwide[C]// Nematodes parasitic to cereals & legumes in temperate semi-arid regions: A workshop held at Larnaca. ICARDA, Aleppo, Syria. 1–12.

Sipes B S, Schmitt D P, 2000. *Rotylenchulus reniformis* damage thresholds on pineapple[J]. Acta Horticulturae, 529: 239–246.

Stirling G R, Stanton J M, Marshall J W, 1992.The importance of plant–parasitic nematodes to Australian and New Zealand agriculture[J].Australasian Plant Pathology, 21: 104–115.

Vera C P, Franco F, Alejo J C, et al, 2005. Characteristics and ecology of *Nacobbus aberrans* in Mexico[C]. California Nematology Workshop.

Zamudio G V, 1987. Evaluación de la resistencia de colecciones y variedades comerciales de tomate (*Lycopersicon* spp.) a *Nacobbus aberrans* Thorne & Allen[D]. Montecillo: Tesis de Maestría. Colegio de Postgraduados: 159.

3 植物线虫造成的作物经济损失

3.1 绪论

客观估算植物线虫造成的作物损失具有重要的意义，对宏观指导植物线虫的研究方向、明确植保企业的战略定位、制定政府相关部门出台的管控政策、引导种植者对线虫为害性的认识均具有重要的参考价值。线虫对作物造成的损害程度受多种因素的综合影响，不同的国家或地区在作物种类、种植方式、土壤条件、线虫种类以及复合病害等诸多方面均存在差异，同时市场价格和汇率变化也存在不确定性，难以用统一的标准获得线虫造成产量损失的精准数据。因此，对植物线虫在世界范围内造成的作物经济损失做出准确的估算非常困难。

许多已公开发表的评估数据是基于对各国有经验的线虫学家的问卷调查汇总而得，而这些线虫学家的数据大多来源于长期的田间试验研究或覆盖面较广的国家级项目研究。Sasser 和 Freckma 在 1987 发表了有关线虫造成全球重要作物经济损失的报告，估算平均产量损失为 12.3%。在后续的相关研究报告中，其他线虫学家公布的平均损失率也基本为 11.0%~13.5%，但是在作物产量、汇率以及囊括的作物种类上有所变化。对线虫造成经济损失的估值来源于科学家们在田间长期工作的经验认知，准确性很难判定，但估值的区间范围以及变化趋势具有一定的可信度。

在我国，受作物连茬种植日益普遍等多种因素的影响，线虫病害已成为蔬菜以及小麦、水稻、玉米和马铃薯等大田作物的常发病害，严重制约了我国的农业生产。为了对我国植物线虫的为害有一个比较概括性的认知，有必要基于一定的可信度估算出线虫造成的作物经济损失数值。在本章，作者参照公开发表文献中的估算参数，特别是损失率，结合我国线虫病害发生的特点以及 2018/2019 年的作物产量统计，依据计算时的美元兑人民币汇率，对我国线虫造成的作物产量损失进行了估算，同时对其原因进行了剖析。

3.2 线虫对全球粮食作物造成的经济损失

1971 年 Feldmesser 发表了第一份关于植物线虫造成作物经济损失的估算报告，明确了美国 24 种蔬菜作物受线虫为害的平均产量损失为 11%，由线虫引起的总损失大约为 15 亿美元。随后，多名植物线虫学家陆续发表了世界范围内由线虫造成的作物经济损失估值报告，见图 3-1。

图 3-1　线虫对全球作物造成的经济损失估值

根据世界各地 371 位植物线虫学家对包括 15 种基本生活所需作物在内的共 21 种作物的问卷调查数据，美国植物线虫学家 Sasser 和 Freckma 于 1987 年发表了线虫对全球作物损失的估算值约为 770 亿美元，并推测所有作物的总经济损失在 780 亿~1 250 亿美元之间，美国总损失值为 58 亿美元；同时指出，线虫对全球作物造成的平均产量损失率约为 12.3%，其中基本生活所需作物为 10.7%，重要经济作物为 14.0%，发达国家为 8.8%，发展中国家为 14.6%。2003 年，另一位美国著名的植物线虫学家 David Chitwood，在一篇关于杀线剂（Nematicides）的综述性文章中提及线虫对全球作物造成的经济损失值为 1 210 亿美元，其中美国为 91 亿美元，并提出发展中国家农作物的线虫问题要比发达国家严重很多。2008 年，法国植物线虫学家 Pierre Abad 领衔在国际顶尖学术期刊 *Natural Biotechnology* 上发表了最重要的植物线虫——南方根结线虫的基因组研究成果，同时指出全球作物由于线虫的为害所造成的经济损失已经高达 1 570 亿美元。

2008 年，美国专门研究植物线虫防治技术的生物科技公司 Divergence Inco 的创始人兼首席科学家 J.P. McCarter 参考 Sasser 和 Freckma（1987）的评估资料，结合 2001 年各国作物的种类、价格、产量和汇率等数据，针对全球 40 种最重要的作物，估算出线虫为害的总经济损失值为 1 180 亿美元，所有作物的平均产量损失率为 11.0%，并列出了更有实际意义的各种作物的经济损失值（图 3-2）；该报告表明，约 48.0% 的经济损失值来自植物线虫对水稻和玉米的为害，其中，线虫对中国水稻产量造成的损失率高达 28.0%，估值约为 222 亿美元；对美国玉米产业造成的经济损失约为 103 亿美元。

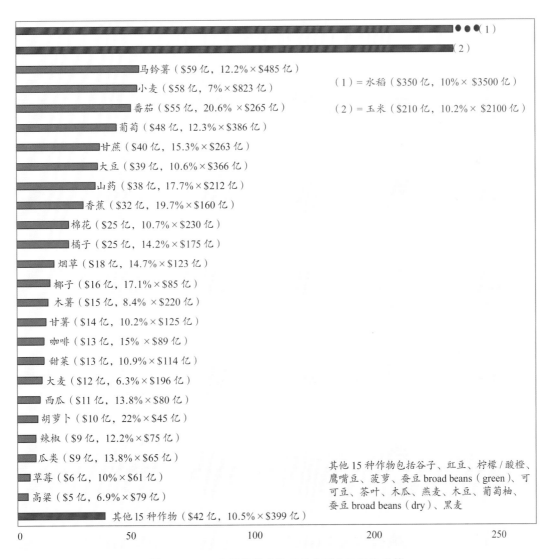

图 3-2　2001 年植物线虫造成的全球作物损失估算

括号内为损失估值，损失率乘总产值。编译自 McCarter（2008）。

为了更新线虫对全球作物为害程度的数据资料，埃及的 Abd-Elgawad 和印度的 Askary 于 2015 年进行了一项全球性的调查，参考 Sasser 和 Freckma（1987）的研究框架和一些估算参数，估算出线虫对全球 37 种重要作物造成的年经济损失总额为 3 582.4 亿美元，年均损失率为 13.5%；对其中 20 种基本粮食作物的年损失估值为 2 157.7 亿美元，年均损失率为 12.6%；对 17 种重要经济作物的年损失估值为 1 424.7 亿美元，年均损失率为 14.5%（图 3-3 和图 3-4）。这些结果令人震惊，远远超出了 Sasser 和 Freckma 的估值。这些数据没有涵盖全世界的所有作物，如果将发展中国家的作物损失都加在一起，估值会更大。此外，全球重要作物种类种植地受植物线虫侵染的比例也处于一个比较高的水平，例如，90% 的全球香蕉种植地都有植物线虫病害发生（图 3-5，资料来源于 AGRANOVA，http://www.brychem.co.uk/docs/RJB20131119.pdf）。

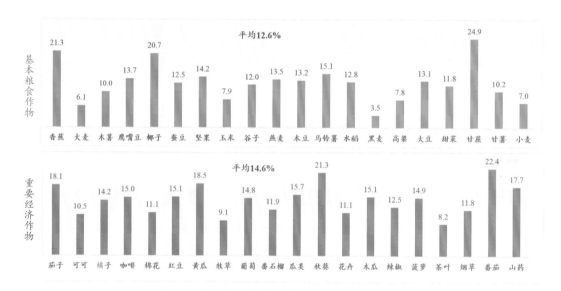

图 3-3　线虫造成全球 40 种作物的年经济损失率

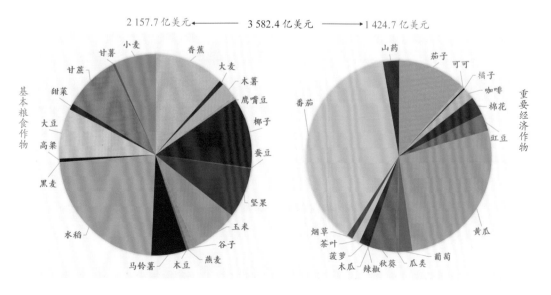

图 3-4　线虫造成全球 37 种作物的年经济损失估算

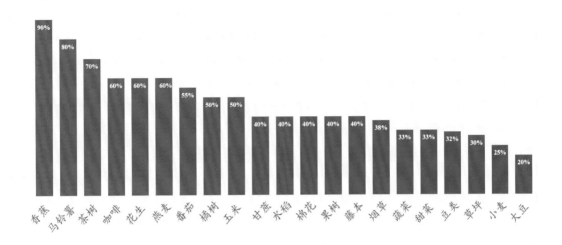

图 3-5　全球重要作物种植地受植物线虫侵染的比例

由此可见，线虫对作物的为害是个全球性问题，是世界粮食可持续供给的制约因素之一，特别在线虫对作物的为害程度趋向愈加恶化的形势下，政府、研究院（所）和企业等各方力量都要给予足够的重视。未来一段时期，全球面对的一个重大挑战将是确保粮食安全。包括中国在内的许多国家仍然存在资源贫乏的地区，需要根据不断增长的需求，持续提高农业生产力。预计到 2050 年世界人口将增长 35%，升至 97 亿（世界人口展望，2015 年修订版），由于经济发展和粮食偏好的变化，预计粮食需求将增加 75% 左右，必须在资源利用效率方面做出重大改进。在作物生产模式朝着提高生产效率方向发展的过程中，病虫害的有效治理至关重要，特别要重视经常被忽略的线虫病害问题。在英国，仅孢囊线虫对马铃薯的为害就造成约 7 千万美元的年经济损失，约占英国马铃薯产量的 9%，线虫病害防治的必要性越来越受到重视（Nicol 等，2011）。

3.3　植物线虫对中国粮食作物造成的经济损失

由于作物连茬种植日益普遍等多种因素的影响，线虫病害已成为中国蔬菜乃至小麦、水稻、玉米和马铃薯等大田作物的常发病害，严重制约了中国的农业生产。为了对中国的线虫为害性有一个比较清晰的认知，有必要对线虫造成的作物经济损失进行研究，获得具有一定可信度的估算值。参照文献中的估算参数，结合中国线虫病害发生的特点，作者对线虫造成中国作物的产量损失及经济价值进行了估算，见表 3-1。

表 3-1　植物线虫引起的中国作物产量损失值估算

作物名称（数据采用年）	损失率(%)(Elgawad)	损失率(%)(McCarter)	年产量(×10³t)	中国价格(美元/t)	价格(美元/t)(Elgawad)	产量损失(×10³t)	价值损失(百万美元)	占比(%)
基本粮食作物								
小麦 (2019)	7.0	7.0	133 000	351.00*	305.50	9 310.00	3 267.81	6.1
水稻 (2019)	12.8	10.0*	199 000	366.57*	503.80	19 900.00	7 294.74	14.6
玉米 (2019)	7.9*	10.2	261 000	269.79*	234.90	20 619.00	5 562.90	10.3
马铃薯 (2019)	15.1	12.2*	91 938	176.00*	220.00	11 216.44	1 974.09	3.7
甘薯 (2019)	10.2	10.2	131 250	176.00	80.00*	13 387.50	1 071.00	2.0
大豆 (2019)	13.1	10.6*	18 100	527.86*	429.40	1 918.60	1 012.75	1.9
甘蔗 (2019)	24.9	15.3*	109 000	58.57	35.40*	16 677.00	590.37	1.1
香蕉 (2018)	21.3	19.7*	11 220	580.65*	937.60	2 210.34	1283.43	2.4
甜菜 (2019)	11.8	10.9*	12 273	73.31	67.80*	1 337.76	90.70	0.2
高粱 (2019)	7.8	6.9*	3 800	337.24*	220.60	262.20	88.42	0.2
谷子 (2019)	12.0	10.5*	2 000	879.77*	490.00	240.00	211.14	0.4
燕麦 (2020E)	13.5	10.5*	1 250	557.18*	255.30	131.25	73.13	0.1
大麦 (2018)	6.1*	6.3	957	392.96*	194.70	58.38	22.94	0.0
棉花 (2019)	11.1	10.7*	5 889	1 868.62*	2380.00	630.12	1 177.46	2.2
柑橘 (2019)	14.2	14.2	7 300	205.28*	290.00	1 036.60	212.79	0.4
葡萄 (2019)	14.8	10.5*	10 800	—	508.00*	1 134.00	576.07	1.1
烟草 (2019)	11.8*	14.7	2 153	4 117.30*	2820.00	254.05	1 046.02	1.9
茶叶（2019）	—	8.2*	2 739		8 140*	224.6	1 828.24	3.4
重要经济作物								
番茄 (2019)	22.4	20.6*	55 000	733.14*	2 230.00	11 330.00	8 306.48	15.5
黄瓜 (2019)	18.5*	—	53 179	441.35*	733.00	9 838.12	4 342.04	8.1
胡萝卜 (2019)	—	22.0*	27180	439.88*	—	5 979.60	2 630.31	4.9
茄子 (2019)	18.1	10.5*	35 412	564.52*	3 190.00	3 718.26	2 099.03	3.9
辣椒 (2017)	12.5	12.2*	33 560	469.21*	7 700.00	4 094.32	1 921.10	3.6
西瓜 (2019)	—	13.8*	73 000	175.95*	—	10 074.00	1 772.52	3.1
草莓 (2019)	—	10.0*	3 802	4 398.83*	—	380.2	1 672.12	3
甜瓜 (2018)	13.8*（自估）		13 159	586.51*		1815.94	1 065.07	2
生姜 (2019)	14.45*（Elgawad 经济作物平均损失率）		12 370	932.55*		1787.47	1 666.90	3
花生 (2019)			17 520	202.12*		2531.64	511.52	1
猕猴桃 (2018)			2 155	588.22*		311.40	183.17	0
火龙果 (2019)			2 520	146.63*		364.14	53.40	0
西洋参 (2019)			12.5	31 147.66*		1.81	56.26	0
三七 (2015)			20.00	31 909.59*		2.89	92.22	0
总计			13.33 亿 t			1.53 亿 t	53 756.14	100

注：（1）作物种类依据 McCarter（2008）以及 Abd-Elgawad 和 Askary（2015）文献所列，保留在中国也大面积种植且受线虫为害的作物，未包括木薯、鹰嘴豆、椰子、蚕豆、坚果、木豆、黑麦、可可、咖啡、豇豆、木瓜、茶叶和山药（量小且无数据）；（2）损失率根据 McCarter（2008）以及 Abd-Elgawad 和 Askary（2015）的数据，计算时保守性选择较低的损失率，用 * 号表示；生姜、花生、猕猴桃、火龙果、西洋参和三七没有文献记载的损失率，计算时采用 Abd-Elgawad 和 Askary（2015）报道的经济作物平均损失率；（3）价格参照 2019 年网上公开数据，一般采用中国收购价或地头价；美元按 2020 年 8 月 30 日汇率 6.82 计算；甘蔗、香蕉、生姜、西洋参采用出口价；有些农产品的价格依品种和地域差异较大，采用 Abd-Elgawad 和 Askary（2015）文献中说明的价格，包括甘薯、甘蔗、甜菜和葡萄；被选用的价格数值用 * 号表示。

估算结果表明，线虫对我国主要作物造成的经济损失总额约为 537.56 亿美元，该估值不包括线虫对我国林木和园林植物、花卉、草坪、坚果植物以及少量种植作物的为害；参与估算的 32 种作物的平均产量损失率为 12.5%，其中 13 种基本生活作物的平均产量损失率为 10.6%，造成的损失额为 225.4 亿美元，占总损失额的 41.9%；19 种重要经济作物的平均产量损失率为 13.9%，造成的损失额为 312.1 亿美元，占总损失额的 58.1%。小麦、水稻、玉米、马铃薯这四大主粮作物的经济损失占总损失额 33.7%，而在 McCarter（2008）和 Abd-Elgawad 和 Askary（2015）的研究中，这 4 种作物的经济损失分别占世界总损失额的 57.4% 和 26.4%；此外，我国番茄、黄瓜、茄子、辣椒和胡萝卜这 5 种主要蔬菜作物的经济损失占总损失额的 35.9%。上述 9 种主要作物的经济损失占总损失额的比重高达 69.6%。

我国小麦、水稻、马铃薯和玉米的年产量均占据世界的主要地位，占比分别达 31%、27%、20% 和 19%。小麦孢囊线虫在我国 16 个省（市或区）的 510 个县（市）均有分布，为害的主要种类为禾谷孢囊线虫（*Heterodera avenae*）（优势种）和菲利普孢囊线虫（*H. filipjevi*），发生面积超过 6 200 万亩，平均产量损失率为 15%~20%。对 5 个小麦大省的调查显示，河南省发生面积 2 000 余万亩，重病田损失率为 17%~42%；河北省发生面积 1 000 余万亩，重病田损失率为 15%~25%；山东省发生面积 2 000 余万亩，重病田损失率为 12%~21%；安徽省发生面积 700 余万亩，重病田损失率为 12%~20%；江苏省发生面积 500 余万亩，重病田损失率为 15%~25%。水稻根结线虫病发生约 2 000 万亩，其中常发生 1 000 万亩，严重发生 100 万亩。早稻孢囊线虫（*H. elachista*）在我国南方多个省（区）为害水稻面积达 1 000 多万亩，平均产量损失率为 17% 以上（彭德良，2019）。腐烂茎线虫毁灭性为害我国的甘薯和马铃薯生产，经济损失巨大。甘薯受害最为严重，发生面积约 2 000 万亩，常发面积约 1 000 万亩，重发区 300 万~500 万亩，主要位于丘陵山区，严重地块可造成 80% 以上损失，一般为害在 20% 以上，且严重影响甘薯品质；对马铃薯的为害多限于冷凉地区，目前为害的区域与为害程度相对比甘薯轻（陈书龙，2018）。

蔬菜作物由于生产的集约化和连作程度高，受到线虫的为害也最为严重，重发生的保护地常出现绝收或毁棚的情况。2019 年我国蔬菜总产量为 7.19 亿 t，占全球总产量的 60.0% 左右。统计表（表 3-1）中的番茄、黄瓜、茄子和辣椒的产量总计为 2.04 亿 t，占全国蔬菜总量的 28.4%，估算线虫为害损失占比达 38.0%，约为 193 亿美元；截至 2019 年 12 月 20 日，根据农业农村部重点监测的 28 种蔬菜全国年均批发价来看，全年蔬菜平均批发价格为 4.21 元。如果按照 Abd-Elgawad 的经济作物平均损失率 14.5% 以及 2020 年 8 月 30 日美元汇率 6.82 计算，则线虫对我国蔬菜的潜在损失值为 641.35 亿美元。对中国 15 个省（区）2 000 多份蔬菜地样品调查结果显示，茄科和葫芦科蔬菜受根结线虫的为害特别严重，田间发病率达到 40%~100%（简恒，2018）。

上述估算统计中包括了在我国生产量大或具有地方特色的多种经济作物，它们均受到线虫的严重为害。例如，我国西瓜和甜瓜种植面积和产量均居世界第一，西瓜产量更是占世界产量的 80%；我国草莓产量占世界的 40%，是世界第一大生产国。2019 年我国茶叶产量达 273.90 万 t，约占全球产量的 1/3，干毛茶产值为 2 396 亿元，是世界第一大产茶国，而根结线虫和短体线虫是为害我国茶树的主要线虫类群。我国甜菜种植区域以内蒙古、新疆为主，两个地区的总种植面积占全国甜菜种植面积的 80%，甜菜在我国主要受根结线虫的为害，但随着甜菜孢囊线虫在新疆地区的暴发以及在张家口地区的发现，可以预见，植物线虫将严重制约我国的甜菜生产。我国每年进口大豆约 8 300 多万 t，为了减少对大豆进口的依赖程度，近年来国家出台了多种扶持政策鼓励大豆生产，使我国 2019 年的大豆产量创下 14 年来的最高水平，达到 1 727 万 t，预计大豆产量今后将会不断增高，而大豆孢囊线虫病是大豆生产中的第一大病害，产量损失为 20%~30%。

近年来我国柑橘年产量不断提升，已成为全球第二大生产国（图 3-6），有些品种已成为地方特色的农业支柱产业，如桂林全市种植面积达 300 万亩，产量 600 万 t。作者对桂林个别柑橘园进行调查（图 3-7），发现柑橘树根部或土壤中存在不同种群密度的根结线虫和短体线虫，有些植株有明显的黄叶和矮化症状。柑橘半穿刺线虫（*Tylenchulus sermipenetrans*）引起的柑橘慢衰病是柑橘上的重要病害，在福建省调查发现，84.6% 的柑橘园中可以检测到柑橘半穿刺线虫，柑橘园病株发病率为 62.5%~100%（刘国坤等，2007）。我国是猕猴桃的主要生产国，近年来根结线虫在我国的主产区陕西省和四川省呈现出为害面积不断扩大的态势（图 3-8）。此外，线虫对我国其他水果类植物的为害也呈现出日趋严重的趋势，如根结线虫对番石榴（图 3-9）和火龙果（图 3-10）等的为害。全球生姜产量约 2 200 万 t，其中我国每年生姜产量约 1 000 万 t，占全球总产量的 45%，而线虫的为害已经成为生姜种植区的主要问题，特别在我国山东潍坊市生姜主产区尤为严重

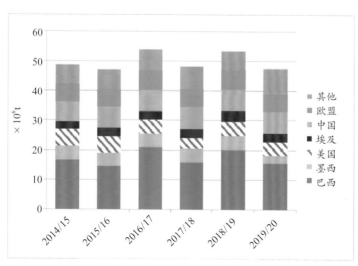

图 3-6　世界柑橘产量（USDA，2020 年 7 月）

图 3-7　桂林砂糖橘线虫为害调查

图 3-8　根结线虫为害猕猴桃（张峰　摄于陕西）

图 3-9　根结线虫为害番石榴地上和根系症状（陈绵才　摄于海南）

图 3-10　根结线虫为害火龙果（闫磊　摄于广西）

图 3-11　根结线虫为害生姜（张鹏　摄于潍坊）

图 3-12　根结线虫为害山药（张鹏　摄于潍坊）

（图 3-11）。我国是山药的原产地，品种繁多且种植范围广泛，由于受土壤条件的限制，轮作换茬困难，连作种植导致的线虫病害是制约我国山药生产的主要因素之一（图 3-12）。

中草药植物是我国的特色植物种类，市场份额达 270 亿美元。线虫对大多数药用植物都有不同程度的为害，特别是对以根入药的植物为害尤为严重，不仅影响产量和品相，还影响中草药中的成分活性。我国目前种植的中草药植物达 200 多种，其中有 60~70 种已形成较大规模的基地种植模式，有些已经成为地方经济的支柱产业，例如山东省文登的西洋参和云南省文山的三七。作者对两地进行实地调查发现，根结线虫的为害是制约两地参类药用植物产业发展的关键因素之一（图 3-13 和图 3-14）。其他药用植物，如沉香（图 3-15）、海巴戟（图 3-16）、罗汉果、白术、白芷、桔梗、半夏、怀牛膝等，均受到根结线虫的为害，当归等药材植物受到腐烂茎线虫的为害。西洋参和三七作为中草药的典型代表，作者估算线虫对这两种药材造成的损失额为 1.48 亿美元（表 3-1），并以此推测出线虫对我国全部中草药植物造成的经济损失应该非常巨大。

松材线虫病是全球森林生态系统中最具危险性、毁灭性的病害之一。松材线虫病，又称松树萎蔫病（Pine wilt disease），于 1982 年首次在我国南京中山陵黑松上发现，截至 2019 年年底已扩散至全国 18 个省（区、市）、666 个县级行政区、4 333 个乡镇级行政区，

图 3-13　根结线虫为害西洋参（毕乃亮　摄于文登）

图 3-14　根结线虫为害三七（徐伟　摄于文山）

图 3-15　根结线虫为害沉香（陈绵才　摄于海南）

图 3-16　根结线虫为害海巴戟（陈绵才　摄于海南）

2019 年的病死松树数量高达 1 946.74 万株。30 多年来，我国因松材线虫病损失的松树累计达数十亿株，造成的直接经济损失和环境生态价值损失在千亿元以上，松材线虫目前是我国最主要的林业病虫害。

综上所述，参照国际上对植物线虫为害的估算方法，作者采用了保守的参数（取较小的损失率值和符合我国市场的价格）估算出线虫对我国 32 种主要作物造成的经济损失总额约为 537.56 亿美元。估算未包括线虫所为害的林木和园林植物、花卉、草坪、坚果植物和种植量较少的大多数蔬菜作物和中草药植物等。影响理论估值的关键因素是所采用的平均损失率，特别是线虫对大量种植的粮食作物造成的经济损失率。我国地域辽阔，各地气候、地形和土壤条件差异很大，线虫对不同地域同种作物的为害程度多有不同。由于缺乏系统调查研究的数据，书中所采用的文献参数可能与实际发生的情况有差异，计算的经济损失总额仅供读者参考。

3.4　植物线虫为害加剧的主要原因

植物线虫为害加剧的主要原因见图 3-17。

图 3-17　植物线虫为害加剧的主要原因

3.4.1　传统高毒化学杀线剂的禁止使用

由于高毒化学杀线剂对大气层、生存环境和人畜健康具有为害作用，从 20 世纪 70 年代开始，各国政府相继出台了各种限制使用措施。随着熏蒸性的杀线剂溴甲烷以及非熏蒸性的有机磷类和氨基甲酸酯类杀线剂等传统高毒杀线剂的退出，市场在相当长的一段时期内出现了空白，缺乏对植物线虫有效的防治药剂。在 2005 年被蒙特利尔条约（Montreal Protocol）禁止使用之前，溴甲烷作为最有效的多用途土壤熏蒸剂，广泛用于种植前的土壤处理。这种熏蒸操作的最初目的是为了消除土壤中的害虫和病原菌，随后演变成为一种预防土壤病虫害发生的常规化耕作措施，而非有意识地去防治植物线虫病害。由于溴甲烷同时对土壤中的植物线虫具有高效致死作用，由此掩盖或弱化了线虫为害植物生长的事实，使种植户在很长的一段时间内并不了解线虫的发生和为害。在西方发达国家，由于机械化程度相对较高，耕作土地的平整范围较大，熏蒸剂的施用非常普遍，占据了约 45% 的杀线剂市场份额。自溴甲烷退出市场后，至今还没有开发出安全性好且与溴甲烷防治效果相当的替代性产品。

3.4.2 全球气候变暖

气候条件特别是温度是影响植物线虫发育和分布的关键因素。植物线虫在低温条件下会处于休眠状态，随着全球温度升高，线虫的活动期和活动范围将越来越广。气候变暖赋予了线虫更加适宜的生存条件，加剧了作物线虫病害传统发生地区的严重程度，同时线虫病害开始向过去较为寒冷的地区扩散，增加了外来物种入侵的风险。例如，气候变化使英国夏天的温度升高了 2.4~4℃，湿度下降了 30%，马铃薯孢囊线虫和甜菜孢囊线虫等欧洲重要的作物线虫由于温度变暖而生活周期缩短，导致线虫侵染的世代数量和线虫虫口密度增加，过去线虫病害偶然发生的地区，现在逐渐成了重灾区（Jones 等，2016）；非洲常见的热带性根结线虫埃塞俄比亚根结线虫（*M. ethiopica*）目前在地中海和欧洲大陆也开始能够完成世代发育（Strajnar 等，2011）。另外，温度的升高导致土壤变得干燥，从而限制了植物线虫的自然天敌如真菌（孢子萌发需高湿）等在土壤中的繁殖和持留能力，使植物线虫的种群密度更易增加，甚至暴发。

3.4.3 线虫抗药性增强

高毒化学杀线剂退市后，可供选择的高效杀线剂所剩无几。在中国市场，仅阿维菌素和噻唑磷两种活性成分占据了主要的市场份额，造成了重复使用单一药剂的情况非常普遍；加上保护地单一栽培品种的连作和生长周期的延长，致使施药次数和药量不断增加，导致线虫产生抗药性的风险加剧。Huang 等（2016）从每年施用两次噻唑磷并且连续施用 7 年的一个生产大棚中获得了南方根结线虫的抗药性群体，通过与作为对照的敏感群体比较，发现该群体的乙酰胆碱酯酶基因 *ace*2 已经发生了变异。

3.4.4 外来物种入侵

《2019 中国生态环境状况公报》显示，中国已发现 660 多种外来入侵物种。第二批名单中的松材线虫原产于北美洲，1982 年在南京中山陵首次发现。被列入中国《进境植物危险性病、虫和杂草名录》的甜菜孢囊线虫于 2015 年在我国新疆维吾尔自治区发现，严重威胁当地的甜菜和油菜产业发展（高海峰等，2019），其中新源县的发病面积达 6 000 亩，死苗断垄重病田超过 2 000 亩，有些区域的田间发病率达 100%，单株根系上白雌虫数超过 180 个，超过欧盟防治指标的 50 倍；同时，在 2015 年的调查中发现河北张家口地区也有零星分布，说明甜菜孢囊线虫在中国已有扩散的趋势。2015 年 7 月农业部开展专项调查（彭德良，2019）。为害小麦的禾谷孢囊线虫于 1974 在美国发现，2008 年在美国又发现了菲利普孢囊线虫。2006 年 4 月 19 日，美国联邦动植物卫生检验署（APHIS）宣布在美国爱达荷州发现 933 英亩（1 英亩 ≈ 4 047m²）的马铃薯感染了马铃薯白线虫，2007 年大规模官方调查后，估算有 36 100 英亩可能已受感染。

3.4.5 耕作方式的变化

植物线虫可通过土壤、流水和农事操作传播，在田间呈现点状不均匀分布，此外，收割机和农机具操作也会携带有线虫的土块跨区域传播。中国土地流转政策的实施，实现了由小块分散种植到大片集中种植的转变，机械化作业程度大幅度提升，同时也增加了植物线虫的扩散面积。近年来，我国南方多地的水稻种植模式发生了变化，从以前传统的水栽模式改为旱稻直播的种植模式，随着新种植模式的推广普及，水稻根结线虫病的发生面积逐年扩大，发生程度也在不断加重。例如，2020 年，湖北云梦县北部四乡镇根结线虫病发生面积达 7.24 万亩，严重发生面积（死苗 20% 以上）达 1.92 万亩，个别田块因此需要翻耕复播（新浪网等）。

3.4.6 保护地面积的增加

对土地产出率的需求、对高质量、面向高端社群和出口型农产品的需求，以及对农产品全年供应的需求，促使种植者寻求在大棚内（保护地）种植精选的经济作物品种（图 3-18）。中国设施蔬菜面积已达 6 000 万亩左右，平均每年增长 200 多万亩，主要集中在环渤海地区，约占全国总面积的 60%，品类主要包括辣椒、番茄、黄瓜、茄子等，其

图 3-18　大棚种植蔬菜和瓜类

中番茄栽培面积 1 200 万亩左右，占全国番茄总面积的 57%（中投顾问产业研究中心）。在保护性耕作条件下，适宜的温度和湿度条件，农药、化肥和植物生长促进剂等的高投入使用，导致植物线虫发生特别严重，甚至会引起作物产量的完全丧失。例如，在我国主要蔬菜生产基地的山东省寿光市，大棚几乎覆盖了所有能够种植的土地（图 3-19）。线虫为害是菜农最头痛的问题，生姜、西瓜、尖椒、黄瓜、丝瓜、番茄、茄子、菜椒、菜豆、西葫芦等蔬菜的线虫病发生十分严重，90% 种植村庄都有线虫发生，每村 80% 大棚有线虫发生，造成蔬菜减产甚至绝产，每年线虫防治费用为 200~1 200 元 / 亩。

图 3-19　山东寿光大棚（图片源自毕乃亮）

　　保护地营造了一个易于线虫暴发的微环境。在薄膜覆盖的种植大棚内，由于温度和湿度的保障，几乎可以全年种植，线虫的生活周期缩短，世代数量增加，再加上过度使用农药、化肥、激素等化学合成物质以及单一品种的连续种植，导致线虫种群快速增长，易于暴发（图 3-20 所示，仿 Anandaray，2015）。线虫病害已经成为保护地种植中最难解决的问题，如果不能很好地解决，产量和品质将会急剧下降，使高投入得不到相应的回报。

　　番茄根结线虫在保护地内的动态变化表明，在 6~12 个月内，种群数量可以从 1 条 2 龄幼虫（J2）/mL 土增加到 30 条 J2/mL 土（图 3-21）；保护地的线虫密度是开放地的 10~30 倍（Anandaraj，2015）。一般情况下，只要发现根结线虫或刺线虫，就表明问题很严重，需要采取防治措施，尤其是在土壤温度有利于线虫生活的沙质保护地。

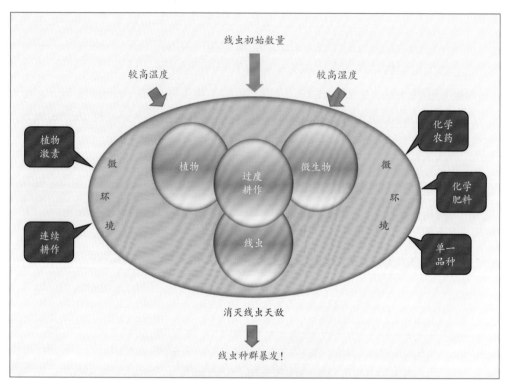

图 3-20　保护地植物线虫种群易于暴发的原因

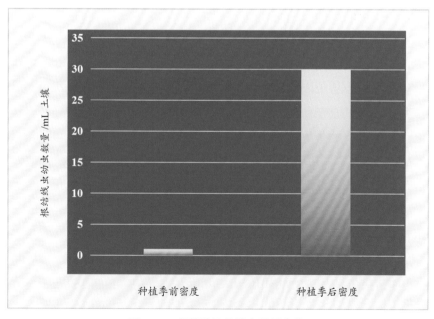

图 3-21　保护地植物线虫种群变化

参考文献

高海峰，彭焕，乔精松，等，2019. 外来入侵甜菜孢囊线虫在新疆的适生性分布及风险评估 [J]. 生物安全学报，28(4): 286–291.

Abd-Elgawad M M，Askary T H, 2015. Impact of phytonematodes on agriculture economy[M]// Askary T H, Martinelli P R P. Biocontrol Agents of Phytonematodes, CAB International:3-49.

Agranova, 2013.Treatments for nematode infestations: novel agrochemicals and biopesticides under development[EB/OL]. http://www.agranova.co.uk/pdf/RJB20131119.pdf

Anandaraj M, 2015.Nematode management in protected cultivation[EB/OL]. https://www.iihr. res.in/sites/default/files/IIHR%20Technical%20Bulletin%20No.%2048_1.pdf.

Gressel J, Hanafi A, Head G, et al, 2004.Major heretofore intractable biotic constraints to African food security that may be amenable to novel biotechnological solutions[J]. Crop Protection, 23(8): 661–689.

Jones J, Gheysen G, Fenoll C, 2011. Genomics and Molecular Genetics of Plant-Nematode Interactions[M]. Springer Netherlands.

Jones L M, Koehler A K, Trnka M, et al, 2017. Climate change is predicted to alter the current pest status of *Globodera pallida* and *G.rostochiensis* in the United Kingdom[J]. Global Change Biology, 23(11): 4497–4507.

McCarter J P, 2008.Molecular approaches toward resistance to plant-parasitic nematodes[M]// Berg R H, Taylor, C G. Cell biology of plant nematode parasitism: Plant Cell Monographs. Berlin: Springer-Verlag: 239–267.

Nicol J M, Turner S J, Coyne D L, et al. 2011. Current nematode threats to world agriculture[M]// Jones J, Gheysen G, Fenoll C.Genomics and Molecular Genetics of Plant-Nematode Interactions. Springer.

Sasser J N, Freckma D W, 1987.A world perspective on nematode: the role of the society[M]// Veech J A, Dickson D W.Vistas on Nematology: Society of Nematologists.Maryland: Hyattsville.

Strajnar P, Saša-Širca S, Knapič M, et al, 2011. Effect of Slovenian climatic conditions on the development and survival of the root-knot nematode *Meloidogyne ethiopica*[J]. European Journal of Plant Pathology, 129(1): 81–88.

Wesemael W, Viaene N, Moens M, 2011. Root-knot nematodes (*Meloidogyne* spp.) in Europe[J]. Nematology, 13(1): 3–16.

4 植物线虫综合治理

4.1 绪论

高毒农药对人畜健康的危害和对生态环境的污染催生了病虫害防治理念的转变,"预防为主,综合治理"成为植物病虫害防治工作的基本指导思想。综合治理包括制定、运用和评价有害生物防治的策略,产生有利于社会经济和环境的效果。植物线虫的生活周期较短且繁殖量较大,一旦在田间定殖就难以根除,仅依靠单一防治措施很难解决线虫持续性为害的问题。植物线虫综合治理(Integrated Nematode Management,INM)是害虫综合治理(Integrated Pest Management,IPM)概念的具体体现。INM 基于现代社会对农业生产体系的要求,以经济阈值为杠杆,以防治效率和农产品安全为基础,综合利用各类可以执行的措施,有效地降低植物线虫对作物的损害,获得有盈余的经济效益。本章对植物线虫综合治理的概念进行了阐述,并对实施过程中要遵循的目标、原则和流程进行了说明。

经济阈值的概念是植物线虫数值化目标治理的基石,本章列举了美国加利福尼亚州和佛罗里达州线虫学家通过研究获得的、针对不同植物线虫种类和作物品种的经济阈值,对我国从事植物线虫防治的工作者有一定的应用参考价值。在制定植物线虫治理策略时,要充分了解田间的关键性病虫害以及限制作物健康生长的非生物因素,遵循植物线虫发生和发展的自然规律,才能获得切入要害和有效控制线虫种群的效果。INM 策略主要包括阻止线虫侵入、降低线虫种群密度以及提高植物对线虫为害的耐受性(Tolerance)3 个方面的内容。本章围绕这些内容,概括了在植物线虫治理中通常施用的技术和方法,并对植物检疫、农业措施和物理方法在 INM 体系中的应用进行了简要阐述。有关利用植物抗性、化学杀线剂、微生物活体或代谢物、植物源材料或次级代谢产物防治线虫的内容,由于篇幅较大,将在后续章节中分别讨论。

线虫的侵染不仅能直接对寄主植物造成为害,还能与其他土壤病原生物联合作用,产生更具破坏性的复合病害(Disease complex),对农作物产量造成巨大损失。线虫 – 病原菌引起的复合病害因其在田间发生的复杂性,为植物线虫为害的诊断、综合治理方案的制定和实施带来了挑战。植物根系及根际环境中富含各种养分，成为土壤中一系列生物的栖息场所。在植物根际生存的生物以协同或拮抗等方式在相同的生态位上相互影响，其中有些生物能够对植物的生长和发育起促进作用，而有些却以各种方式为害植物的健康，造成作物产量的损失甚至导致死亡，如线虫和病原微生物对植物的侵染和为害。线虫在土传病害发展中的重要性已在世界各地的许多作物上得到证实。线虫在入侵植物根部组织的过程中，其骨化口针所造成的伤口，为根围的病原微生物包括真菌、细菌和病毒等创造了便利的侵入通道，线虫成为引发复合病害的先锋。在现代农业种植模式日益集约化的情况下，植物线虫和病原微生物联合作用的机会不断增强，造成的经济损失越发惊人，应引起植保从业者的高度重视。就世界各国对复合病害的研究情况而言，虽然在大豆猝死病、棉花枯萎病和马铃薯黄萎病等病害的诊断和防治方面已有了很长的研究历史，并且对这些复合病害的发生机制有了一定的认知，但从已发表的文献来看，在研究的延续性、频繁性和深入性等方面明显不足。我国对于线虫复合病害的研究更为少见，希望我国从事植物线虫和其他植物病害研究的学者们能够重视复合病害的重要性，协同研究出符合我国实际情况的线虫 - 病原菌复合病害的综合治理策略。

4.2　植物线虫综合治理的定义

自从 20 世纪 40—50 年代以来，人工合成的化学杀虫剂得到了广泛的应用，为世界粮食生产做出了巨大贡献。然而单一和过度依赖化学农药的作用产生了很多问题，包括害虫的抗药性（Resistance）、害虫的再猖獗（Resurgence）和药剂的残留（Residue）等，特别是高毒化学农药的残留对人类生存环境和食品安全的巨大威胁。为了减轻化学杀虫剂的为害，从 60—70 年代开始提出害虫综合治理（IPM）的概念，包括制定、使用和评价有害生物防治的策略，并产生有利于社会经济和环境的效果。联合国粮食及农业组织（FAO）定义 IPM 为"一个害虫种群治理的系统，以兼容的方式利用所有合适的技术来减少害虫种群，并将其控制在造成经济损失的水平以下"。对 IPM 概念的描述也有其他的版本，如"一种利用各种技术将有害生物的损害降低到可容忍水平的系统方法，包括利用捕食和寄生生物、寄主的遗传抗性、环境改造以及必要和适当的杀虫剂"，或者"在害虫治理中采用的一种生态方法，将所有可用的必要技术整合在一个统一的方案中，通过害虫种群的治理能够避免经济损失，并将不利的副作用降到最低"。

植物线虫综合治理（INM）并不是与害虫综合治理并行或相悖的概念，而是 IPM 的一个组成部分，是 IPM 针对植物寄生线虫的为害进行治理的具体体现（图 4-1）。

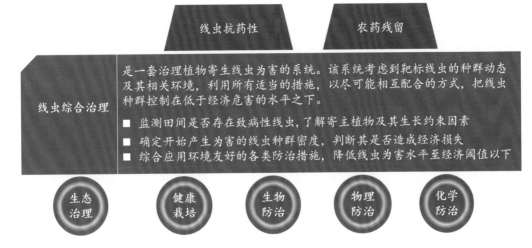

图 4-1　线虫综合治理（INM）的基本概念

注：耐受性水平：每 250 mL 土中的南方根结线虫 2 龄幼虫数量；最低产量：线虫能够造成的相对最低产量；资料源自 Howard Ferris，UCANR。

4.3　植物线虫综合治理的经济阈值

经济阈值是 INM 概念的核心内容和线虫种群数量化治理的基础。在一个特定的田块中，一旦发现有传入的线虫开始侵染所种植的作物，要完全清除它的存在会非常困难。线虫对不同作物造成经济损失的种群数量差异很大。例如，在美国佛罗里达州的一个土壤样本中发现了一条刺线虫，意味着该线虫很可能会导致作物发生经济损失；然而，对于草坪来说，每 100 mL 土壤中要有多达 500 条环线虫才能造成明显的损害。土壤中存在的少量线虫对作物会产生轻度为害，有时不足以引起产量损失；当线虫的虫口密度达到一定水平时，会产生中等程度的为害，并开始造成作物产量的损失，但损失量较小，不值得花费比损失的价值更高的代价去防治，此时的虫口密度称为为害阈值（Damage threshold）；而当线虫所造成的价值损失相当于防治成本时，此时线虫的临界种群密度即为经济阈值（Economic threshold）（图 4-2）。

线虫种群密度和作物产量的关系可用 Seinhorst 模型（Seinhorst，1965 和 1966）来计算。

$$Y = m + (1-m) Z^{(P_i - T)}$$

$$(P_i > T；当 P_i \leqslant T 时，Y = 1)$$

式中：$Y=$ 相对产量；$m=$ 最低产量；$T=$ 植物耐受水平；$Z=$ 回归系数；$P_i=$ 种植前线虫密度。作物耐受线虫为害的程度可用耐受水平 T 值和最低产量 m 值来量化。T 值代表不影响作物产量的种植前线虫密度 P_i，m 值是作物受线虫为害后能收获的最低相对产量；Z 值是 Y（产量）变量和 P_i 变量的回归系数，即两个变量相关性的可信度值。Seinhorst 模

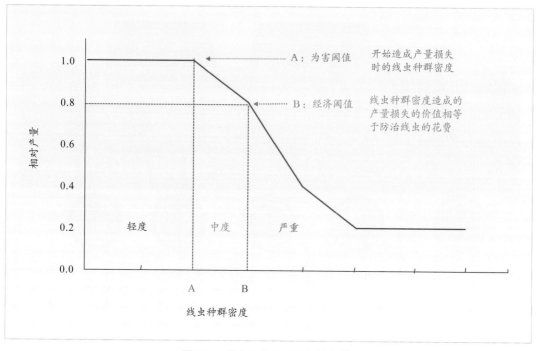

图 4-2　线虫综合治理的经济阈值

型中的参数可以通过温室试验测定获得，即在种植前接种不同密度（P_i）梯度的线虫种群，测定生长季后产量的损失程度。试验必须在完全相同的条件下进行，最好在温室内；另外，试验测定中使用的样本量必须足够大，以减少生物学差异性对试验数据的影响；由于植物耐受性水平的数值不受外部生长条件的影响，可使用温室或大田的盆栽试验测定。盆栽试验用盆要足够大，以便盆栽的作物根系分布与大田的作物根系分布保持一致，同时要避免由于根系绕盆壁生长而获得不准确的 T 值。试验的精确性主要依赖于所用作物材料的整齐性、生长条件（光照和水分等）、栽培基质及日常治理的均一性。最低产量 m 值对外部生长条件很敏感，不同寄主植物之间会表现出较大的数值差异。经济阈值的计算和数值举例见　表 4-1、表 4-2 和表 4-3。

表 4-1　南方根结线虫造成加州作物产量损失的函数参数

作物种类	耐受性水平	回归系数	最低产量
甜椒	65.0	0.997 8	0.87
甜瓜	10.0	0.997 2	0.40
胡萝卜	0	0.990 0	0.60
辣椒	39.0	0.993 4	0.70
棉花	57.5	0.997 6	0.60
豇豆	22.0	0.981 6	0.96
马铃薯	18.0	0.990 0	0.49

（续表）

作物种类	耐受性水平	回归系数	最低产量
蚕豆	14.0	0.9978	0.57
南瓜	0	0.9898	0
甜菜	0	0.9955	0.89
甘薯	0	0.99375	0.47
番茄	41.8	0.99934	0.47

注：耐受性水平：每 250 mL 土中的南方根结线虫 2 龄幼虫数量；最低产量：线虫能够造成的相对最低产量；资料源自 Howard Ferris、UCANR。

表 4-2　南方根结线虫为害加州作物的经济阈值

作物种类	经济阈值	种植前线虫种群密度（J2/250 mL 土）							
		1	2	5	10	20	50	100	200
		预估造成的产量损失（%）							
甜椒	25	0	0	0	0	0	2	5	8
甜瓜	4	0	0	1	3	7	17	30	46
胡萝卜	0	1	2	5	9	16	29	37	40
辣椒	15	0	0	0	0	3	14	24	30
棉花	22	0	0	0	0	0	6	15	27
豇豆	52	0	0	0	0	0	0	6	8
马铃薯	7	0	0	0	4	15	34	47	51
蚕豆	5	0	0	0	1	3	10	18	29
南瓜	0	3	5	12	23	41	74	93	100
甜菜	0	0	0	1	1	2	5	8	10
甘薯	0	1	2	4	8	15	30	43	51
番茄	16	0	0	0	0	0	3	7	14

表 4-3　佛罗里达州建议不同作物的线虫经济阈值

作物种类	各类植物线虫（条数 /100 mL 土）												
	根结	刺	短体	纽带	螺旋	毛刺	孢囊	矮化	环	鞘	穿孔	半穿刺	肾形	锥
玉米	80	1	150	40	—	10	—	80?	500	?	—		—	10
棉花	80	1	80	150	—	?	—	—	—	—	—		80	?
坚果	1		1	—	—	—	—	150	—	—	—			?
大豆	1	1	80	?	—	?	1	—	—	—	—		1	?
甘蔗	10	10	40	?	500	40	—	500	500	?	—	—		10
烟草	1	—	40								1	1		
橘树	—	—	10											
桃树	1	—	10				80							

（续表）

| 作物 | 各类植物线虫（条数/100 mL 土） | | | | | | | | | | | | | |
种类	根结	刺	短体	纽带	螺旋	毛刺	孢囊	矮化	环	鞘	穿孔	半穿刺	肾形	锥
豇豆	1	1		?	1								1	10
胡萝卜	1	1	10											10
芹菜	1	1			1									10
甜玉米	10	1	150	40				80?	500					10
瓜类	1	1												10?
蔬菜	1	1	80					40						10
甜薯	1													?
草莓	1	1	80							80				?
番茄	1	1	40		1					80			1	10

注：? 为害水平不确定；－：任何线虫水平都不会造成显著损失；表中蔬菜包括生菜、莴苣、茄子、秋葵、洋葱、胡椒、菠菜和马铃薯等。资料源自 W.T. Crow（2013）和 Abd-Elgawad（2015）。

　　INM 的核心就是降低植物线虫的种群数量。一个样本中通常含有两种或两种以上植物线虫，如果每种线虫的密度都低于经济阈值水平，则需要运用一些常识做出判断。例如，如果两种线虫都有 90% 的经济阈值水平，可能应该实施治理策略，但这并不意味着线虫的为害程度必然是叠加的。不能简单地将样本中检测到的所有线虫种类阈值的百分比相加，超过 100% 就采取措施。例如，如果 4 种线虫的种群密度约为其各自阈值水平的 30%，不能根据它们的相加值（120%）来决定采取防治措施。如果线虫种群密度值低于或接近阈值水平，在实施线虫防治措施之前，检查并纠正其他限制作物生长的因素，如土壤的 pH 值、肥力和土壤硬度等。健康的植物如果没有受到其他不良因素严重的胁迫，对线虫为害的承受力会更强。相反，在严重的不良环境条件胁迫压力下（如低 pH 值、板结和水分缺乏的土壤等），即使线虫种群密度低于通常认可的阈值，也会对作物造成严重的产量损失。因此，对阈值的合理应用，要根据田间作物实际的生长环境做出调整，而在这种情况下，种植管理经验常会发挥重要的作用。

4.4　植物线虫综合治理的目标和流程

　　线虫综合治理（INM）不是单一的防治方法，而是一套线虫治理系统。INM 的目标是把线虫的种群密度控制在经济阈值以下。在实现目标的过程中要依据线虫病害在田间发生的客观规律，遵循系统治理的流程，包括线虫鉴定、环境监测、决策和防治措施执行（图 4-3）。

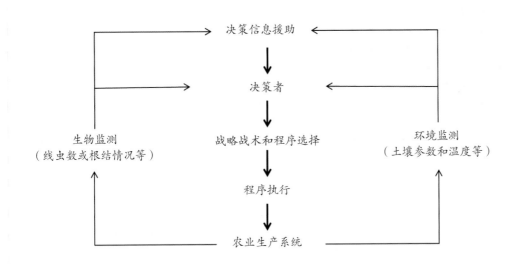

图 4-3 植物线虫综合治理的流程

4.5 植物线虫综合治理的原则

植物线虫综合治理的原则是"预防为主,综合防治",并在治理方案的设计和实施中充分利用先进的技术和设备、专业的咨询服务机构和环境友好型的有效手段,做到智能化、专业化和绿色化治理(图 4-4)。

图 4-4 植物线虫综合治理的原则

对线虫的为害是否实施防治措施,取决于对潜在的作物价值损失和线虫防治成本的判定。合理的治理决策基于:①深入了解植物生长(或产量)与线虫种群数量之间的精确关系；②确定适当的田间采样方法、室内线虫分离和统计方法；③确定季节性变化对线虫种群数量的影响。只有获取准确的信息，才能达成优化的治理决策。如果以专业咨询服务机构提供的田间线虫种群密度监测报告作为依据，则可以设计使用最低剂量的杀线剂。如果缺乏较为准确的田间线虫种类和虫口密度的数据，对线虫为害的综合防治几乎难以实现，只有盲目地使用大剂量的化学杀线剂。

在制定线虫综合治理的策略和程序时，首先要选择能够有效干预线虫生存体系并使其种群数量降低至经济许可水平的技术或产品，同时要考虑：①尽量减少对环境和健康的为害；②使用几种相互兼容的措施；③最大限度地提高自然环境对植物线虫的抗性；④尽量减少使用广谱且强烈的灭生性控制措施；⑤更多地运用与当地农事文化和资源兼容的治理策略；⑥使投入成本与潜在收益相协调，达到成本最小化和收益最大化。

4.6　植物线虫综合治理的其他重点概念

4.6.1　明确田间发生的关键性病虫害

关键性病虫害每年都造成作物显著的产量损失。综合治理体系应该围绕关键性病虫害进行设计，并需要通过反复的田间试验来验证。例如，在棉花田里有南方根结线虫、较小拟毛刺线虫（*Paratrichodorus minor*）、短体线虫以及可引起枯萎病的镰刀菌。按照常理，即使存在着镰刀菌，综合治理体系也应该围绕着关键的南方根结线虫来建立，因为线虫口针穿刺造成的伤口使棉花容易遭受镰刀菌侵染。但是枯萎病也可能是关键的病害，在有镰刀菌存在的情况下，即使线虫种群得到了控制，作物的产量也不会提高，而应对这种情况的最好办法是使用同时含有杀线剂和杀菌剂的包衣剂处理棉种，达到同时防治线虫和枯萎病的目的。

4.6.2　明确限制作物生长的其他主要因素

一些生物或非生物因素能严重限制作物的正常生长，如果不解除这些因子的限制作用，即使控制了线虫的种群，种植系统也不会明显地改善或促进作物的生长。例如施用化学杀线剂能够显著降低柑橘园里的线虫种群密度，但是灌溉条件、营养状态、疫霉菌（*Phytophthora* spp.）和病毒等限制因子会影响柑橘的生长状况和产量。

4.6.3　遵循植物线虫的自然发生规律

在设计线虫综合治理方案时，要依据线虫在田间生存的自然规律，包括：①土壤中检测到的线虫并不都是有害的，腐生型线虫有助于土壤的营养循环，捕食性线虫（约占土壤线虫种群的 5%）能够取食小型的线虫种类（图 4-5，图片源自 Roy Neilson），应该尽力保护这类线虫存在于土壤中；②对于一个特定田块，通常有多种线虫同时存在，有些种类起主要的为害作用，有些种类为害程度低，它们在土壤中呈不规则分布；③线虫可以在土壤中近距离游动，但通常依靠各种载体或介体进行长距离被动扩散。线虫外传或输入不是短期内治理线虫要考虑的因素；④寄主植物的年龄结构、田间或林间的植物群落结构、空间分布等均能

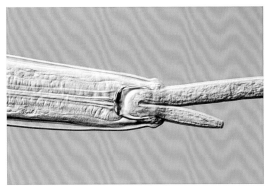

图 4-5 取食小线虫的捕食性线虫

影响线虫的生长和繁殖，了解这些信息对于制定线虫综合治理策略有重要的价值；⑤土壤里植物病残体中的线虫通常是主要的初侵染源，需要及时清除；⑥大多数植物线虫都有很广的寄主范围，实施作物轮作比较困难。

4.7 植物线虫综合治理的策略

针对线虫的为害状况，要结合多种有效的防治措施来抑制线虫种群密度的增长。植物线虫综合治理的策略主要包括阻止线虫侵入、降低线虫的种群密度和提高植物对线虫为害的耐受性（Tolerance）3 个方面的内容。

4.7.1 阻止植物线虫侵入

阻止侵入应该作为一级防御措施，以杜绝危险性植物线虫种类的传入和定殖。预防植物线虫传入的程序包括做好种植场地的清洁卫生、使用专业机构认证的植物材料、使用无线虫污染的土壤或种植介质、运用清除或减少虫口密度的方法，以及执行政府监管条例。政府部门主导的植物检疫，主要用于阻止植物线虫在国家之间的传播或减缓在省（区）之间的传播。2020 年 11 月 4 日，中华人民共和国农业农村部发布施行修订版的《全国农业植物检疫性有害生物名单》和《应施检疫的植物及植物产品名单》，其中包括腐烂茎线虫、香蕉穿孔线虫和马铃薯金线虫。要严格使用经过产地检疫认证的植物材料（如种苗等）和无植物线虫的种植介质（土壤或有机质等）或农机设备来排除植物线虫侵染源的传入。

4.7.2 降低植物线虫的种群密度

对已经产生为害的植物线虫，通常采用栽培、物理、生物和化学的措施来减少其种群密度。栽培措施包括休耕、淹水、种植覆盖作物、作物轮作、定期翻耕、清除病株、种植诱捕作物或杂草防除等；热力杀死是减少线虫种群数量最为广泛应用的物理方法；生物防治资源包括细菌、嗜线虫真菌、捕食性或寄生性无脊椎动物（线虫、原生动物、螨类等）

和拮抗植物等，均能够抑制植物线虫的种群密度；各类对植物线虫有杀灭作用的杀线虫剂或功能性肥料可施用于土壤、根际、叶面或种子。以上这些措施能够直接或间接地减少寄主植物和土壤中的线虫种群密度。

4.7.3 提升植物对线虫为害的耐受性

可以通过调控寄主植物与环境的关系来减少线虫造成的作物损失。提升植物耐受性的目的是提高线虫为害的经济阈值。保护或提高植物耐受性的措施是线虫综合治理中的关键因素，包括培育措施、应用化学成分、定殖菌物和栽培抗性品种等。

4.8 植物线虫综合治理的措施

用于植物线虫综合治理的各类措施汇总如图 4-6 所示。本章主要讨论农业措施和物理措施的大部分内容，对应用作物抗性、微生物杀线剂、植物源杀线剂以及化学杀线剂，将在后续章节中讨论。

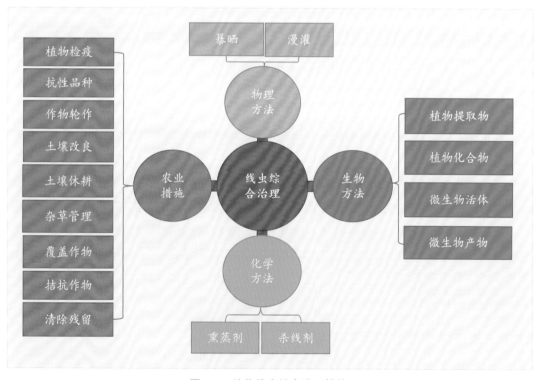

图 4-6 植物线虫综合治理措施

4.9　农业措施和物理方法

4.9.1　选择种植地

预防植物线虫病害发生的首要措施是选择一个没有植物线虫病害发生历史或不适合潜在植物线虫发生的地理区域。在确定种植地前，要充分了解当地农田的栽培和种植历史，特别是已知线虫病害发生的情况；要仔细检测备选地块土壤中植物线虫的存在情况；选择的种植地应该有利于所选作物的生长而不利于其潜在植物线虫的发生（Ferris 等，1992）。

4.9.2　选择种植期和收获期

选择在不利于植物线虫繁殖的时机种植，如不适宜的气候条件。例如，在苏格兰提早种植 4℃下能发芽的马铃薯品种，可避免马铃薯金线虫对马铃薯生长初期的为害，而作物在苗期的健壮程度对后期生长至关重要。又如，在美国加利福尼亚州的 1—2 月开始种植甜菜，收获期比 3 月种植的要提前，受甜菜孢囊线虫为害的程度较轻；也可以在夏末种植甜菜，来年的 3 月收获，如此可以减少从 4—6 月甜菜孢囊线虫两个世代的繁殖，大幅度降低了土壤中的线虫种群密度。又如，在 9 月左右，当土壤温度下降到 18℃时开始种植胡萝卜，可以极大地降低非洲长针线虫（*Longidorus africanus*）的为害程度。

收获期提前可以限制植物线虫其他世代的繁衍时间，减轻线虫后期种群对块茎类作物品质的影响。例如，在感染了奇氏根结线虫（*M. chitwoodi*）的美国加利福尼亚州北部马铃薯种植田，提前收获能够有效地缩短线虫的繁殖期，降低马铃薯块茎上疮痂的发生率，极大地提高了马铃薯的品相，然而由于生长期的缩短也影响了马铃薯产量和货架期。另一个例子是在棉花生长末期提早犁倒植株，并从土壤中清除根系，当下一季种植时，土壤中的线虫种群密度会减少很多。

4.9.3　检疫监测输入的植物材料

严格选择没有被线虫感染的种子或幼苗等植物材料是预防线虫病害发生的基础。国家或行业支持的认证项目或机构在这方面起着非常重要的作用。在美国的多个州都设有专门负责植物材料检验、认证和检疫的部门，如加利福尼亚州的 CDFA Division of Plant Industry。各植物线虫种类被不同的国家划分为不同的有害生物等级，入境口岸检测到植物线虫后，依照检出的线虫种类所属的有害生物等级即对该国农业造成的威胁程度，选择相对应的方式依法对入境材料进行处理，包括容许进入或不能进入或就地销毁等。某些类型的苗木在运输到目的地之前就已经被监管人员在产地实施了检测和认证。应该大力支持检测手段的研究，如开发快捷和敏感的分子生物学和免疫学手段来鉴定外来的植物线虫种类和生理小种等。

4.9.4　教育培训植物材料使用者

政府相关机构对种植者和作物病虫害防治顾问的教育培训是提高整体病虫害治理水平的重要措施，美国各州公立大学系统中设立的农业和自然资源合作推广部门就担当这种角色，如加州大学的 Cooperative Extension in the University of California Division of Agriculture and Natural Resources。教育培训的内容包括相关植物线虫的生物学特性、传播的可能途径、对作物的为害性以及实用的治理策略等。

4.9.5　处理受感染的植物材料及器械

在作物采收后要及时清除土壤中被感染的植株根系，以防止线虫对下季作物的为害，应该最大限度地铲出埋在田里的根系，集中销毁。处理感染线虫的植物材料也是阻止线虫传播的一种有效方法。在热带地区，用热水短暂浸泡香蕉根系是防治香蕉穿孔线虫的一种常用方法；在加州用热水浸泡鳞茎、大蒜和草莓苗根可以防治滑刃线虫（*Aphelenchoides* spp.）和茎线虫（*Ditylenchus* spp.）。用热水浸泡杀死受感染植物组织中的线虫时，必须在处理前确定好所需要的温度和时间，既要能热力杀死线虫，又能保证植物材料不会受到损害。例如，在 51.5℃水中浸泡 5min，可以杀死葡萄根中的根结线虫和短体线虫，在 44.0℃水中浸泡鳞茎 1h 可以杀死茎线虫；在可以识别受害根部组织的情况下，应该先切除可见的感染组织，再用热水或液体杀线剂浸泡处理，对佛罗里达州的柑橘树苗采取这样的处理措施获得了很好的效果；中国也有研究人员用热水、杀线剂蘸根或者杀线剂药泥裹根等方法处理感染了根结线虫的猕猴桃树幼苗，均获得了满意的效果（图 4-7）。

图 4-7　杀线剂蘸根处理猕猴桃移栽苗（张峰　摄）

植物线虫可以通过农机具设备、动物、水和风等传播，对这些传播途径加以限制也非常重要。有大量记载的实例证实，由于线虫感染的土壤或植物材料黏附在农机等设备上，导致线虫为害的蔓延。例如，第一次世界大战后，马铃薯金线虫随着从欧洲返回的军事装备一起抵达纽约长岛，随后给美国的马铃薯产业造成了极大的损害。

4.9.6　监测和防治植物线虫的传播媒介

许多植物线虫种类由动物携带传播。例如，牛和啮齿类动物取食被根结线虫侵染的植物根，根结线虫的卵可以在这些动物的消化道存活，从而形成传播源。还有些线虫种类可由昆虫传播的，如棕榈象甲（*Rhynchophorus palmarum*）可以传播引起椰子红环腐病的嗜椰伞滑刃线虫（*Bursaphelenchus cocophilus*）（图 4-8，图片源自加利福尼亚大学），松墨天牛（*Monochamus alternatus*）传播松材线虫（*B. xylophilus*）等。此外灌溉系统也是植物线虫传播的一个重要途径，例如，在埃及阿斯旺大坝（Aswan Dam）筑成后，配套建立的灌溉系统将危险的植物线虫引入了新开垦的沙漠农业区。利用沉淀池从河流中取水灌溉，已证明能有效地降低植物线虫的数量。

图 4-8　传播嗜椰伞滑刃线虫的棕榈象甲

在荷兰填海而建的新圩区，由于风力的作用或候鸟的传播，导致该区域作物的线虫病害发生严重。

4.9.7　休耕

在没有寄主植物存在的情况下，经过 6~18 个月的时间可以除掉土壤中大多数专性寄生植物的线虫种群。然而，植物线虫在长期进化中形成了对抗不良生存环境的生存机制，它们在活力降低的状态下，能够在土壤中存活更长的时间。孢囊线虫的卵在孢囊中可以存活 14 年以上，其他一些种类的植物线虫也可以利用其特殊的生活史时期在干燥状态下长期存活，如菊花滑刃线虫的 3 龄和 4 龄幼虫。当农田处于休耕状态时，要控制田间杂草的生长，同时要清除在土壤中长时间存活的本本植物根系，例如，葡萄根系可以长期在土壤中存活并维持剑线虫的繁殖。

在休耕期翻地是杀灭线虫的一个有效方法（图 4-9），特别在只有短暂休耕期的情况下。清除棉花植株根系残留物后，每次土壤翻耕可以减少约 40% 的南方根结线虫数量（Goodell 等，1983）。在炎热的夏天，每隔 1~2 周翻耕一次，操作 3 次后可以极大地降低根结线虫的数量，并能显著提高后续种植作物的产量。然而休耕也可能导致水土流失的问题。

图 4-9　休耕期除草翻地（图片引自 Noling）

4.9.8 漫灌

大水漫灌会造成土壤中的厌氧条件，导致许多线虫类群的死亡。漫灌这个过程有时需要较长的时间，例如，控制根结线虫需要 12~22 个月；同时需要充足的供水以及平整的田地（以避免昂贵的工程造价）。漫灌的代价通常比较大，因为在淹水之前、期间和之后的一段时间内农田都会被闲置。有时淹水是作物生长过程中的一个阶段，例如，水稻苗期处在淹水状态时，拟禾本科根结线虫（*M. graminicola*）和贝西滑刃线虫（*Aphelenchoides besseyi*）的为害会轻一些，若稍晚淹水或改变为种子直播的方式后，两种线虫分别引起的根结线虫病和干尖病害就会发生很严重，稻株的感染率有时会高达 60%。我国水稻种植区近年来根结线虫病呈现暴发趋势的原因之一就是栽培方式发生了变化。

4.9.9 轮作

轮作是一种非常有效的线虫治理方法，如在美国普遍采用的大豆和玉米交换种植的轮作模式（图 5-10）。轮作所需的时间长度通常取决于靶标线虫的生物学特性、生存能力以及种群密度水平，一般情况下需要 2~8 年与非寄主植物的轮作时间，采用轮作措施时考虑最多的是轮作作物相对的经济价值。此外，轮作作物也可能带来新的线虫种类或与轮作作物相关的其他问题。制订轮作计划时，要考虑的关键问题包括轮作作物对靶标线虫和非靶标线虫的抗性水平、靶标线虫的寄主范围、靶标线虫在非寄主植物上的生存能力、轮作作物的经济价值、能否带来新的植物线虫或害虫种类、能否提供养分和改善土壤结构，

图 4-10　大豆和玉米的轮作（肖慧玲　摄）

以及控制其他土壤病虫害的能力等。

4.9.10 覆盖作物

种植覆盖作物（Cover crop）是线虫综合治理中的一种有效策略，覆盖作物是指在主要经济作物之前种植的植物，优点是可以避免休耕时的水土流失和减少不能在非寄主作物上繁殖的病原菌或害虫。如果温度条件许可，在冬季种植覆盖作物可以增强土壤的生物活性和诱导卵孵化，使土壤中的线虫数量受到抑制。覆盖作物犁倒后的残体作为绿肥拌入土壤，可增加土壤的营养供给能力和改善土壤结构，并能够促进主栽作物的健康以及提高对线虫为害的抵抗力。覆盖作物也有诱捕的功能，当线虫侵入覆盖作物根系后，由于温度低而不能完成生活史，在春季主栽作物种植前拔除覆盖作物，能够极大地降低土壤中的线虫种群数量，同时也能够增加土壤中微生物的多样性和生物量以及非靶标线虫的种群数量。

4.9.11 拮抗作物

一些菊科植物会产生对线虫有害的代谢产物，比如菊科草本一年生花卉植物万寿菊（ *Tagetes erecta* ）根系能够产生对线虫有较强致死作用的 α- 三联噻吩。通常情况下，这些化合物可能不会渗入土壤中，只有当线虫摄取植物养分时才能表现出毒害效果，因此对内寄生性线虫的效果会更明显。田间套种万寿菊的防治效果通常不佳，而通过滴灌系统施用万寿菊的水提取物对线虫种群可以起到一定的抑制作用。有关拮抗植物的更多详细讨论，将出现在后续的植物源杀线剂章节中。

4.10 植物线虫和病原菌复合病害对线虫综合治理的影响

4.10.1 植物线虫以及病原微生物的互作关系

在作物日益集约化种植的条件下，世界农业面临着土传病害发生不断增加、作物产量损失越来越严重的状况，特别是植物线虫和土传病原菌引起的复合病害，为害大且难以控制。植物病害受病原物（线虫、真菌、细菌、病毒等）的致病力、寄主植物的敏感性，以及环境条件的影响，三者之间复杂的相互作用关系决定了病害的严重程度。在自然条件下，植物很少只受到一种病原物的威胁，某些病害的发生涉及两种或两种以上的病原物，特别是对植物线虫而言，它们在土壤中与占据同一根际生态位的其他微生物有着广泛的相互作用空间（图 4-11 ）。Gottlieb（1976）研究表明，每毫升（克）表层土壤中含有 10^6~10^8 个细菌、10^6~10^7 个放线菌以及 $5×（10^4$~10^6）个真菌菌落单位（cfu）；而 1 000L（$1m^3$）土壤中含有 $1×10^7$ 条线虫（Richards，1976）。

复合病害通常是由两个病原物之间的协同作用产生的（图 4-12 ）。植物线虫作为攻击

图 4-11　根际生态位的病原生物

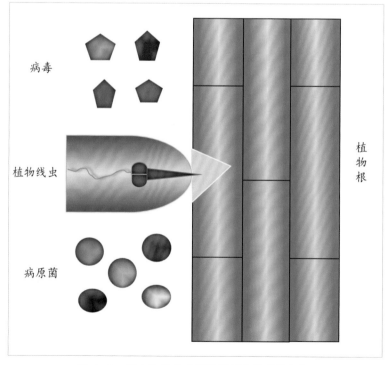

图 4-12　线虫和其他病原物协同侵染植物根部

植物的先锋病原物，其口针穿刺植物造成的伤口，有利于在正常条件下不能为害植物的次生病原物的侵染。线虫与病原菌的复合作用可分为依赖性关系（Obligatory relationship）和随机性关系（Fortuitous relationship）。依赖性关系是指病原物之间完全相互依赖，只有当线虫和病原菌同时存在时，病害的症状才会出现；在随机性关系中，每种病原物都是独立的，并不直接相互影响，即病原菌引起的病害并不一定需要线虫的参与，但线虫的参与会增加病害的发生率和严重程度。当线虫和病原菌协同作用导致的植物损害超过线虫和病原菌各自损害的总和即 1+1>2 时，视为正增效作用；如果 1+1<2，则视为拮抗作用（Back 等，2002）。在线虫综合治理体系中，要充分了解并分析特定条件下植物病原菌在田间的存在情况，以及与植物线虫发生的潜在作用关系，评估病原菌对作物产量的可能影响，制定合理的线虫–病原菌复合病害的治理措施，以实现将产量损失控制在经济阈值以下的目标。

4.10.2　常见的植物线虫–病原微生物复合病害

植物线虫与病原菌的相互作用促进复合病害的发生。不同类型复合病害之间的差异性在很大程度上取决于线虫的寄生特性。线虫在寄生植物的过程中以不同的方式增加了病原微生物引起病害的概率和程度，如造成伤口协助病原微生物侵入寄主、改变寄主组织生理、打破寄主对病原菌的抗性、作为病原菌的载体以及改变根际微生物区系等。线虫或病原微生物预先在寄主组织上的存在与否对复合病害的严重程度有不同的影响，有些复合病害需要线虫和病原微生物同时存在时才会发生。

4.10.2.1　植物线虫–病原细菌的复合病害（表 4-4）

表 4-4　常见的植物线虫–病原细菌复合病害（参考 Back 等，2002）

病害名称	植物线虫种类	病原细菌种类
番茄、辣椒（图 4-13）、马铃薯、烟草（图 4-14）等作物的青枯病	南方根结线虫 *Meloidogyne incognita*	茄科劳尔氏菌 *Ralstonia solanacearum* ＊无根结线虫时不为害番茄
小麦蜜穗病（图 4-15）	小麦粒线虫 *Anguina tritici*	小麦棒形杆菌 *Clavibacter tritici* 拉氏棒形杆菌 *C. rathayi*
苜蓿萎蔫病	起绒草茎线虫 *Ditylenchus dipsaci*	密执安棒形杆菌 *C. michiganense*
番茄溃疡病（图 4-16）	南方根结线虫 *M. incognita*	

（续表）

病害名称	植物线虫种类	病原细菌种类
草莓"cauliflower"病	草莓滑刃线虫 *Aphelenchoides fragariae*	带化红球菌 *Rhodococcus fascians*
葡萄、树莓、桃等果树以及番茄等蔬菜作物的根癌病	根结线虫 *Meloidogyne* spp. 穿刺短体线虫 *Pratylenchus penetrans* 肾形肾状线虫 *Rotylenchulus reniformis*	根癌农杆菌 *Agrobacterium tumefaciens*

图 4-13　辣椒青枯病（董炜博　摄）

图 4-14　烟草青枯病
图片引自 NCSU Extension。

图 4-15　小麦蜜穗病
图片引自 CIMMYT。

图 4-16　番茄溃疡病
图片引自佛罗里达大学植病系。

4.10.2.2 植物线虫 – 植物病毒的复合病害（表 4-5）

表 4-5　常见的植物线虫 – 植物病毒复合病害

病害名称	植物线虫种类	植物病毒种类
葡萄扇叶病（图 4-17）	标准剑线虫 *Xiphinema index*	葡萄扇叶病毒 *Grapevine fan leaf virus*
番茄环斑病（图 4-18）	美洲剑线虫 *X. americanum*	番茄环斑病毒 *Tomato ring spot virus*
树莓环斑病	隐匿长针线虫 *Longidorus elongatus*	树莓环斑病毒 *Raspberry ring spot virus*
烟草脆裂病	圆筒毛刺线虫 *Trichodorus cylindricus*	烟草脆裂病毒 *Tobacco rattle virus*
辣椒环斑病	较小拟毛刺线虫 *Paratrichodorus minor*	辣椒环斑病毒 *Pepper ring spot virus*

注：球形或多面形的病毒多由剑线虫和长针线虫传播；而短杆状或管状病毒则多由毛刺线虫传播。

图 4-17　葡萄扇叶病（张尊平　摄）　　图 4-18　番茄环斑病（引自 Sorhocam）

4.10.2.3 植物线虫 – 病原真菌的复合病害（表 4-6）

表 4-6　常见的植物线虫 – 病原真菌复合病害（参考 Back 等，2002）

病害名称	植物线虫种类	病原真菌种类
马铃薯立枯病	马铃薯金线虫 *Globodera rostochiensis* 马铃薯白线虫 *G. pallida* 穿刺短体线虫 *Pratylenchus penetrans* 毛刺线虫 *Trichodorus* spp.	茄丝核菌 *Rhizoctonia solani*
番茄立枯病	南方根结线虫 *M. incognita*	
小麦立枯病（图 4-19）	小短体线虫 *P. minyus*	茄丝核菌 *R. solani*
甜菜立枯病	甜菜孢囊线虫 *Heterodera schachtii*	
鹰嘴豆立枯病	桑尼短体线虫 *P. thornei*	

（续表）

病害名称	植物线虫种类	病原真菌种类
马铃薯黄萎病（图4-20）	落选短体线虫 *P. neglectus* 穿刺短体线虫 *P. penetrans* 马铃薯白线虫 *G. pallida*	大丽轮枝菌 *Verticillium dahliae*
薄荷黄萎病	穿刺短体线虫 *P.penetrans*	大丽轮枝菌
茄子黄萎病	根结线虫和孢囊线虫等	*V. dahliae*
番茄枯萎病	根结线虫 *Meloidogyne* spp.	
棉花枯萎病（图4-21）	根结线虫 *Meloidogyne* spp.	
大豆枯萎病	大豆孢囊线虫 *H. glycines*	尖孢镰刀菌
豌豆枯萎病	肾形肾状线虫 *R. reniformis*	*Fusarium oxysporum*
咖啡枯萎病	阿拉伯裂根结线虫 *M. arabicida*	
鹰嘴豆枯萎病	桑尼短体线虫 *P. thornei*	
烟草黑胫病	根结线虫 *Meloidogyne* spp. 短尾短体线虫 *P.brachyurus*	寄生疫霉 *Phytophthora parasitica*
烟草根腐病	根结线虫 *Meloidogyne* spp.	弯孢霉、灰霉、青霉、 木霉、曲霉
马铃薯根腐病	腐烂茎线虫 *Ditylenchus destructor*	细菌和真菌
棉花根黑腐病	南方根结线虫 *M. incognita*	根串珠霉 *Thielaviopsis basicola*
大豆猝死病（图4-22）	大豆孢囊线虫 *H. glycines*	茄镰刀菌 *F. solani*
小麦卷曲病	小麦粒线虫 *Anguina tritici*	看麦娘双极毛孢 *Dipophospora alopecuri*
黄瓜猝倒病	根结线虫 *Meloidogyne* spp.	瓜果腐霉菌 *Pythium aphanidermatum*
甘蔗根腐病	克里斯蒂毛刺线虫 *T. christiei*	串珠镰刀菌 *F. moniliforme*
萎叶疫霉病	肾形肾状线虫 *R. reniformis*	棕榈疫霉 *P. palmivora*

图 4-19　小麦立枯病（图片引自 R.James Cook）

图 4-20　马铃薯黄萎病（图片引自 Khalil Al-Mughrabi）

图 4-21 棉花枯萎病

（图片引自 Jason E.Woodward）

图 4-22 大豆猝死病

（图片引自 Dean Malvick）

4.10.3 植物线虫 – 病原微生物复合侵染的机理

4.10.3.1 线虫是病原微生物的携带者

植物线虫虫体携带的植物病毒或病原菌，能够通过线虫对植物细胞或组织的损伤而传播。

4.10.3.2 线虫协助病原微生物侵入

外寄生型或内寄生型的植物线虫入侵或取食时，在根表皮和根组织里造成各种伤口，如外寄生型的刺线虫在表皮上形成微创伤口（图 4-23，图片源自 Orion 等，1999），内寄生型的短体线虫在根组织里形成大面积的损伤，孢囊线虫雌虫突破根组织外露时形成的裂口（图 4-24，图片引自 Back 等，2002）等，这些创伤为各种病原菌的侵入打开了通道。

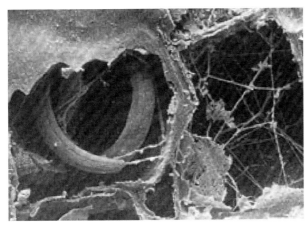

图 4-23 真菌菌丝在螺旋线虫造成的香蕉根
表皮伤口处生长

图 4-24 马铃薯金线虫雌虫突破
马铃薯根皮层时形成裂口

4.10.3.3　线虫诱导植物产生病原菌所需的养分

植物线虫的取食位点细胞（如合胞体或巨细胞）比正常细胞的细胞质致密，并且含有大量的高尔基体、线粒体和核糖体，代谢活动非常旺盛，能够生成高浓度的糖、半纤维素、有机酸、游离氨基酸、蛋白质和脂类等成分，这些有机物作为营养源有利于病原真菌或细菌的繁殖（Back 等，2002）。

4.10.3.4　线虫诱导病原菌生存的有利根际环境

线虫可以通过多种途径影响根系分泌物的释放，从而改变病原微生物在土壤中的后续反应。例如，线虫入侵对根系造成的伤害会刺激根系产生大量的分泌物，这些分泌物可以吸引病原真菌聚积；孢囊线虫侵染的马铃薯能产生更多的侧根，从而导致根系的表面积和分泌物的增加（Evans 和 Stone，1977）；线虫侵染后的根分泌物成分与侵染前的成分相比较有所不同，线虫侵染植物所诱导生成的分泌物，不仅可以吸引病原菌的聚积或利于病原菌的繁殖，同时也抑制了土壤中对镰刀菌等病原物有杀灭作用的放线菌种群（Bergeson，1972）。

4.10.3.5　线虫的侵染降低了植物对病原菌的抗性

线虫诱导寄主植物的生理发生系统性变化，所造成的组织损伤或线虫的分泌物抑制了植物防御素的产生，从而降低了寄主植物对病原菌侵染的抵抗力。

4.10.3.6　线虫的侵染诱导植物产生有利于病原菌侵染的结构

线虫的侵染能改变寄主植物的组织结构，如抑制番茄侵填体（Tylose，可阻止水分移动）甲基纤维素的形成，延迟取食位点周边以及维管组织的成熟，使木质部更容易受到镰刀菌等病原菌的侵染（Back 等，2002）。

4.10.3.7　病原菌的侵染促进了线虫的寄生作用

线虫的侵染会加重土传病原真菌的为害程度，伴随着病原菌侵染植物根部，线虫的种群数量也会随之增加。在感染病原菌的寄主植物上，线虫种群的增长速度要比在未接种病原菌的对照植物上快（Zahid 等，2002）。究其原因可能在于：①病原菌侵染的根组织能够释放对线虫有引诱作用的二氧化碳；②病原真菌对根细胞壁的降解有利于线虫的侵入；③感染病原真菌的植物对线虫侵染的抵抗力下降或崩溃（Hasan，1985）。

4.10.4　复合病害对植物线虫综合治理的影响

（1）了解田间线虫与土传病原微生物的相互作用关系，是正确评估作物产量损失和制定植物线虫综合治理策略的基础。

（2）线虫侵染所引起的寄主植物生理变化可提高寄主对其他病虫害的敏感性，如根结线虫为镰刀菌的快速繁殖提供了丰富营养，在没有根结线虫的情况下，当病原微生物的种群水平较低时，对作物不会造成产量损失。

（3）应当综合评估各类病虫害在不同农业措施和条件下的互作关系，不能仅依据植物线虫的种群密度来预测产量损失。有关复合侵染造成产量损失的数据是农业生产管理的基础资料，对精准使用农药具有重要意义。例如，杀线剂和杀菌剂的混合施用，目前市场上已有多款此类农药，是农药复配的一个新发展趋势。

（4）线虫病害与其他病害之间的互作关系具有不确定性。线虫和病原菌种类及种群水平在作物种植的前后可能会有变化；各类病害为害的时期，是否同时或按序发生，对作物产量均有显著影响。

（5）根结线虫、刺线虫、短体线虫等种类对植物的为害很少是单独发生的，它们通常以多个种类混合种群的方式存在于土壤中，一个种类的出现，可能会增加或减少另一个优势种的种群密度。

（6）复合病害依赖于各种各样的复杂因素，目前有关复合病害和逆境条件对植物线虫种群动态的影响尚不明了。

4.10.5　植物线虫–病原物复合病害为害性的量化

（1）在多种病虫害发生的作物体系中，评估线虫之间或线虫与其他病原物之间的增效或拮抗作用，可提高对产量损失预判的准确性。

（2）植物线虫存在于田间的某一区域，对某一作物的为害性随环境、线虫种类、致病力和复合病害等因素的变动而变化。土壤中粗颗粒物含量的增加，复合侵染的严重性会增加，同时各病原物的单独致病能力也会增加。

（3）要对致病性最强的植物线虫种类的为害性进行估测，再依次对致病性较弱者进行估测，计算弱者相对于强者的为害水平。预测作物损失主要基于线虫的种群密度、分布和已经明确的复合侵染区域。重点测估多种病虫害发生的重叠区。

（4）在没有植物线虫和病原菌复合侵染发生的情况下，可依据线虫以及各种病虫害各自的发生率和种群密度，叠加各自所造成的经济损失。

4.10.6　共同作用于其他病虫害的药剂

农药混配的发展方向是提供更经济有效的农药产品，不仅对植物线虫有效，而且能够促进植物的生长，同时能够防治土传病原菌、地下害虫和早期叶面害虫等。例如，先正达的大豆种子处理剂 Clariva® Elite Beans 在美国获得登记，用于防治大豆孢囊线虫和其他病虫害。该种子处理剂的有效成分包含巴斯德杆菌（微生物杀线剂）、氟唑环菌胺（杀菌剂）、咯菌腈（杀菌剂）、精甲霜灵（杀菌剂）和噻虫嗪（杀虫剂），可降低大豆猝死综合症以及大豆孢囊线虫引起的其他复合侵染的为害；此外，拜耳的坚强芽孢杆菌（微生物杀线剂）与噻虫胺（杀虫剂）的复配种衣剂，可用作防治植物线虫和地下害虫。

参考文献

Back M A, Haydock P J, Jenkinson P, 2002. Disease complexes involving plant parasitic nematodes and soilborne pathogens[J]. Plant Pathology, 51: 683–697.

Bergeson G B. 1972. Concepts of nematode–fungus associations in plant disease complexes: a review[J]. Experimental Pathology, 32: 301–314.

Evans, K, Stone A R.1977. A review of the distribution and biology of the potato cyst nematodes *Globodera rostochiensis* and *G. Pallida*[J]. Proceedings of the National Academy of Sciences, 23: 178–189.

Ferris et al, 1992. Beyond pesticides-biological approaches to management in California[EB/OL]. http://nemaplex.ucdavis.edu/Mangmnt/Cultmgmt.htm.

Goodell P B, Ferris H, Goodell N C, 1983. Overwintering population dynamics on *Meloidogyne incognita* in cotton[J]. Journal of Nematology, 15: 480.

Gottlieb D, 1976. Production and role of antibiotics in soil[J]. Journal of Antibiotics, 29: 987–1000.

Hasan A, 1985. Breaking the resistance in chilli to root-knot nematodes by fungal pathogens[J]. Nematologica, 31: 210–217.

Orion D, Levy Y, Israeli Y, et al, 1999. Scanning electron microscope observations on spiral nematode (*Helicotylenchus multicinctus*)-infested banana roots[J]. Nematropica, 29(2): 179–183.

Richards B N, 1976. Introduction to the soil ecosystem[M]. London: Longman.

Seinhorst J W, 1965. The relationship between nematode density and damage to plants[J]. Nematologica, 11: 137–154.

Seinhorst J W. 1967. The relationship between population increase and population density in plant parasitic nematodes. II. Sedentary nematodes[J]. Nematologica, 13: 157–171.

Zahid M I, Gurr G M, Nikandrow A, et al, 2002. Effects of root and stolon infecting fungi on root colonising nematodes of white clover[J]. Plant Pathology, 51(2): 242–250.

5 植物抗性在植物线虫治理中的应用

5.1 绪论

在植物线虫综合治理体系中，充分和持久地利用作物抗性是一种抑制线虫种群增长的有效方法。作物对线虫的耐受性（Tolerance）与植物抗性（Resistance）是两个不同但相互关联的概念，耐受性是指作物产量损失耐受线虫种群的程度，作物生长得越健壮，就越能够承受较大线虫种群的攻击，而产量受损较轻。作物的耐受性可以通过减少非生物限制因子的胁迫如改善土壤团粒结构、增强营养和水分管理等措施来提升。植物抗性是指植物能够限制线虫产生后代的能力，一般以作物对线虫繁殖潜能（Reproduction potential）的抑制程度来衡量，线虫通常在抗性植物上不能顺利地完成生命周期。获得植物抗性的3种主要方式是：①通过自然杂交育种获得天然抗性基因或利用基因工程技术（例如用CRISPR/Cas9 基因编辑技术）改变作物的抗性基因结构，已鉴定出多个针对根结线虫和孢囊线虫的抗性基因包括 *Mi-1.2*、*Hs1*^{pro1}、*Gpa2*、*Gro1-4*、*Hero A*、*Rhg1* 和 *Rhg4* 等，并成功培育出抗线虫的番茄和辣椒等作物新品种；②通过基因工程技术表达外源抗性成分，如蛋白酶抑制剂、凝集素、苏云金杆菌晶体毒素、双链 RNA、短肽或抗体等，该领域的研究非常活跃，但目前尚无产业化应用的作物品种；③通过外源化学成分或物理因素诱导作物启动免疫反应来抵御线虫的为害。化学成分主要包括植物激素类化合物，氨基酸、几丁质和腐植酸以及它们的衍生物，无机化合物及其纳米颗粒等。微生物和射线等也能够诱导作物的免疫抗性（Induced resistance）。诱导抗性作为控制线虫种群的一种非传统、生态友好的方法，为植物提供了一种自然防御的机制。市场上多种杀线剂或功能性肥料产品中含有诱抗成分，可以对多种生物胁迫因素产生防御作用，在可持续农业体系的土传病害综合治理方面很有前景。本章就植物抗性在线虫综合治理系统中的应用以及相关的最新研究成果进行概括性的阐述。

5.2 作物遗传抗性在植物线虫治理中的应用

在世界范围内，利用植物的天然遗传抗性防御线虫对作物的为害，一直是被重点关注的领域，有望成为解决植物线虫为害问题的有效途径，尤其在热带和亚热带欠发达国家和地区的耕作系统中，使用抗性品种可能是经济上更可行的策略。在欧盟，目前普遍接受的观点是，必须把植物遗传抗性的开发和应用作为病虫害综合治理的关键性和持久性要素。在植物线虫综合治理体系中，植物遗传抗性不是解决线虫为害问题的唯一办法，而是抑制线虫种群增长和减少化学投入的主要手段之一。许多作物的野生近缘物种对线虫的为害具有自然抗性，可以通过常规育种方法或分子生物学手段将抗性基因导入具有优良生物性状的作物品种中。

5.2.1 抗植物线虫的植物遗传基因

把自然抗性基因（R）融入性状优良的作物品种中是抵抗线虫为害的一种主要策略。植物对线虫的抗性表现为显性（Dominant）、隐性（Recessive）或加性（Additive）。抗性可由单个基因、两个 / 多个基因组合、数量性状位点（QTL）控制。寄主植物的单显性抗性基因（R）与线虫的无毒基因（Avr）发生特异性的"基因对基因"相互识别关系，这种相互作用在植物中引发出一连串的对抗线虫入侵的防御反应。

目前所认知的抗性基因主要针对经济上最重要的植物线虫类群，即根结线虫（Meloidogyne spp.）和孢囊线虫（Globodera spp. 和 Heterodera spp.）。第一个对线虫有天然抗性的 R 基因是克隆自野生甜菜（Beta vulgaris）的 $Hs1^{pro1}$ 基因，转入该基因的甜菜能抵抗孢囊线虫的为害（Cai 等，1997）。随着此类工作的不断开展，已经鉴定和克隆到针对不同植物线虫的 R 基因，这些 R 基因的主要靶标是固定内寄生型线虫（Mathew 等，2020），包括抗根结线虫的 Mi-1.2 基因（Williamson，1998）、抗马铃薯孢囊线虫的 Hero A（Sobczak 等，2005）、Gpa2（van der Vossen 等，2000）和 Gro1-4（Paal 等，2004）基因，以及抗大豆孢囊线虫的 Rhg1（Kandoth 等，2011）和 Rhg4（Liu 等，2012）基因等。其中 Mi-1.2 基因已成功运用于培育番茄和辣椒等蔬菜作物的抗性品种，这些商业化的转基因抗性品种在生产实践中表现出了抵抗根结线虫为害的良好特性。

大多数克隆到的 R 基因编码的蛋白质，带有一个富含 20~30 个亮氨酸的重复序列（Leucine-rich repeat，LRR），且含有一个跨膜的结构域，可使部分蛋白突出于细胞外。也有的 R 基因蛋白只存在于细胞质内，通常含有一个由 260 个氨基酸组成的保守区，其中包含一个核苷酸结合位点（Nucleotide-binding site，NBS）和一个羧基末端的 LRR 区域，称为 NBS-LRR 蛋白，从番茄和马铃薯等植物中克隆出的 Mi-1.2、Gpa2、Gro1-4 和 Hero A 等 R 基因均属于该类蛋白。NBS-LRR 类的 R 基因通常组成性地表达，在植物细胞中识

别由病原物 *Avr* 基因直接或间接产生的无毒因子（蛋白），NBS-LRR 蛋白和无毒因子的结合会立即激活植物的防御反应。在有些植物线虫中，这种结合作用是作为单一显性性状遗传的，这一特性的丧失将意味着抗性植物不再能识别入侵的植物线虫，由此导致田间线虫毒力种群（Virulent populations）的发展。有关线虫侵染植物后产生的抗性信号通路和防御反应的大部分知识，都来自对根结线虫与番茄相互作用关系的研究。番茄的抗性机制被激活后的重要表现是过敏反应（HR），2 龄幼虫侵染番茄根部后约 12 h 即出现 HR 反应，线虫入侵部位周围的细胞局部迅速死亡，而此时正是线虫试图建立取食位点的时期（Paulson 和 Webster，1972）。

在植物线虫学中，毒力种群是指那些能够在抗性植物上大量繁殖的种群，通常抗性植物能够阻止或抑制同一种线虫无毒种群的繁殖。但如果线虫长期处在抗性作物 *R* 基因的压力下，其无毒野生种群可通过自然选择压力变为毒力种群。在田间试验条件下，用根结线虫的无毒种群接种抗性番茄，在种植的第二季或第三季就可能出现在抗性番茄上能够完成生活史的毒力种群。在抗性番茄的种植过程中，根结线虫从无毒种群到毒力种群的转变已被实验证明是一个高频事件（Verdejo-Lucas 等，2009）。在选择过程中，线虫的毒性可能与生物学功能的获得有关，例如线虫能够通过增强抗氧化酶的活性克服或逃避寄主植物的防御反应。另外，营有性繁殖的线虫种类，如马铃薯金线虫、大豆孢囊线虫、甜菜孢囊线虫和北方根结线虫等，可以通过杂交产生分离种群和自交系，其中可能就有能够在抗性作物上繁殖的毒力个体（Williamson 和 Kumar，2006）。

5.2.2　利用植物遗传抗性治理线虫的挑战和对策

抗性和耐受性的概念都可以应用到植物线虫综合治理过程中，作物所具有的这两种特性是独立遗传和表达的。但它们也可以同时表现出来，从而产生抗性高但耐受性差的作物，或者耐受性高但易感的作物，如有些对肾状线虫为害耐受性好的棉花品系却对该线虫非常敏感（Davis 和 May，2003）。在线虫感染的田块，作物品种对线虫为害的耐受性，可以通过比较杀线剂处理和未处理的植株生长情况或产量来确定。利用植物抗性控制线虫种群的最终目的是为了减轻产量损失，因此，抗性基因的应用必须既要保证作物产量损失的最小化，又能够抑制线虫的繁殖，降低土壤中的种群密度。

无论是在高价值还是低价值作物的农业生产体系中，使用抗性作物治理线虫的为害在经济上是合算的，可以减少种植者的投入成本，这也是使用抗性作物的优势。例如，在大棚种植抗性番茄品种，不仅可以有效地抑制土壤中根结线虫的种群，而且可以获得充分的盈利。尽管许多作物的近缘野生种系对线虫有抗性，但利用这些野生种系成功培育线虫抗性品种的实例却很少，其主要原因在于，将野生抗性基因导入理想的作物基因组这一过程不仅需要很高的成本，而且需要较长的选育周期。另外，抗性基因的导入可能会产生品质不良或产量下降的农艺性状（Molinari，2011）。

    然而，鉴于许多植物种类存在抗线虫的遗传资源，借力于胚胎拯救（In-embryo rescue）、体细胞杂交（Somatic hybridization）、基因工程等技术的迅速发展，成功培育出抗性品种的潜力还是非常大的，特别是基因工程技术能够跨越生物屏障，有效地实现目的基因的转移，比传统育种技术要节省很多的时间和花费，同时还能够保持优良性状的延续。CRISPR/Cas9基因组编辑技术是研究基因功能和对生物体基因进行定向改造的有力工具，随着近几年该技术的快速发展，其在作物育种领域的应用日益受到重视，也有望在植物抗线虫育种领域中发挥作用，例如利用CRISPR/Cas9基因编辑技术改造作物中与免疫弱化相关的基因等（Ali等，2019）。

    与具有广谱性杀线作用的熏蒸剂相比，遗传抗性通常只针对"目标"线虫种类，或仅针对一种植物线虫，有时甚至仅仅针对生理小种（Race）或致病型（Pathotype）起作用。对田间"目标"线虫种类的抗性可能会给其他不受抗性控制的线虫种类带来竞争优势。例如，抗根结线虫的棉花品种虽然能成功抑制田间的根结线虫种群，但之前处于次级水平的短体线虫会变成优势种群而对棉花造成严重为害；同时，Mi-1.2基因对南方根结线虫、花生根结线虫、爪哇根结线虫有抗性，但对北方根结线虫（*M. hapla*）和象耳豆根结线虫（*M. enterolobii*）没有抗性。又如，在英国普遍种植含有*H*1基因的马铃薯品种可以有效控制马铃薯金线虫的为害，但会导致马铃薯白线虫的为害加剧，因为抗性基因*H*1对马铃薯白线虫的抗性作用比较弱（Molinari，2011）。

    此外，在抗性植物*R*基因的选择压力下，无毒线虫会突破抗性而转变为强毒力群体，导致抗性品种失去效力。因此在利用抗性植物防治线虫时，必须考虑*R*基因发挥效率的持续性。由于化学杀线剂的限制性使用，抗性品种的使用有所扩大，同时增加了抗性的选择压力。在商业化抗性品种上已出现多个毒力线虫种群，如在美国佛罗里达州和加利福尼亚州、摩洛哥、希腊、乌拉圭、西班牙等国家种植的抗性番茄上出现根结线虫毒力种群（Noling等，2000；Molinari，2011），北卡罗来纳州抗性大豆上出现大豆孢囊线虫毒力群体（Starr和Roberts，2004）。

    在一种抗性基因的选择压力下产生的毒力种群一般不会扩散到携带其他抗性基因的作物上，如在*Mi*-1.2抗性番茄上筛选出的根结线虫毒力种群，既不能在*Mi*2~*Mi*9基因抗性番茄上繁殖，也不能在抗性辣椒上繁殖；同样，突破辣椒抗性基因*Me*3的根结线虫毒力种群，不能在含*Me*1基因的辣椒以及抗性番茄上发育（Molinari，2011）。将含有单个*R*基因的作物品系或携带不同*R*基因的作物品系混合种植，可以减少毒力种群出现的概率，提高利用抗性品种的可持续性；此外，将多个抗性基因整合到同一品种中，可以延长抗性的持效性，例如，含有*Rk*+*rk*3基因的豇豆品种，可能比含*Rk*单基因的品种能够更长久地保持抗根结线虫的特性（Elhers等，2000）。

5.2.3　确定品种对线虫的抗性

确定植物抗性的指标是线虫在其上的繁殖潜能（Reproduction potential，RP）。$RP = P_f/P_i$，以根结线虫举例，P_i 是接种的 2 龄幼虫数量，P_f 是收获时根上卵的数量，P_f = 根上的卵块数 x 平均单卵块的卵量，亦称为雌虫生殖力（FF，Female fecundity）（Molinari，2011）。对于根结线虫和抗性品种而言，明确繁殖潜能（RP）和根结数之间的相关性，以及二者分别与作物损害的相关性非常重要。根结的扩增阻碍植物体内营养和水分的传输，从而导致植物生长、发育以及产量受到损害。在一些情况下，根结数量与繁殖潜能（卵数量）之间的相关性存在不确定或不稳定，有时会见到根结却分离不到卵，可能原因在于根结线虫能够侵入抗性品种，在根内建立取食位点并诱导根结生成，但是不能完成生活史且不能产卵。

5.3　转基因技术在抗线虫作物育种中的应用

利用基因工程技术已成功培育出对生物和非生物胁迫因子有抗性的作物品种，如抗棉铃虫的转 *Bt* 基因棉花、抗除草剂的玉米和抗锈病的小麦等。同样，利用基因工程技术培育抗线虫转基因作物对线虫综合治理具有重要的应用价值。迄今，受到广泛关注且有实质性遗传操作的靶标包括天然抗性基因、编码蛋白酶抑制剂的基因、编码抗线虫蛋白的基因以及植物线虫效应子的双链 RNA（dsRNA）等（图 5-1 和表 5-1）。其中，蛋白酶抑制剂（PI）作为一类蛋白质，能够抑制所有的丝氨酸、半胱氨酸、天冬氨酸蛋白酶和金属蛋白酶（Metalloproteinases）类型的蛋白酶。用于植物线虫抗性研究的蛋白酶抑制剂包括豇豆的 CpTI、甘薯的丝氨酸蛋白酶抑制剂 SpTI-1、马铃薯的 PIN2、水稻的（Oc-I1D86）等（Ali 等，2017）。Atkinson 等（2004）证明了表达水稻半胱氨酸蛋白酶抑制剂（Cystatins）的转基因香蕉对香蕉穿孔线虫的抗性大约为 70%（图 5-2），表达组织蛋白酶 S（Cathepsin S）的转基因烟草植株也显示出对香蕉穿孔线虫的抗性增强。表达外源半胱氨酸蛋白酶抑制剂的马铃薯是第一个有效的转基因抗线虫作物，对马铃

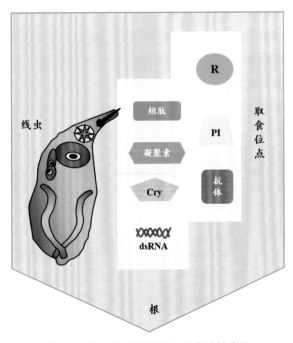

图 5-1　线虫取食转基因植物表达的产物

薯白线虫有一定的抗性（Urwin 等，2001）。

表 5-1　用于转基因抗线虫研究的因子

基因名称	基因来源	转基因作物	靶标线虫	发表年
自然抗性基因（Natural Resistance Genes）				
Mi-1.2	野生番茄	番茄	南方根结线虫	1988
Hs1proo1	野生甜菜	甜菜	甜菜孢囊线虫	1997
Gpa-2	马铃薯	马铃薯	马铃薯白线虫	2000
Hero A	番茄	马铃薯	马铃薯白线虫和马铃薯金线虫	2005
Gro1-4	马铃薯	马铃薯	马铃薯金线虫 – 致病型 Ro1	2004
Rhg1	大豆	大豆	大豆孢囊线虫	2001
Cre loci	山羊草	小麦	禾谷孢囊线虫	1998
蛋白酶 / 蛋白酶抑制剂（Proteinase/ Protease Inhibitors）				
CpTI	豇豆	马铃薯	马铃薯白线虫和南方根结线虫	1992
SpTI-1	甘薯	甜菜	甜菜孢囊线虫	2003
PIN2	马铃薯	小麦	禾谷孢囊线虫	2005
Oc-I1D86	水稻	马铃薯	马铃薯白线虫和南方根结线虫	1995
		拟南芥	甜菜孢囊线虫、南方根结线虫和肾状线虫	1997
		水稻	南方根结线虫	1998
		香蕉	香蕉穿孔线虫	2004
		百合花	穿刺短杆线虫	2015
		茄子	南方根结线虫	2016
CeCPI	芋头	番茄	南方根结线虫	2010
CCII	玉米	大蕉	香蕉穿孔线虫、根结线虫和螺旋线虫	2012
凝集素（Lectin）				
GNA	雪花莲	拟南芥、马铃薯、油菜	马铃薯白线虫、南方根结线虫和玻利维亚短体线虫	1998
Bt 毒素蛋白（Bt Toxins）				
Cry6A, Cry5B	苏云金杆菌	番茄	南方根结线虫	2007
抗入侵肽（Anti-Invasion Peptides）				
ACHE-I-7.1	合成	马铃薯	马铃薯白线虫	2002
LEV-I-7.1	合成	马铃薯	马铃薯白线虫	2002
nAChRbp	合成	大蕉	香蕉穿孔线虫、螺旋线虫和根结线虫	2012
双抗遗传因子（Dual Resistance）				
CpTI + Oc-I1D86	豇豆和水稻	拟南芥	马铃薯白线虫和甜菜孢囊线虫	1998
Oc-I1D86 +AChRbp	水稻和合成	马铃薯	马铃薯白线虫	2012
CeCPI + PjCHI-1	芋头和爪哇拟青霉	番茄	南方根结线虫	2015
CCII + nAChRbp	玉米和合成	大蕉	香蕉穿孔线虫、螺旋线虫和根结线虫	2015

　　注：表中野生番茄 =*Solanum peruvianum*、野生甜菜 =*Beta procumbens*、山羊草 =*Aegilops* spp.、芋头 =*Colocasia esculenta*、雪花莲 =*Galanthus nivalis*、大蕉 =*Musa* spp.、爪哇拟青霉 =*Paecilomyces javanicus*、禾谷孢囊线虫 =*Heterodera avenae*、螺旋线虫 =*Helicotylenchus multicinctus*、玻利维亚短体线虫 =*Pratylenchus bolivianus*。编译自 Ali 等（2017）。

植物线虫	作物	抑制率（%）
球孢囊线虫 *Globodera*	马铃薯	79±9
根结线虫 *Meloidogyne*	水稻	83±5
根结线虫 *Meloidogyne*	香蕉	86±4
孢囊线虫 *Heterodera*	拟南芥	>80
肾状线虫 *Rotylenchulas*	拟南芥	76±8
珍珠线虫 *Nacobbus*	马铃薯	77±3
穿孔线虫 *Radopholus*	香蕉	70±10

半胱氨酸蛋白酶抑制剂 OC-1 和半胱氨酸蛋白酶结合的三维空间模拟图（Uwin 等，1995）

图 5-2　转半胱氨酸蛋白酶抑制剂基因的植物可抗多种植物线虫

（引自 Atkinson "Can GM crops help feed the world?" 的 PPT 文件）

用转基因植物表达对线虫有毒性作用的蛋白，包括凝集素、抗体和苏云金杆菌（Bt）晶体蛋白（Cry）等是防治线虫为害的潜在手段。凝集素能够通过阻塞线虫肠道发挥作用；效应子在线虫的寄生过程中起至关重要的作用，在取食细胞中表达能够中和效应子的抗体蛋白，是一个抑制线虫发育的有效途径（Fioretti 等，2002）；苏云金杆菌的 Cry 晶体蛋白对腐生型的秀丽隐杆线虫有明显的致死作用，Li 等（2007）利用番茄发根表达 54kDa 的 Cry6A 和 Cry5B 蛋白，转基因番茄对根结线虫表现出了一定的抗性。

线虫在入侵寄主植物的过程中高度依赖其神经元去感受环境中的化学分子，线虫利用乙酰胆碱酯酶（AChE）和／或烟碱型乙酰胆碱受体来维持神经系统的正常功能。利用寄主植物表达的短肽去结合植物线虫的乙酰胆碱受体，从而阻断线虫对化学信号物质的感知能力，是阻止线虫为害作物的另一个重要策略。表达一种抑制线虫 AChE 分泌肽的转基因马铃薯植株，能够致使马铃薯白线虫迷失方向，防治效率可达 52%（Liu 等，2005）。

RNA 干扰（RNA interference，RNAi）技术是一种可以导致基因沉默（Gene silencing）的手段，在植物线虫防治中具有潜在的应用价值。在 RNAi 策略中，植物表达线虫关键性基因（维持线虫基本生命特征的基因或与线虫寄生性相关的基因）的双链 RNA（Double-stranded RNA，dsRNA）或短的干扰 RNA（Short interfering RNA，siRNA）分子，线虫取食这些分子后会导致对应基因 mRNA 的降解，从而阻断蛋白的合成（作用机理见图 5-3）。有大量针对植物线虫效应子基因及其他一些线虫关键基因的 RNAi 研究报告，目前主要是关于阐明基因功能的研究，尚无商业化的成功范例。

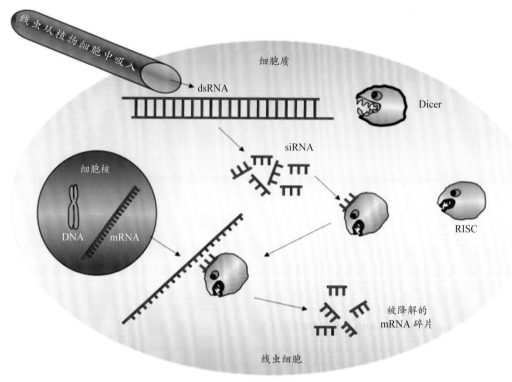

图 5-3 RNAi 的作用机理

5.4 化合物诱导植物对线虫的抗性作用

系统性获得抗性（Systemic acquired resistance，SAR）和诱导性系统抗性（Induced systemic resistance，ISR）是植物抗病信号传导途径中的两种重要形式。

系统性获得抗性是一种能够诱导植物持续抵御病原物侵害的防御机制，需要水杨酸以及病程相关蛋白等信号分子的参与。当线虫侵染植物时，受侵染部位的局部组织会出现迅速坏死从而阻止线虫的进一步侵入，即发生了过敏性坏死反应，随后受侵染部位及邻近组织产生一系列及时有效的防卫反应，如释放出对线虫有害的活性组分包括活性氧、活性氮、蛋白酶和次级代谢产物等，以及加固植物组织结构如木质素的沉积导致细胞壁的木质化等，而这些免疫反应阻止了线虫的进一步扩展，提高了植物的抗性，称为系统性获得抗性，这种抗性的获得是由病原物诱导的，为水杨酸依赖型。

诱导性系统抗性不是由病原物引起，而是植物经外界因子诱导后，体内产生对病原物的抗性现象。诱导因子主要包括生物因子、化学因子和物理因子等，属于茉莉酸和乙烯依赖型。例如，植物激素及其衍生物或一些无毒化学分子都可以激活植物体内的防御机制，还有大量的非生物和生物药剂也能诱导寄主植物产生对病原物包括真菌、细菌和线虫等的抗性。利用化合物诱导植物的抗性为植物提供了一种自然防御的机制，是治理线虫为害的一种环境友好型策略，也是最有应用前景的防控措施之一，特别是在可持续农业体系中对土传病害的控制有重要的意义。

5.4.1 植物激素类化合物诱导的抗性作用

激素在植物防御中起重要作用，特别是水杨酸（Salicylic acid，SA）、茉莉酸（Jasmonic acid，JA）、乙烯（Ethylene，ET）、油菜素甾体（Brassinosteroids，BRs）和脱落酸（Abscisic acid，ABA）等是植物抵御线虫侵染的关键成分。

水杨酸是系统性获得抗性的重要诱导因子，是植物受病原物侵染后，其体内被激活的信号传导途径中的重要组成成分，而这些信号传导途径调控着植物的一系列防卫反应。水杨酸是激活植物对病原菌侵染防御反应的重要信号分子之一，水杨酸不仅参与光合作用、生物量制造、植物水分转运、植物生长和各种酶活性，而且协助植物抵抗各种生物和非生物的胁迫。采用叶面喷洒和土壤灌根等方法施用外源水杨酸，可以诱导番茄获得系统性抗性，从而抑制线虫在根系内的发育（Molinari 等，2014；Mostafanezhad 等，2014）；在温室试验中用 10~50 mmol/L 的水杨酸进行灌根处理，对根结线虫的抑制率可达 80% 以上（Bakrd 等，2018）；用 0.1%~0.5% 的水杨酸喷洒番茄叶片 4 次，每次间隔 7 天，对根结线虫的抑制效果达 70% 以上，并能够显著促进番茄生物量的增长（El-Sherif 等，2015）。阿拉酸式苯 -S- 甲基（Acibenzolar-S-methyl，ASM）是第一个可以激活植物 SAR 反应的合成化合物，对线虫没有直接的毒性作用，在欧洲注册为商品名 BION®，在美国注册为 ACTIGARD®。合成化合物苯并噻二唑〔Benzo（1,2,3）thiadiazole-7-carbothionic acid-S-methyl ester，BTH〕和 2,6- 二氯异烟酸（2,6-dichloroisonicotinic acid，INA）与水杨酸的功能类似，在一定的浓度范围内也能够抑制根结线虫的发育，同时苯并噻二唑可以抑制卵的孵化、杀死侵染前的 2 龄幼虫（dos Santos 等，2013）。

茉莉酸在诱导水稻和番茄对根结线虫的系统性抗性方面起着关键的作用，可能与茉莉酸改变了植株的氧化防御和光合作用过程有关（Bali 等，2017）。用顺式茉莉酮（cis-jasmone）和茉莉酸甲酯（Methyl jasmonate）喷施马铃薯叶片后，根结线虫的侵染率分别降低了 67% 和 81%；而用苯并噻二唑喷施马铃薯叶片后，根结线虫侵染率降低了 90%（dos Santos 等，2013）。用顺式茉莉酮和厚垣普奇尼亚菌（*Pochonia chlamydosporia*）混配能够发生增效作用，但苯并噻二唑单独或与该真菌混配对线虫的抑制效果均强于顺式茉莉酮和真菌混配的效果（dos Santos 等，2014）。总部位于澳大利亚的 Nufarm 公司出品的杀线剂 Trunemco™ 主要用于种子处理，其配方组成为顺式茉莉酮和解淀粉芽孢杆菌（*Bacillus amyloliquefaciens* strain MBI600），可以诱导作物对线虫的系统性抗性。

抗坏血酸维生素（Ascorbic acid）可以诱导植物抵御各种真菌病害以及根结线虫和短体线虫等的为害（Anter 等，2014），在温室试验中用 10~50 mmol/L 的浓度灌根，对根结线虫的抑制率可以达到 80% 以上（Bakrd 等，2018）。脱落酸与茉莉酸在防治水稻根结线虫中起拮抗作用，在水稻植株上施用脱落酸会加重线虫为害的症状（Kyndt 等，2017）。油菜素甾体也能够诱导番茄对根结线虫的防御反应，但不涉及水杨酸、茉莉酸 / 乙烯或脱落酸等经典的防御途径，而是激活了番茄丝裂原活化蛋白激酶（Mitogen-activated protein kinase, MAPK）（Song 等，2017），而 MAPK 是将信号从细胞表面传导到细胞核内部的重要传递者。

5.4.2 氨基酸及其衍生物诱导的抗性作用

Hoque 等（2014）发现 DL- 蛋氨酸、DL- 缬氨酸、DL- 丝氨酸、DL- 苯丙氨酸、L- 脯氨酸和 L- 组氨酸等 6 种氨基酸均有促进植物生长的作用，同时可以显著抑制爪哇根结线虫对番茄的为害程度，减少了根系上的根结、卵块、雌虫的数量以及土壤中 2 龄幼虫的数量；其中，DL- 苯丙氨酸杀死 2 龄幼虫和抑制卵孵化的活性最强，促进植株生长和降低根结产生的效果最好，其次是 L- 脯氨酸和 L- 组氨酸。此外，蛋氨酸、蛋氨酸钠、蛋氨酸钾和蛋氨酸羟基类似物在 224~448kg/hm^2 的用量下对根结线虫和刺线虫（Belonolaimus spp.）的为害有抑制作用，效果随施用量的增加而提高，但施用高浓度剂量有产生植物毒害的风险（Zhang 等，2010）。蛋氨酸施用量 1 120kg/hm^2（或 112kg/hm^2 施用两次）对刺线虫和装饰中环线虫（Mesocriconema ornata）有防治效果（Crow 等，2009）。Reddy（1975）测试了 9 种氨基酸对根结线虫的抑制效果，发现 DL- 蛋氨酸和 DL- 苯丙氨酸对根结线虫的卵孵化有抑制作用，DL- 蛋氨酸和 DL- 缬氨酸对根结生成的抑制效果最好。蛋氨酸、异亮氨酸和苏氨酸能够显著减少拟南芥上的甜菜孢囊线虫雌虫数（Blumel 等，2018）。β- 氨基丁酸（DL-β-amino-n-butyric acid，BABA）是一种天然的植物抗性诱导剂，可以诱导植物抵抗真菌、细菌和线虫的侵染（Oka 等，1999）。5- 氨基乙酰丙酸（5-Aminolevulinic acid, 5-ALA）是一种潜在的生物除草剂、杀虫剂或植物生长促进剂。5-ALA 对南方根结线虫、大豆孢囊线虫、咖啡短体线虫和松材线虫均有抑制作用，并能够抑制根结线虫和孢囊线虫的卵孵化，以及显著降低根结线虫的繁殖系数和卵块数量（Cheng 等，2017）。

5.4.3 几丁质及其衍生物诱导的抗性作用

几丁质（Chitin）和壳聚糖（Chitosan）作为一类生物刺激素，以复合物的形式存在，为植物的代谢活动提供了一种缓慢释放的氮源，特别适合与化肥和土壤改良剂结合使用，在农业生产中普遍用于调节植物的生长和病害治理，目前已成为植物线虫病害综合治理（INM）的重要手段之一。几丁质，亦称甲壳素或甲壳质，即 N- 乙酰 -D- 氨基葡萄糖（N-acetyl-d-glucosamine），是线虫卵壳的主要成分。植物分泌的几丁质酶降解几丁质后生成脱乙酰化产物，成为几丁聚糖（Chitooligosaccharides），也称为壳聚糖、可溶甲壳素、壳多糖、壳寡糖、甲壳胺（Chitosan）等。壳聚糖作为病原体相关分子模式（Pathogen-associated molecular pattern，PAMP）启动 PTI（Pattern -trigged immunity）免疫反应。

壳聚糖是几丁质的脱氨基衍生物，作为激发子可以诱导植物产生局部性或系统性的抗性，从而抵御根结线虫对植物的为害（Radwan 等，2012）。壳聚糖单独施用对根结线虫的抑制率约为 50%，但如果与洋葱、薄荷、芥属等植物原料混合施用，抑制效果会提升至少一倍（Asif 等，2017）。美国 Organisan 公司出品的杀线剂 Namasan®，主要含有 2% 的壳聚糖和 8% 的皂树提取物（Quillaja extract），该产品可以在种植前、种植时和种植后施用于土壤。ClandoSan 618® 是美国 Igene 公司的颗粒剂产品，活性成分是 25% 的甲壳（几丁质）粉（Crustaceans），主要用于蔬菜线虫病害的防治，施用量为 1~3t/ 英亩［1 英亩（ac）≈4 046.86m²］。几丁质被几丁质酶降解后会产生不同分子量的壳聚糖，不同的降解程度会导致壳聚糖复合物中分子量比例的差异，对复合物生物活性的影响很大。Khalil1 和 Badawy（2012）通过根结线虫 2 龄幼虫的离体测试和温室盆栽测试发现，随着壳聚糖分子量的降低，化合物的杀线虫活性显著增强，因此，用低分子量壳聚糖作为天然杀线虫剂对根结线虫有较好的防治效果。

5.4.4　腐植酸及其衍生物诱导的抗性作用

腐植酸（Humic acids）作为一种生物刺激素广泛应用于植物线虫综合治理中，腐植酸能够抑制根结线虫的卵孵化并能杀死 2 龄幼虫，腐植酸中的羟基、羧基、酚类和氨基甲酰等活性成分对线虫可能有作用（Chitwood，2002），同时腐植酸具有促进植物对微量养分和水分的吸收以及增进根生长的功能。用 0.1%~0.5% 的腐植酸、草酸（Oxalic acid）和柠檬酸（Cetric acid）喷施番茄叶 4 次，每次间隔 7 天，对根结线虫的抑制效果达 70% 以上，并且能够显著促进植株生物量的增长（El-Sherif 等，2015）；Jothi 等（2009）报道，0.4%~1.0% 的腐植酸处理可使南方根结线虫 2 龄幼虫死亡率达 93%~100%。美国 Harrell 公司的 EarthMAX® 杀线剂的活性成分是 4.2% 的腐植酸，用量为 1 加仑（1 加仑≈3.785L）/ 英亩，每 2~4 周施用一次，温度低于 10℃不能使用。

腐植酸对植物线虫为害的抑制作用可能通过以下机制实现：①强化侧根的生长和植物的营养吸收，具有类似细胞生长素的功能，以此增强植物对线虫为害的天然抵抗能力；②能够介入多种代谢产物包括 40 多种与植物抗逆相关的成分如黄酮、酚类和苯丙素类（Phenylpropanoid）等化合物的合成过程，并能够增强与氧化还原平衡（Redox homeostasis）相关蛋白的基因表达，以此加强植物抗氧化防御系统对线虫入侵的抵抗；③腐植酸能够与根内的细胞生长素、茉莉酸、脱落酸等植物诱抗激素相互作用，可能通过激活这些激素介导的免疫途径来抵御线虫的为害；④通过增强土壤中生防微生物如木霉菌等的活性以及保护有益微生物免除射线（UV）的损害，强化土壤微生物对植物线虫种群的抑制功能；⑤通过对植物线虫的毒杀作用抑制其种群的发展（Jindo 等，2020）。

5.4.5 无机化合物及其纳米颗粒诱导的抗性作用

无机化合物磷酸氢二钾（K_2HPO_4）在农业领域的应用有许多优点，不仅可以作为良好的磷、钾源，而且可以诱导植物对多种病原菌的抗性（Reuveni 等，1994）。磷酸氢二钾增强植物抗性的机制可能是通过引起植物坏死而诱导系统性获得抗性（Orober 等，2002），诱导抗性的过程可能与植物保卫素（Phytoalexins）的产生有关（Dercks 等，1989）。在温室试验中，用 10~50 mM K_2HPO_4 进行灌根处理，对根结线虫的抑制率可达 80% 以上（Bakrd 等，2018）；用亚磷酸钾（K_2HPO_3）进行喷叶处理，能够抑制短尾短体线虫（ *P.brachyurus* ）对大豆和玉米的为害（Dias-Arieria 等，2012）；Oka 等（2007）研究表明磷酸（H_3PO_3）对禾谷孢囊线虫（ *H. avenae* ）和马里兰根结线虫（ *M. marylandi* ）有抑制作用。

研究发现，纳米硒（Selenium nanoparticles）能够诱导植物对线虫为害的系统性抗性。施用纳米硒可以降低根结线虫对番茄的为害，并能促进植物的生长和发育（Udalova 等，2018）。硅酸钙（Calcium silicate）（Sliva 等，2010）和硅酸钾（Potassium silicate）（Mattei-Medina 等，2017）能够显著地抑制根结线虫对多种作物的为害。Zhan 等（2018）研究发现硅（Silicon）对 2 龄幼虫并没有直接的毒杀作用，而是通过乙烯介导的免疫途径抵抗线虫的侵染。施用硅肥处理后的水稻，其乙烯途径中的防御相关基因（*OsERF*1、*OsEIN*2 和 *OsACS*1）转录水平上调，拟禾本科根结线虫（ *M. graminicola* ）的发育延缓，种群数量显著减少，同时能够观察到防御反应导致根组织内胼胝质（Callose）的沉积和酚类化合物的积累。此外，硝酸银与硼氢化钠可进行氧化还原反应，用 0.2% 淀粉作为稳定剂制作的银纳米颗粒（AgNP）对草本根结线虫（ *M. graminis* ）2 龄幼虫有作用，且能抑制根结的形成和促进植株的生长（Cromwell 等，2014）。将 $AgNO_3$ 用绿藻石莼（Ulva lactuca）或锥形喇叭藻（ *Turbinaria turbinata* ）的水提取物充分混合包裹后制备成绿色银纳米颗粒（GSN），用 GSN 处理土壤，对北方根结线虫群体密度的抑制率达 70%，并能促进茄子植株的生长（Abdellatif 等，2016）。

5.5 微生物诱导植物对线虫的抗性应用

有益微生物通常被认为具有激活植物抵御生物胁迫的能力。有益微生物不仅可以通过捕捉、寄生、毒杀或增强植物天然抗性的方式协助植物抵抗线虫的为害，而且可以通过激活植物免疫系统的机制来抑制线虫种群的增长，主要是依靠激活水杨酸调控的系统性诱导抗性，或激活几丁质酶和葡聚糖酶活性，或抑制植物的抗氧化酶系统（Molinari 等，2019）。通过植物根系的裂根法试验（Split-root-trials，如图 5-4 所示，图片引自 Martìnez-Medina 等，2017），Siddiqui 等（2012）发现荧光假单胞杆菌（*Pseudomonas fluorescens*）诱导植物获得了系统性抗性并且减少了根内的根结线虫数量。Adam 等

（2014）采用类似的试验方法证实，除了荧光假单胞杆菌外，枯草芽孢杆菌（*Bacillus subtilis*）和根瘤菌（*Rhizobium* sp.）也可以诱导番茄对南方根结线虫为害的系统性抗性。Vigila 和 Subramanian（2018）通过测定根内的过氧化物酶（Peroxidase，POX）、多酚氧化酶（Polyphenol oxidase，PPO）和苯丙氨酸解氨酶（Phenylalanine ammonia-lyase，PAL）的活性，也证实了荧光假单胞杆菌和芽孢杆菌（*Bacillus* spp.）诱导系统性抗性抵御线虫为害的机制。根组织内的木霉菌（*Trichoderma* spp.）能够通过诱导水杨酸和茉莉酸介导的防御机制来减少线虫的寄生数量（Martinez-Medina 等，2017）。通过对多种参与诱导抗性途径的酶进行活性测定，Molinari 等（2019）推

图 5-4　裂根法试验设计

测内生真菌、哈茨木霉（*Trichoderma harzianum*）和厚垣普奇尼亚菌（*Pochonia chlamydosporia*）等真菌能够诱导寄主植物对线虫的系统性抗性。利用虫体表面消毒和未消毒的两个北方根结线虫群体的试验结果表明，黏附在 2 龄幼虫角质层的微生物在线虫侵染过程中可能会激活番茄根的病原相关分子模式（PTI）免疫反应，特别是茉莉酸介导的 PTI 免疫途径（Topalovic 等，2020）。

5.6　射线诱导植物对线虫的抗性应用

Yang 等（2018）报道，红外光［光量子通量密度 = 200 μmol/（m² · s）］能够通过协同调控水杨酸、茉莉酸、抗氧化剂、氧化还原平衡等诱导西瓜产生对根结线虫的系统性抗性。此现象与红外光诱导的根内氧化应激（Oxidative stress，OS）反应衰弱有关，红外光可以诱导水杨酸和茉莉酸浓度以及相关合成基因表达的升高，同时过氧化氢浓度升高，而丙二醛含量下降，表明水杨酸、茉莉酸和过氧化氢参与了射线诱导植物抗性的过程。

参考文献

Adam M, Heuer H, Hallmann J, 2014.Bacterial antagonists of fungal pathogens also control root-knot nemaotdes by induced systemic resistance of tomato plants[J]. PLoS One, 9(2):

e90402.

Ali M A, Farrukh A, Amjad A, et al, 2017. Transgenic strategies for enhancement of nematode resistance in plants[J]. Frontiers in Plant Science, 8: 750.

Ali M A, Shahzadi M, Zahoor A, et al, 2019. Resistance to cereal cyst nematodes in wheat and barley: An emphasis on classical and modern approaches[J]. International Journal of Molecular Sciences, 20: 432.

Anter A A, Amin A W, Ashoub A H, et al, 2014. Evaluation of inducers for tomato resistance against *Meloidogyne incognita*[J]. Pakistan Journal of Nematology, (32) 2: 195–209.

Asif M, Ahmad F, Tariq M, et al, 2017.Potential of chitosan alone and in combination with agricultural wastes against the root-knot nematode, *Meloidogyne incognita* infesting eggplant[J]. Nephron Clinical Practice, 57(3): 288–295.

Atkinson H J, Grimwood S, Johnston K, et al, 2004. Prototype demonstration of transgenic resistance to the nematode *Radopholus similis* conferred on banana by a cystatin[J]. Transgenic Research, 13(2): 135–142.

Bakr R A, Hewedy O A, 2018.Monitoring of systemic resistance induction in tomato against *Meloidogyne incognita*[J]. Journal of Plant Pathology and Microbiology, 9: 464.

Bali S, Kaur P, Sharma A, et al, 2017. Jasmonic acid-induced tolerance to root-knot nematodes in tomato plants through altered photosynthetic and antioxidative defense mechanisms[J]. Protoplasma, 255: 471–484.

Bing L, Hibbard J K, Urwin P E, et al, 2010. The production of synthetic chemodisruptive peptides in planta disrupts the establishment of cyst nematodes[J]. Plant Biotechnology Journal, 3(5): 487–496.

Cai D, Kleine M, Kiflfle S, et al, 1997. Positional cloning of a gene for nematode resistance in sugar beet[J]. Science, 275: 832–834.

Cheng F, Wang J, Song Z, et al, 2017. Nematicidal effects of 5-aminolevulinic acid on plant-parasitic nematodes[J].Journal of Nematology, 49(3): 295–303.

Chitwood D J, 2002 . Phytochemical based strategies for nematode control[J]. Annual Review of Phytopathology, 40(1): 221–249.

Cromwell W, Yang J, Starr J L, et al, 2014. Nematicidal effects of silver nanoparticles on root-knot nematode in bermudagrass[J]. Journal of Nematology, 46(3): 261–266.

Crow W T, Cuda J P, Stevens B R, 2009. Efficacy of methionine against ectoparasitic nematodes on golf course turf[J]. Journal of Nematology, 41(3): 217–220.

Davis R F, May O L, 2003. Relationships between tolerance and resistance to *Meloidogyne incognita* in cotton[J]. Journal of Nematology, 35(4): 411–416 .

Dercks W, Creasy L L, 1989 . Influence of fosetyl-Al on phytoalexin accumulation in the *Plasmopara viticola*-grapevine interaction[J]. Physiological & Molecular Plant Pathology, 34(3): 203–213.

Dias-Arieria C R, Marini P M, Fontana L F, et al. Effect of azospirillum brasilense, stimulate® and potassium phosphite to control *Pratylenchus brachyurus* in soybean and maize[J]. Nematropica, 2012, 42(1): 170–175.

Dos Santos, M C V, Curtis R H C, Abrantes I, 2013.Effect of plant elicitors on the reproduction of the root-knot nematode *Meloidogyne chitwoodi* on susceptible hosts[J]. European Journal of Plant Pathology, 136(1): 193–202.

Dos Santos, M C V, Curtis R H C, Abrantes I, 2014.The combined use of *Pochonia chlamydosporia* and plant defence activators: a potential sustainable control strategy for *Meloidogyne chitwoodi*[J].Phytopathologia Mediterranea, 53(1): 66–74.

Ehlers J D, Matthews W C, Hall A E, et al, 2000. Inheritance of a broad-based form of root-knot nematodes resistance in cowpea[J]. Crop Science, 40(3): 611–618.

El-Anasry M, 2016. Green nanoparticles engineering on root-knot nematode infecting eggplants and their effect on plant DNA modification[J]. Iranian Journal of Biotechnology, 14(4): 250–259.

Fioretti L, Porter A, Haydock P, et al, 2002. Monoclonal antibodies reactive with secreted-excreted products from the amphids and the cuticle surface of *Globodera pallida* affffect nematode movement and delay invasion of potato roots[J]. International Journal for Parasitology, 2002, 32(14): 1709–1718.

Hoque A K M A, Bhuiyan M R, Khan M A I, et al, 2014. Effect of amino acids on root-knot nematode (*Meloidogyne javanica*) infecting tomato plant[J]. Archives of Phytopathology and Plant Protection, 47(16): 1921–1928.

Jindo K, Olivares F L, Malcher D, et al, 2020. From lab to field: role of humic substances under open-field and greenhouse conditions as biostimulant and biocontrol agent[J]. Frontiers in Plant Science, 11: 426.

Jothi G, Ramakrishnan S, Kumar S, et al, 2009. Effect of humic acid on hatching, longevity and mortality of *Meloidogyne incognita*[J]. Indian Journal of Nematology, 39: 175–177.

Kandoth P K, Ithal N, Recknor J, et al, 2011. The soybean *Rhg1* locus for resistance to the soybean cyst nematode *Heterodera glycines* regulates the expression of a large number of stressand defense-related genes in degenerating feeding cells[J]. Plant Physiology, 155(4): 1960–1975.

Khalil M S, Badawy M, 2012. Nematicidal activity of a biopolymer chitosan at different molecular weights against root-knot nematode, *Meloidogyne incognita*[J]. Plant Protection Science, 48(4): 170–178.

Li X Q, Wei J Z, Tan A, et al, 2007. Resistance to root-knot nematode in tomato roots expressing a nematicidal *Bacillus thuringiensis* crystal protein[J]. Plant Biotechnology Journal, 5(4): 455–464.

Liu S, Kandoth P K, Warren S D, et al, 2012. A soybean cyst nematode resistance gene points to a new mechanism of plant resistance to pathogens[J]. Nature. 492: 256–260.

Martinez-Medina A, Fernandez I, Lok G B, et al, 2017.Shifting from priming of salicylic acid- to jasmonic acid-regulated defences by *Trichoderma* protects tomato against the root knot nematode *Meloidogyne incognita*[J]. New Phytologist, . 213, 1363–1377.

Mathew R, Opperman C H, 2020 . Current insights into migratory endoparasitism: deciphering the biology, parasitism mechanisms, and management strategies of key migratory endoparasitic phytonematodes[J]. Plants, 9(6): 671.

Mattei D, Dias-Arieira C R, Lopes A P M, et al, 2017.Influence of rocksil®, silifort® and wollastonite on penetration and development of *Meloidogyne javanica* in Poaceae and Fabaceae[J].Journal of Phytopathology, 165: 91–97.

Molinari S, 2011 . Natural genetic and induced plant resistance, as a control strategy to plant-parasitic nematodes alternative to pesticides[J]. Plant Cell Reports, 30(3): 311–323.

Molinari S, 2016. Systemic acquired resistance activation in solanaceous crops as a management strategy against root-knot nematodes[J]. Pest Management Science, 72(5): 888–896.

Molinari S, Leonetti P, 2019.Bio-control agents activate plant immune response and prime susceptible tomato against root-knot nematodes[J]. PLoS One, 14(12): e0213230.

Molinari S, Fanelli E, Leonetti P, 2014 . Expression of tomato salicylic acid (SA)-responsive pathogenesis-related genes in Mi-1-mediated and SA-induced resistance to root-knot nematodes[J]. Molecular Plant Pathology, 15: 255–264.

Mostafanezhad H, Sahebani N, Zarghani S N, 2014 . Induction of resistance in tomato against root-knot nematode *Meloidogyne javanica* with salicylic acid[J]. Journal of Crop Protection, 3: 499–508.

Noling J W.2000. Effects of continuous culture of a resistant tomato cultivar on *Meloidogyne incognita* soil population and pathogenicity[J]. Journal of Nematology, 32: 452.

Oka Y, Cohen Y, Spiegel Y, 1999. Local and systemic induced resistance to the root-knot nematode in tomato by DL-β-amino-*n*-butyric acid [J]. Phytopathology, 89(12): 1138–1143.

Oka Y, Tkachi N, Mor M, 2007. Phosphite inhibits development of the nematodes *Heterodera avenae* and *Meloidogyne marylandi* in cereals[J]. Phytopathology, 97(4): 396–404.

Orober M, Siegrist J, Buchenauer H, 2002. Mechanisms of phosphate-induced disease resistance in cucumber[J]. European Journal of Plant Pathology, 108(4): 345–353.

Paal J, Henselewski H, Muth J, et al, 2004. Molecular cloning of the potato Gro1-4 gene conferring resistance to pathotype *Ro*1 of the root cyst nematode *Globodera rostochiensis,* based on a candidate gene approach[J]. Plant Journal, 38(2): 285–297.

Paulson R E, Webster J M, 1972. Ultrastructure of the hypersensitive reaction in roots of tomato, *Lycopersicon esculentum* L. to infection by the root-knot nematode, *Meloidogyne incognita*[J]. Physiological Plant Pathology, 2(3): 227–234.

Radwan M A, Farrag S, Abu-Elamayem M M, et al, 2012. Extraction, characterization, and nematicidal activity of chitin and chitosan derived from shrimp shell wastes[J]. Biology & Fertility of Soils, 48(4): 463–468.

Reddy P P, Govindu H C, Kgh S, 1975. Studies on the effect of amino acids on the root-knot nematode *Meloidogyne incognita* infecting tomato[J]. Indian Journal of Nematology, 5: 36–41.

Reuveni R, Agapov V, Reuveni M, 2010. Foliar spray of phosphates induces growth increase and systemic resistance to *Puccinia sorghi* in maize[J]. Plant Pathology, 43(2): 245–250.

Roberts P A, Matthews W C, Ehlers J D, et al, 2008. Genetic determinants of differential resistance to root-knot nematodes reproduction and galling in lima beans [J]. Crop Science, 48(2): 553–561.

Roberts P A, Matthews W C, Veremis J C, 1998.Genetic mechanisms of host plant resistance to nematodes[M]// Barker K R, Pederson G A, Windham G I .Plant–nematode interactions. American Society of Agronomy, Madison: 209–238.

Siddiqui I A, Shaukat S S, 2010. Rhizobacteria-mediated induction of systemic resistance (ISR) in tomato against *Meloidogyne javanica*[J]. Journal of Phytopathology, 150(8-9): 469–473.

Silva R V, Oliveira R, Nascimento K, et al, 2010. Biochemical responses of coffee resistance against *Meloidogyne exigua* mediated by silicon[J]. Plant Pathology, 59(3): 586–593.

Sobczak M, Avrova A, Jupowicz J, et al, 2005. Characterization of susceptibility and resistance responses to potato cyst nematode (*Globodera* spp.) infection of tomato lines in the absence and presence of the broad-spectrum nematode resistance *Hero* gene[J]. Molecular Plant-Microbe Interactions, 18(2): 158–168.

Song L X, Xu X C, Wang F N, et al, 2017. Brassinosteroids act as a positive regulator for resistance against root-knot nematode involving RESPIRATORY BURST OXIDASE HOMOLOG-dependent activation of MAPKs in tomato[J]. Plant, Cell & Environment, 41: 1113–1125.

Starr J L, Roberts P A, 2004. Resistance to plant-parasitic nematodes[C]// Chen Z X, Chen S Y, Dickson D W.Nematology, advances and perspectives, vol 2. CAB International, Wallingford: 879–907.

Tina K, Kamrun N, Ashley H, et al, 2017. Interplay between carotenoids, abscisic acid and jasmonate guides the compatible rice: *Meloidogyne graminicola* Interaction[J]. Frontiers in Plant Science, 8: 951.

Topalovi O, Bredenbruch S, Schleker A, et al, 2020. Microbes attaching to endoparasitic phytonematodes in soil trigger plant defense upon root penetration by the nematode[J]. Frontiers in Plant Science, 11: 138.

Udalova Z V, Khasanov F, Zinovieva S, 2018. Selenium nanoparticles—an inducer of tomato resistance to the root-knot nematode *Meloidogyne incognita* (Kofoid et White, 1919) Chitwood 1949[J].Doklady Biochemistry and Biophysics, 482(1): 264–267.

Urwin P E, Atkinson H J, Waller D A, et al, 2010. Engineered oryzacystatin-I expressed in transgenic hairy roots confers resistance to *Globodera pallida*[J]. Plant Journal, 8(1): 121–131.

Urwin P E, Troth K M, Zubko E I, et al, 2001. Effective transgenic resistance to *Globodera pallida* in potato field trials[J]. Molecular Breeding, 8(1): 95–101.

van der Vossen E A, van Der Voort J N, Kanyuka K, et al. Homologues of a single resistance-gene cluster in potato confer resistance to distinct pathogens: a virus and a nematode[J]. Plant Journal, 2010, 23(5): 567–576.

Verdejo-Lucas S, Cortada L, Sorribas, F J, et al, 2009.Selection of virulent populations of *Meloidogyne javanica* by repeated cultivation of *Mi* resistant gene tomato rootstocks under field conditions[J]. Plant Pathology, 58: 990–998.

Vigila V, Subramanian S, 2018. Induction of systemic resistance in tomato by *Pseudomonas* spp. and *Bacillus* spp. Against root knot nematode *Meloidogyne incognita*[J]. International Journal of Current Microbiology and Applied Sciences, 6: 1–10.

Williamson V M, Kumar A, 2006. Nematode resistance in plants: the battle underground[J]. Trends in Genetics, 22: 396–403.

Williamson V M, 1998 . Root-knot nematode resistance genes in tomato and their potential for future use [J]. Annual Review of Phytopathology, 36(1): 277–293.

Yang Y X, Wu C, Ahammed G J, et al, 2018. Red light-induced systemic resistance against root-knot nematode is mediated by a coordinated regulation of salicylic acid, jasmonic acid and redox signaling in watermelon [J]. Frontiers in Plant Science, 9: 899.

Zhan L P, Peng D L, Wang X L, et al, 2018. Priming effect of root-applied silicon on the enhancement of induced resistance to the root-knot nematode *Meloidogyne graminicola* in rice[J]. Bmc Plant Biology, 18(1): 50.

Zhang Y, Luc JE, Crow W T, 2010.Evaluation of amino acids as turfgrass nematicides[J].Journal of Nematology, 42(4): 292–297.

6 微生物在植物线虫治理中的应用

6.1 绪论

由于高毒高残留化学杀线剂对人畜健康和生态环境的潜在为害，用生物防治替代化学防治已成为植物线虫综合治理中的一个重要策略。利用细菌和真菌等微生物及其代谢产物防治植物线虫一直是重点研究领域。随着高通量菌株筛选、高密度发酵和制剂技术的进步，一批传统的线虫拮抗微生物种类已经成功地开发为商品，并获得了一定的市场认可度，其中包括淡紫紫孢菌、厚垣普奇尼亚菌、洋葱伯克霍尔德菌、木霉菌、穿刺巴氏杆菌和荧光假单胞菌等，同时也涌现出了一批新型的线虫拮抗菌，如坚强芽孢杆菌、解淀粉芽孢杆菌、枯草芽孢杆菌、苏云金芽孢杆菌、蜡质芽孢杆菌、嗜硫小红卵菌和黏质沙雷氏菌等。

真菌主要通过菌丝形成的捕食结构、分生孢子或附着胞的侵染、代谢产物的毒杀和诱导植物抗性等方式抑制线虫种群；细菌对线虫的作用机理形式多样，主要包括毒素的毒杀作用、菌体的寄生作用、挥发性有机物的驱避作用以及诱导植物抗性等。微生物制剂的特性决定了其在应用中会受到环境条件的影响，容易出现防治效果不稳定、作用缓慢、环境相容性差、在土壤中定殖困难、容易分解、难于储存或货架期短、生产成本相对较高等问题。尽管这些问题给微生物生防制剂的应用带来了挑战，但是它们对环境和人畜安全，能够改良土壤，持续施用防效显著并能促进植物生长和增产，符合大众和政府对食品和环境安全的需求，同时对一些高附加值经济作物和有机农产品生产是必不可少的，因此具有广阔的市场前景。另外，通过高密度发酵技术和制剂技术的改进可以降低生产成本，提高菌剂的货架期及增强微生物活性等，能够在一定程度上改进微生物杀线剂的市场短板。对于一些重要的经济作物，如果缺乏环境友好型化学杀线剂，微生物杀线剂可以作为植物线虫综合治理策略中一个替代方案。本章重点描述已经商业化的微生物杀线剂，对它们的种类、作用机理、生产技术、产品形式和应用技术等进行了概述。

6.2 微生物在植物线虫治理中的地位及局限性

微生物或其代谢物控制线虫种群数量的方式有两种，一种是作为限制因子直接拮抗线虫，另一种是通过促进作物的健康生长提高其对线虫为害的耐受性。用拮抗细菌和真菌防治植物线虫已经获得了商业上的成功，而其他拮抗生物如病毒、螨类、弹尾虫、涡虫、捕食性线虫和原生动物等，虽然对线虫种群有一定的抑制作用，但它们在实际应用中的效果很难评估，难以作为商业化产品进行标准化生产。

土壤中的植物根系分泌物、微生物种群、线虫种群之间相互依赖又相互影响，形成了复杂的互作关系。根际环境有益于微生物的生长和繁殖，造就了数量庞大且丰富多样的根际微生物种群。据估计，植物根际的细菌种群数量是一般土壤中细菌种群数量的 10～100倍，而且细菌可以产生约 795 种具有抗生作用的次级代谢产物。通过人为干预活动调节土壤中的微生物种类和数量，是控制线虫种群密度和维护农业生产可持续性发展的有效方法。美国科学院把微生物技术的应用作为未来农业发展的五大方向之一，认为微生物组学（Microbiome）技术对认知和理解农业系统运行至关重要。如何科学且有效地利用微生物生防资源是线虫治理研究的一个重要方向。

据 Arthurs 和 Dara（2018）报道，目前在美国登记用于防治蜘蛛、害虫和植物线虫的生物杀虫剂中有 356 种活性成分，其中来源于微生物的有 57 种；欧洲登记的微生物杀线剂有 3 种，即坚强芽孢杆菌（*Bacillus firmus*）、淡紫紫孢菌（*Purpureocillium lilacinus*）和西泽巴氏杆菌（*Pasteuria nishizawae*）（Ghahremani 等，2020）；我国截至 2019 年年底，已登记或正在登记的微生物杀线剂有 8 种，包括淡紫紫孢菌、厚垣普奇尼亚菌（*Pochonia chlamydosporia*）、坚强芽孢杆菌、苏云金杆菌（*Bacillus thuringiensis*）、蜡质芽孢杆菌（*Bacillus cereus*）和嗜硫小红卵菌（*Rhodovulum sulfidophilus*）HNI-1 菌株，以及正在登记中的杀线虫芽孢杆菌 B16（*Bacillus nematocida* B16）。同时，多种有益或具有拮抗作用的微生物被添加到有机肥料中成为生物肥料或土壤改良肥料，对植物线虫病害的发生有抑制作用，世界各国均有类似产品的生产和销售。

土壤中的微生物种类复杂且种群数量庞大，加入单一微生物种类很难对土壤中已有的微生物结构产生影响。由于微生物杀线剂或功能性肥料产品固有的局限性，导致其在实际应用中表现出防治效果低且不稳定，难以取代化学杀线剂。在可持续的 INM 中，微生物杀线剂的成功应用还有赖于其他治理措施的配合。然而，随着对植物线虫有高效作用微生物资源的不断挖掘，以及制剂技术和应用技术的不断提升，微生物在线虫治理中将会发挥越来越重要的作用。

6.3　植物与微生物和线虫的相互作用关系

土壤中植物与微生物和线虫三者的互作关系如图 6-1 所示。

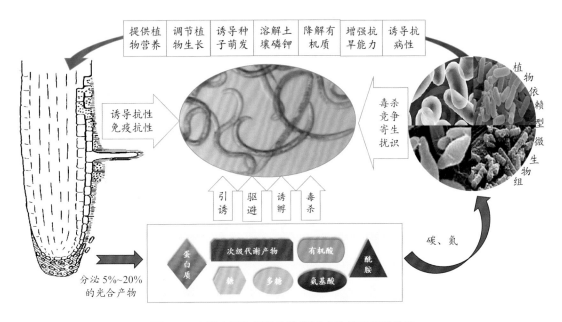

图 6-1　土壤中植物与微生物和线虫的相互作用关系

植物根系能够分泌具有杀线虫特性的代谢产物，如苯甲醛、麝香草酚、柠檬烯、海胆、香叶醛和香芹酚等，它们同时也能够抵御土壤中的其他病原生物。另外，根分泌的二氧化碳是吸引根结线虫（Pline，1987）和茎线虫（Klinger 等，1963）的信号分子，其他对线虫有引诱作用的成分还包括单宁酸、类黄酮、糖苷、脂肪酸和挥发性有机分子等（Chitwood，2002），例如番茄和水稻根系分泌的亲脂小分子可以诱导植物线虫用口针穿刺寄主细胞（Dutta 等，2012）。

根系分泌物是承载寄主植物与土壤微生物之间交流的重要媒介，可以在根际富集特定的微生物种群来抵御线虫的为害。植物地上部组织合成的 20% 的碳源通过根部释放到土壤中（Barber 等，1976），根系分泌物中含有的氨基酸、糖类、有机酸等代谢物不仅对微生物种群有筛选作用，还能够修饰线虫的表皮以方便微生物菌丝或孢子的附着。土壤中的矿物质和有机质等营养成分，特别是植物根系分泌到土壤中的碳源和氮源，可被微生物种群高效利用，保证了它们的快速增殖。这些微生物抑制植物线虫繁衍的方式可能有：① 限制线虫的运动并杀死线虫，如利用菌丝、菌环和菌网等捕食植物线虫；②可寄生卵和 2 龄幼虫等不同的发育阶段；③利用代谢物如抗生素、毒素、酶等直接毒杀线虫；

④通过在根表或根内定殖的方式竞争生态位，阻止线虫与植物之间的信号交换，以及阻止幼虫侵入根系；⑤释放化学成分诱导植物对线虫入侵的系统性抗性；⑥根际微生物的代谢产物不仅可以直接作为植物的营养，还可以诱导种子萌发、降解有机质、释放土壤中可被吸收的磷和钾等矿物质，促进根系的健康生长，增强植物的抗逆性。

菌根是土壤中某些真菌与植物根的共生体，菌根真菌的菌丝体一方面向根周围土壤扩展，从土壤中吸收养分、水分供给植物，另一方面又与寄主植物组织相通，从中吸收糖类等有机物质作为自己的营养。某些菌根能合成维生素、细胞分裂素、酶类以及抗生素等次级代谢产物，不仅能促进植物良好生长，而且能提高植物的抗病能力。菌根和非菌根植物的根系分泌物由多种化合物组成，其中包括氨基酸、酰胺、有机酸、糖、酚类、多糖、蛋白质、植物激素如独脚金内酯（Strigolactone）等，这些成分为微生物的生长繁殖提供了养分来源（Hage 等，2013）。菌根植物根系的分泌物可以吸引细菌如假单胞杆菌（*Pseudomonas fluorescens*）（Sood，2003）、真菌如木霉菌（*Trichoderma* spp.）（Druzhinina 等，2011）在根际富集，这些微生物对植物线虫种群都有较好的抑制作用。

含有植物生长促进因子的生物制剂是农业生产中替代化学农药的另外一种形式。微生物可以帮助植物直接获取或者产生能够促进生长的植物激素如细胞分裂素、赤霉素、抗生素和裂解酶等。植物的健康生长可以减轻包括线虫在内的土传病原物的不良影响，同时，微生物与根系的相互作用能够诱导植物对线虫侵染产生系统性免疫，提高一些内源性防御基因的表达，例如，与水杨酸相关的系统性获得抗性（SAR）基因，致病相关基因（Pathogenesis related，PR）如 *PR*-1*b*、*PR*-1、*PR*-3、*PR*-5、*ACO*，以及其他的相关基因（Molinari 和 Leonetti，2019）。此外，在施用微生物制剂的植株根系中，葡聚糖酶和内啡肽酶等酶类的活性也有所提高。因此，充分利用生防菌剂与植物根系的相互作用，最大限度地提高植物对线虫的抵抗能力，是开发植物线虫新型防治方法的一个研究方向（Forghani 等，2020）。

6.4　商业化的微生物杀线剂产品

植物根际土壤中含有丰富多样的微生物种群，它们中可能只有1%的种类能够进行人工培养（Amann 等，1995）。尽管分离培养的难度限制了人们对多数土壤微生物的了解，但是仍然检测到了很多对植物线虫种群有抑制作用的微生物种类，一批有杀线虫功效的微生物菌株已经成功地开发为商业杀线剂产品，如表6-1所示。

表 6-1　商业微生物杀线剂名录

中文名称	拉丁名	资料来源
淡紫紫孢菌	*Purpureocillium lilacinus*	Abd-Elgawad 等，2015 和 2018
厚垣普奇尼亚菌	*Pochonia chlamydosporia*	Abd-Elgawad 等，2015 和 2018
疣孢漆斑菌	*Myrothecium verrucaria*	Lamovsek，2013
棘孢木霉菌	*Trichoderma asperelum*	T34 Biocontrol Technologies，2020
白色木霉菌	*Trichoderma album*	Abd-Elgawad 等，2015 和 2018
哈茨木霉菌	*Trichoderma harzianum*	Abd-Elgawad 等，2015 和 2018
绿色木霉	*Trichoderma viride*	Abd-Elgawad 等，2015 和 2018
白麝香味菌（熏蒸）	*Muscodor albus*	Abd-Elgawad 等，2015 和 2018
黑曲霉	*Aspergillus niger*	Abd-Elgawad 等，2015 和 2018
穿刺巴氏杆菌	*Pasteuria penetrans*	Abd-Elgawad 等，2015 和 2018
利用巴氏杆菌	*Pasteuria usage*	Abd-Elgawad 等，2015 和 2018
西泽巴氏杆菌	*Pasteuria nishizawae*	Abd-Elgawad 等，2015 和 2018
洋葱伯克霍尔德菌	*Burkholderia cepacia*	Abd-Elgawad 等，2015 和 2018
拾津伯克霍尔德菌	*Burkholderia rinojenses*	Albaugh LLC, BIOST
坚强芽孢杆菌	*Bacillus firmus*	Abd-Elgawad 等，2015 和 2018
嗜硫小红卵菌 HNI-1	*Rhodovulum sulfidophilus*	农药快讯信息网
甲壳孢芽孢杆菌	*Bacillus chitinosporus*	Abd-Elgawad 等，2015 和 2018
假单胞杆菌	*Pseudomonas* spp.	Abd-Elgawad 等，2015 和 2018
荧光假单胞杆菌	*Pseudomonas fluorescens*	Abd-Elgawad 等，2015 和 2018
解淀粉芽孢杆菌	*Bacillus amyloliquefaciens*	Abd-Elgawad 等，2015 和 2018
蜡质芽孢杆菌	*Bacillus cereus*	Abd-Elgawad 等，2015 和 2018
枯草芽孢杆菌	*Bacillus subtilis*	Abd-Elgawad 等，2015 和 2018
巨大芽孢杆菌	*Bacillus megaterium*	Aida El-Zawahry，2015
甲基营养型芽孢杆菌	*Bacillus methylotrophicus*	Abd-Elgawad 等，2015 和 2018
地衣芽孢杆菌	*Bacillus licheniformis*	Abd-Elgawad 等，2015 和 2018
根瘤菌	*Rhizobium* spp.	Abd-Elgawad 等，2015 和 2018
根杆菌	*Rhizobacterium* spp.	Abd-Elgawad 等，2015 和 2018
苏云金芽孢杆菌	*Bacillus thuringiensis*	Abd-Elgawad 等，2015 和 2018
黄杆菌	*Flavobacterium* spp.	Marrone Bio Innovations, Inco
侧胞短芽孢杆菌	*Brevibacillus laterosporus*	Abd-Elgawad 等，2015 和 2018
黏质沙雷氏菌	*Serratia marcescens*(Nemaless)	Abd-Elgawad 等，2015 和 2018

此外，试验测定证明一些微生物种类对植物线虫有抑制作用，包括细菌类的节杆菌属（*Arthrobacter* spp.）、无色杆菌（*Achromobacter* spp.）、根癌农杆菌（*Agrobactrium tumefaciens*）、短小芽孢杆菌（*Bacillus pumilus*），真菌类的地衣内生真菌（Endolichenic fungi）直线炭角菌（*Xylaria grammica*）、昆虫病原真菌蝇蜡蚧轮枝菌（*Lecanicillium muscarium*）、贵州绿僵菌（*Metarhizium guizhouense*）、长枝木霉（*Trichoderma longibrachiatum*）、深绿木霉（*Trichoderma atroviride*）、棘孢木霉（*Trichoderma asperellum*）、球孢高山被孢

霉（*Mortierella globalpina*）、香菇（*Lentinula edodes*）、口蘑科的泰坦大头菇（*Macrocybe titans*）和杏鲍菇（*Pleurotus eryngii*）等（Forghani 和 Hajihassani，2020）等。目前，市场上可能有未登记注册的微生物杀线剂或杀线功能肥料等产品在流通，但这些产品通常是区域性的且销售量较小，也有一些微生物杀线剂正在研发中。

6.5 微生物对植物线虫的作用机理

真菌对植物线虫的拮抗方式主要为黏性菌丝（网、结、环等）捕食线虫、分生孢子或附着胞寄生线虫、代谢产物毒杀线虫以及诱导植物的抗线虫能力等；细菌对植物线虫的作用机理形式多样，主要包括毒杀、寄生、挥发性有机物驱避线虫和诱导植物对线虫的系统性抗性等。植物线虫重要的拮抗真菌和细菌以及它们的作用机理汇总如图 6-2 所示，示意图参照 Topalovic 等（2020）编绘。

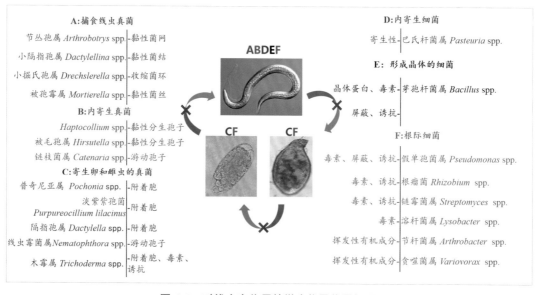

图 6-2 对线虫有作用的微生物及作用机理

已经商业化的杀线虫微生物通过多种方式抑制植物线虫种群，如竞争、代谢产物的毒杀作用、寄生作用、降解细胞壁、诱导抗性、促进植物生长和根际定殖等。主要微生物杀线剂的作用机理如表 6-2 所示。

表 6-2 主要微生物杀线剂作用机理简介

种名	作用机理
厚垣普奇尼亚菌 *Pochonia chlamydosporia*	寄生线虫的卵和成虫。当与光滑的卵壳紧密接触时，形成一个菌丝分枝网络。附着胞粘在卵壳上，产生侵入钉穿透卵壳。菌丝的侧分枝也有穿透作用，导致卵黄层解体，以及几丁质和脂质层的部分溶解。也可分泌毒素，抑制卵孵化
淡紫紫孢菌 *Purpureocillium lilacinus*	卵寄生。产生白灰制菌素和丁香配基等抗生素以及蛋白酶和几丁质酶等。蛋白酶导致卵壳退化，抑制卵孵化。几丁质酶溶解卵壳以促使菌丝侵入，几丁质在分解过程中释放对线虫有毒的氨。菌丝穿透卵壳，在卵内大量生长并抑制胚胎的发育。受侵染的卵膨胀并畸形
哈茨木霉菌 *Trichoderma harzianum*	分泌有助于寄生根结线虫和孢囊线虫卵的许多溶解酶，如几丁质酶、葡聚糖酶和蛋白酶等。卵壳的几丁质层被活性酶溶解。菌丝穿过线虫卵和幼虫的角质层后，在其中生长并产生有毒代谢产物
绿色木霉菌 *Trichoderma viride*	产生抑制线虫的抗生素，如木霉素、木菌素、绿木霉菌素、皮肤素和倍半萜庚二酸等
穿刺巴氏杆菌 *Pasteuria penetrans*	细菌孢子附着在虫体上，萌发形成一个穿透虫体表皮的芽管，侵入体内的菌丝进行营养生长，产生大量的内生孢子充满虫体
荧光假单胞杆菌 *Pseudomonas fluorescens*	产生对线虫有抑制作用的抗生素，如吩嗪、对苯二酚、吡咯氮、绿脓素和2,4-二乙酰氯葡糖苷醇等
坚强芽孢杆菌 *Bacillus firmus*	产生各种酶类物质，在酶类作用下降解根系分泌物，保护根系和产生植物激素
苏云金芽孢杆菌 *Bacillus thuringiensis*	产生和分泌杀线虫毒素
枯草芽孢杆菌 *Bacillus subtilis*	产生和分泌抗生素，如环状脂肽生物表面活性蛋白和伊枯草素等

6.6 抑制植物线虫种群的生防真菌

6.6.1 厚垣普奇尼亚菌

厚垣普奇尼亚菌是一种兼性寄生菌，其菌丝、分生孢子和厚垣孢子均能在土壤中生存。该菌最早由 Garddart（1913）发现并命名为厚垣轮枝孢菌（*Verticillium chlamydosporium*），Willcox 等（1974）发现该菌对植物线虫有寄生作用，并将其改称为厚垣普奇尼亚菌（*Pochonia chlamydosporia*）。该菌最显著的特征是能产生厚壁砖格状的厚垣孢子，对植物线虫的卵和成虫有较强的寄生能力，菌丝可在根表皮组织内定殖但不进入维管束，此外厚垣孢子对不良环境的抵抗力较强，这些特征赋予了厚垣普奇尼亚菌较强的生防潜力。

厚垣普奇尼亚菌主要寄生根结线虫和孢囊线虫，也寄生半穿刺线虫、穿孔线虫和肾状线虫。菌丝通过自然开口进入孢囊，也可能直接穿透囊壁。菌丝体对植物线虫有趋化性，通过黏性蛋白的作用附着在卵和成虫体表，形成的侵入栓（Infection peg）通过机械力和酶的作用穿过线虫体壁进入虫体内，菌丝体的附着胞（图6-3）和分枝都能够穿透线虫的卵壳（图6-4），导致卵壳三层结构的卵黄层、几丁质层和脂蛋白层的消减。厚垣普奇尼亚菌的生长、发育和对卵的穿透作用受控于来自线虫卵的信号。几丁质酶和丝氨酸蛋白酶是作用于线虫卵壳的主要活性酶，在厚垣普奇尼亚菌侵染卵的过程中至关重要。

厚垣普奇尼亚菌对根结线虫的抑制效率主要受根际真菌的密度、卵内胚胎的发育程度以及根结的大小等因素影响。厚垣普奇尼亚菌几乎没有宿主特异性，在土壤中可以长期存活，但定殖的程度取决于菌株的特性和植物的种类。厚垣孢子是一种在逆境中存活的特殊孢子结构，具有较强抗逆性，可用作接种体施入土壤和植物根际周围。厚垣普奇尼亚菌的不同菌株在厚垣孢子产生、根部定殖、侵染线虫的能力等方面有很大的差异。此外，Ghahremani 等（2019）报道厚垣普奇尼亚菌能够诱导番茄产生对根结线虫的系统性抗性（图6-5）。

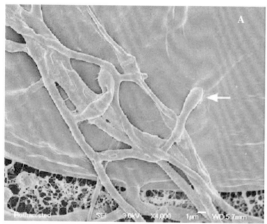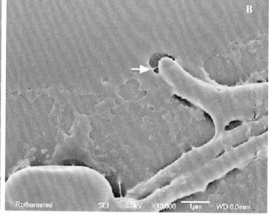

图6-3　厚垣普奇尼亚菌的附着胞

注：A 和 B 是低温扫描电子显微镜（Cryo-Scanning Electron Microscopy）照片，显示接种 24h 后，厚垣普奇尼亚菌的附着孢（箭头）黏附在南方根结线虫的卵壳表面。引自 Manzanilla-López 等（2017）。

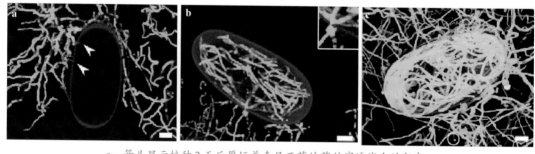

a—箭头显示接种 2 天后厚垣普奇尼亚菌的菌丝穿透线虫的卵壳；
b—接种 3 天后厚垣普奇尼亚菌的附着孢穿透线虫的卵壳；
c—接种 4 天后厚垣普奇尼亚菌的菌丝体长满线虫卵壳的内外，小圆圈指示带有分生孢子的分生孢子梗。

图6-4　厚垣普奇尼亚菌寄生线虫卵的过程

注：GFP 转基因厚垣普奇尼亚菌寄生北方根结线虫卵的过程。标尺 = 10 μm（引自 Escudero 和 Lopez-Llorca，2012）。

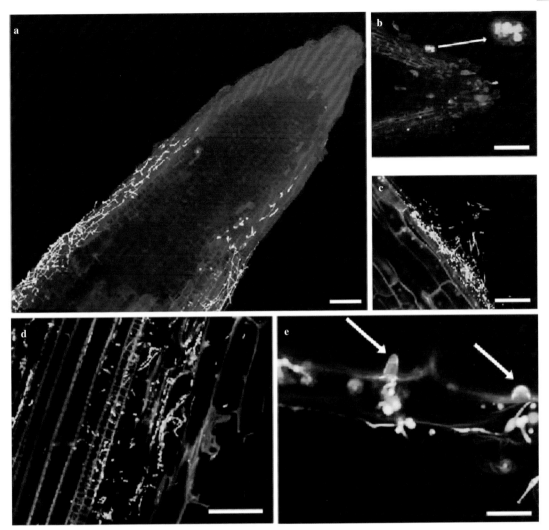

a—菌定殖在临近分生组织的区域；b—在根冠上的厚垣孢子（箭头显示放大）；c—菌定殖在皮层细胞；
d—菌定殖在皮层和维管组织外围；e—菌定殖诱导的植物抗性（箭头指向小乳头状突起）。

图 6-5　厚垣普奇尼亚菌在根部的定殖过程

注：激光共聚焦显微镜照片显示 GFP 转基因厚垣普奇尼亚菌在番茄幼苗根部的定殖过程。a，b：接
种后 3 天；c-e：接种后 13 天。标尺，a-c =75 μm，d=50 μm，e=20 μm；引自 Escudero 和 Lopez-Llorca
（2012）。

6.6.2　淡紫紫孢菌

　　淡紫紫孢菌也是一种兼性寄生菌，其菌丝、分生孢子和厚垣孢子均能在土壤中生
存，该菌在 1910 年由美国真菌学家 Charles Thom 命名为 *Penicillium lilacinus*，Robert A.
Samson 在 1974 将其改属名后称为 *Paecilomyces lilacinus*，即淡紫拟青霉，2011 年又由
Jennifer Luangsa-ard 等易名为 *Purpureocillium lilacinus*，即淡紫紫孢菌。该菌主要寄生线
虫的卵，产生白灰制菌素（Leucinostatin）和淡紫素（Lilacin）等抗生素，以及蛋白酶和

几丁质酶等。蛋白酶具有杀线虫活性，能够降解卵壳和抑制卵孵化，几丁质酶能分解卵壳便于菌丝穿过。几丁质分解后释放的氨气对根结线虫 2 龄幼虫有毒害作用。淡紫紫孢菌的菌丝可从根结线虫雌虫的阴门和肛门进入，菌丝穿透卵细胞后，在卵内和卵表面大量生长，完全抑制了胚胎的发育。受侵染的线虫卵膨胀和软化，随着菌丝的持续侵染，卵黄层分裂成三条带并出现大量的液泡，脂蛋白层在此阶段消失。在卵内发育的幼虫可被快速生长的菌丝破坏，菌丝生成大量的分生孢子，并且蔓延到相邻的卵上。淡紫紫孢菌对线虫卵的寄生过程如图 6-6 所示。

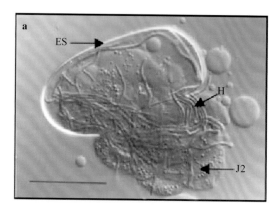
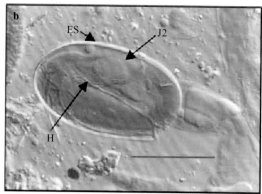
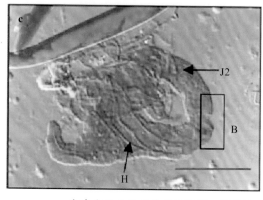

a—卵壳内幼虫的角质层被降解，菌丝覆盖虫体（ES= 卵壳，H= 菌丝，J2=2 龄幼虫）；
b—菌丝覆盖着已经发育完整的 2 龄幼虫；c—菌丝冲破了幼虫的角质层，虫体出现破裂（B= 角质破裂）；
d—对照（卵壳内正常的幼虫）。

图 6-6　淡紫紫孢菌侵染卵壳内的幼虫

注：淡紫紫孢菌侵染北方根结线虫卵壳内的幼虫（接种后在 26℃下培养 6 天）。标尺 a=50μm，b-d=20μm。引自 Alamgir 等（2005）。

6.6.3　木霉菌

木霉菌是一种广泛存在的土生真菌，能在根表面和皮层中定殖，多项离体测定实验表明，木霉菌对根结线虫的卵和幼虫有拮抗作用，在田间施用木霉菌制剂不仅能够降低线虫

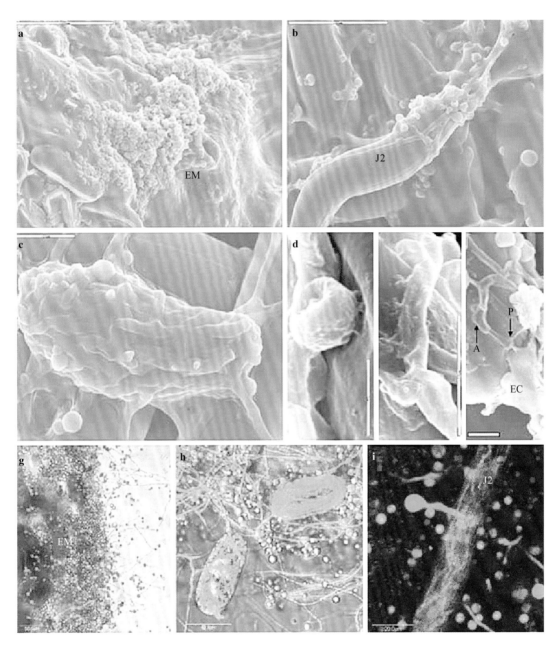

a-f—电子扫描照片：a—分生孢子黏附在卵块（EM）上（标尺 =100 mm）；
b—菌丝寄生从卵块中孵化出的 2 龄幼虫（J2）（标尺 =50 mm）；c—卵块中的卵被寄生（标尺 =20 mm）；
d—分生孢子附着在卵表面（标尺 =5 mm）；e—菌丝附着在卵表面（标尺 = 10 mm）；
f—卵表面的附着胞（A），侵入点（P）和卵壳破裂（EC）（标尺 =10 mm）。
g-i—构建的 GFP 转基因木霉菌 *T. asperellum*-203 菌株：
g—分生孢子附着在卵块上并开始萌发（标尺 =50 mm）；
h—菌丝在卵壳内生长（标尺 =50 mm）；i—分生孢子萌发并侵入 J2（标尺 = 20 mm）。

图 6-7　木霉菌寄生线虫的过程

注：棘孢木霉菌 *Trichoderma asperellum*-203 菌株寄生北方根结线虫。引自 Sharon 等（2007 年）。

的种群密度，而且能够促进作物的生长。木霉菌制剂类型包括种子处理剂、颗粒剂和可湿性粉剂等。同种木霉菌的不同菌株在根际竞争能力、线虫防治效果以及植物促生作用等方面可能会表现出很大的差异。在趋化反应的作用下，菌丝直接朝向线虫生长，接触虫体后，菌丝盘绕并穿透线虫的卵壳或幼虫和成虫的角质层后，在卵内或虫体内繁殖（图 6-7），产生有毒害作用的代谢产物。例如，绿色木霉菌（*Trichoderma viride*）能够产生木霉素（Trichodermin）、木菌素（Dermadin）、绿木霉菌素（Trichoviridin）和倍半萜庚二酸（Sesquiterpene heptalic acid）等抗生素，可以抑制线虫的种群密度；同时木霉菌也释放几丁质酶、葡聚糖酶和蛋白酶之类的溶解酶来降解线虫体壁（Kullnig 等，2002）。木霉菌还能够增强过氧化物酶和几丁质酶的活性，强化植物表皮和皮质细胞壁的厚度（Yedidia 等，1999），诱导植物的系统性抗性等防御反应（Sharon 等，2007；Pocurull 等，2020）。在提前接种木霉菌的土壤中，木霉菌可以快速定殖于根部并且与线虫竞争生态位点，同时也与土壤中已有的厚垣普奇尼亚菌竞争空间位点从而导致后者抑制线虫的作用减弱（Pocurull 等，2020）。目前已经商业化的木霉菌种类有哈茨木霉菌（*T. harzianum*）、绿色木霉菌（*T. viride*）、棘孢木霉菌（*T. asperelum*）和白色木霉菌（*T. album*）等。

6.6.4　黑曲霉

黑曲霉是一种卵寄生真菌，分生孢子与孢囊线虫的孢囊或卵块接触后开始迅速萌发生长，在尚未发育幼虫的卵中定殖，从而抑制线虫对作物的早期为害，此外该菌还能够诱导寄主植物对线虫的系统性抗性。黑曲霉产生的草酸对根结线虫的卵孵化和 2 龄幼虫有抑制作用，温室和田间测试结果显示抑制率可达 70% 左右（Jang 等，2016）。百岁兰曲霉（*Aspergillus welwitschiae*）对水稻的拟禾本科根结线虫（*Meloidogyne graminicola*）有抑制作用，代谢物鉴定以及温室和田间防治试验结果表明，该菌产生的弯孢霉毒素（α，β-Dehydrocurvularin）是关键的活性成分，对 2 龄幼虫的 LC_{50} 为 122.2 μg/mL，对线虫的发育和根结的形成有显著的抑制作用（Xiang 等，2020）。白曲霉（*A. candidus*）分泌的 2- 羟基丙烷 -1（2-hydroxypropane-1），2, 3- 三羧酸（2, 3-tricarboxylic acid）和 3- 羟基 -5- 甲氧基 -3-（甲氧基羰基）-5- 氧戊酸［3-hydroxy-5-methoxy- 3-(methoxycarbonyl) -5-oxopentanoic acid］能够显著降低根结线虫卵的孵化率，并对 2 龄幼虫有很强的致死作用（Shemshura 等，2016）。

6.6.5　白麝香味菌

美国 AgraQuest 公司研发并投放市场的内生真菌白麝香味菌（*Muscodor albus*）QST 20799 菌株，是一种生物熏蒸剂产品，作为种子和繁殖材料或土壤的处理剂。白麝香味菌最显著的特性是能够释放具有很强生物活性的挥发性有机化合物如醇、酸、酯、酮和脂类等，它们不仅对植物线虫有毒杀作用，对各种真菌和细菌病害也有防治作用。Riga 等（2008）的温室试验表明，用白麝香味菌处理土壤后，菜豆根上的大蒜短体线虫

（*Pratylenchus allius*）和穿刺短体线虫（*Pratylenchus penetrans*）、马铃薯根上的奇氏根结线虫（*Meloidogyne chitwoodi*）和辣椒根上的北方根结线虫都得到了有效的控制，除了马铃薯的线虫抑制率为 56% 以外，其余作物的线虫抑制率均达到 85% 以上。

6.7 抑制植物线虫种群的生防细菌

从土壤、寄主植物组织、植物线虫的孢囊或卵中可分离获得大量有生防潜力的细菌，它们以菌体和线虫直接接触的方式，或者以诱导寄主植物产生系统抗性的间接作用方式来抑制植物线虫种群数量。根据它们对线虫的作用机理，生防细菌可分为寄生菌、非寄生菌、机会性寄生菌、根瘤菌、产晶体蛋白细菌、内生菌和共生菌。

6.7.1 巴氏杆菌

巴氏杆菌（*Pasteuria* spp.）是一类专性寄生细菌（图 6-8），曾经只能利用寄主线虫培养，不能用传统的实验技术进行培养，但在 2004 年，美国佛罗里达州的科学家们成功研发出了巴氏杆菌的离体培养技术，并在美国获得了注册登记。美国环境署（EPA，2012）报道已在 80 多个国家发现了巴氏杆菌。巴氏杆菌能形成抗逆休眠的芽孢，可以在土壤中

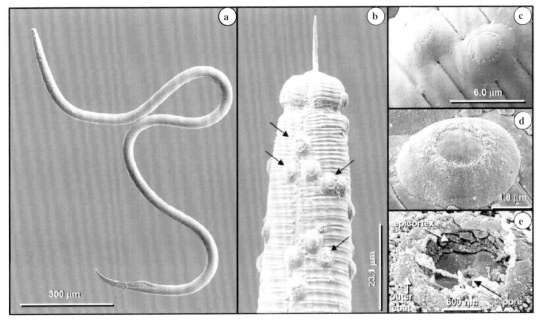

a—芽孢黏附在刺线虫雄虫体上，大多数位于头部和尾部；
b—口针伸出的线虫头部布满芽孢，箭头所示为外生孢子（Exosporium）；
c、d—黏附的芽孢，锯齿状的圆形边界环绕着孢衣的外缘；e—老化的 S-1 孢子，孢衣顶部已经破裂开口。

图 6-8 巴氏杆菌侵染刺线虫

注：扫描电镜照片显示巴氏杆菌（*Pasteuria* spp.）S-1 菌株侵染长尾刺线虫（*Belonolaimus longicaudatus*）的过程。引自 Giblin-Davis 等（2001）。

长期存在。当遇到适合的寄主线虫时，芽孢黏附在虫体的角质层上，当线虫侵入寄主植物的根系并在其中开始取食时，芽孢萌发形成一个芽管（Germination tube），芽管穿透线虫的体壁后在线虫体腔或卵巢组织内繁殖，形成大小不一、呈"爆米花"形状的菌丝体球（微菌落），接着再发育为菌体和芽孢。巴氏杆菌在虫体内的繁殖阻止了线虫的发育和产卵，从而抑制了线虫种群的繁殖和发展，而虫体死亡后成熟的芽孢散落在土壤中，随后可以继续感染其他线虫，这种特性对当季作物和后季作物都有一定的保护作用。穿刺巴氏杆菌（*Pasteuria penetrans*）对根结线虫有较好的生防效果，而泽西巴氏杆菌（*Pasteuria nishizawae*）对大豆孢囊线虫（*Heterodera glycines*）有较强的侵染效率，现已开发成产品在美国和欧洲登记使用。

巴氏杆菌抑制植物线虫种群的机制有两种，一是大量的芽孢黏附在线虫的体表，阻碍线虫的定向运动和根系侵入，二是芽孢萌发芽管穿透线虫的角质层，在假体腔内的繁殖，损害虫体致其死亡。巴氏杆菌对线虫种类或种群的作用具有高度专一的特异性，相比广谱的化学杀线剂防治或暴晒土壤的物理防治更具有优势，后者在一定程度上会破坏由有益生物介导的土壤生态系统。土壤特性和栽培管理措施对巴氏杆菌的生物防治效果影响很大。休眠态的芽孢不能运动，有一定孔隙的土壤利于芽孢扩散，增加与线虫体表接触、附着和感染的机会。巴氏杆菌的芽孢对极端温度和干燥有很强的抵抗力，但也容易通过淋滤从土壤中流失，黏土能够提高芽孢在表土层的持留率；此外，在18~27℃的温度条件下，巴氏杆菌的活性呈线性增加（Orr 等，2020）。

6.7.2　芽孢杆菌

芽孢杆菌广泛存在于各种土壤环境中，能够快速地生长和繁殖并产生大量的抗生物质，所形成的芽孢具有很强的抗逆性，可以在土壤中长期存活，此外其代谢产物还能够促进植物的生长，这些特性使芽孢杆菌与其他微生物类别相比具有较优越的生防价值。目前已经商业化的芽孢杆菌种类包括：枯草芽孢杆菌（*Bacillus subtilis*）、解淀粉芽孢杆菌（*Bacillus amyloliquefaciens*）、坚强芽孢杆菌（*Bacillus firmus*）、蜡质芽孢杆菌（*Bacillus cereus*）、巨大芽孢杆菌（*Bacillus megaterium*）、苏云金芽孢杆菌（*Bacillus thuringiensis*）、角质孢芽孢杆菌（*Bacillus chitinosporus*）、地衣芽孢杆菌（*Bacillus licheniformis*）和甲基营养型芽孢杆菌（*Bacillus methylotrophicus*）等，还有相近的侧胞短芽孢杆菌（*Brevibacillus laterosporus*），这些种类的制剂几乎占据了细菌生防制剂的半壁江山（表6-1）。

芽孢杆菌对植物线虫的毒杀作用主要依赖其产生的次级代谢产物，包括抗生素、环脂肽（Cyclic lipopeptides）、聚酮（Polyketides）和细菌素（Bacteriocins）等（图6-9）。Awad 等（2012）报道，芽孢杆菌可以产生795种抗菌代谢产物。尽管上述的芽孢杆菌种类都能够产生代谢产物，但成分组成会有所不同。枯草芽孢杆菌和解淀粉芽孢杆菌能够产生相同的抗生成分如表面活性肽（Surfactin）、枯草菌素（Iturin）、芬荠素（Fengycin）和库斯塔克素（Kurstakin）等；枯草芽孢杆菌和蜡质芽孢杆菌均能产生对植物线虫有拮抗作用的尿嘧啶（Uracil）、9H-嘌呤（9H-purine）和二氢尿嘧啶（Dihydrouracil）等成分，二氢尿嘧啶对根结线虫的抑制效果可能优于呋喃丹（Oliveira 等，2014）。

由于多数芽孢杆菌代谢产物具有抗真菌活性，意味着杀菌和杀线虫的活性成分可能是相同的。枯草芽孢杆菌的发酵滤液对引起复合病害萎蔫病的尖孢镰刀菌（*Fusarium oxysporum*）和南方根结线虫都有作用，滤液中证实含有活性肽、枯草菌素和脂肽（Lipopeptides）（Ramyabharathi 等，2018）。脂肽的作用机理可能是通过菌体在植物根际和根内定殖来诱导植物的免疫抗性，以及干扰致病因子穿过植物细胞膜的能力。此外，解淀粉芽孢杆菌产生的抗菌肽车前唑菌素（Plantazolicin）有明显的杀线虫功能。已报道的芽孢杆菌次级代谢产物汇总如图 6-9 所示（编译自 Horak，2019），其中所列的有些代谢产物的杀线虫功能尚未明确。

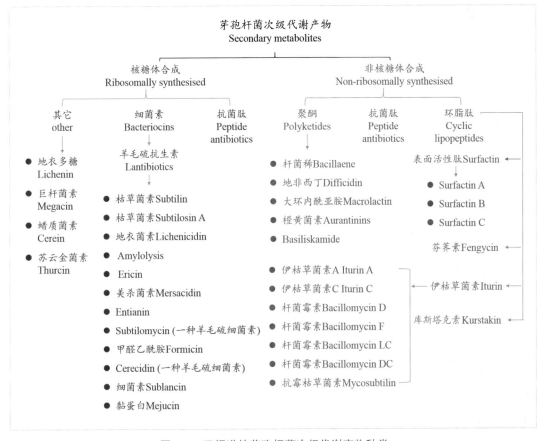

图 6-9 已报道的芽孢杆菌次级代谢产物种类

另外，芽孢杆菌还可以产生大量的水解酶，包括脂酶、蛋白酶和几丁质酶等，它们的一些成员对植物线虫具有很强的抑制效果。枯草芽孢杆菌、解淀粉芽孢杆菌、蜡质芽孢杆菌、苏云金芽孢杆菌、几丁质芽孢杆菌和地衣芽孢杆菌等均能产生几丁质酶，几丁质酶通过断裂聚合体的糖苷键而降解卵壳的几丁质层，破损的卵壳内未蜕皮的 1 龄幼虫裸露出来，容易被土壤中的各类因子杀死。由于植物和哺乳动物没有几丁质，因而几丁质酶对作物和人畜没有毒害作用。

Susic 等（2020）用坚强芽孢杆菌 I-1582 菌株防治卢克根结线虫（*Meloidogyne luci*），温室盆栽试验的防效为 51%，小区测试的防效为 53%，与未接种的对照相比，根系生物

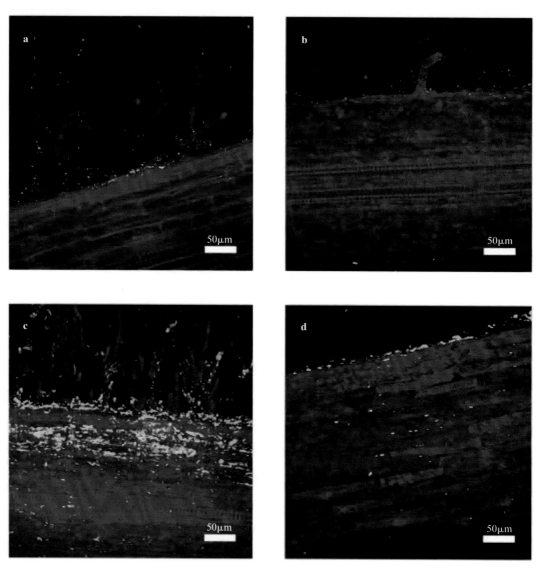

a、c—番茄；b、d—黄瓜；a、b—接种后 5 天；c、d—接种后 10 天。

标尺为 50 μm。

图 6-10　坚强芽孢杆菌在根上定殖

注：激光扫描共焦显微图像显示 GFP 转基因坚强芽孢杆菌在根系的定殖。引自 Ghahremani 等（2020）。

量没有显著增加。坚强芽孢杆菌在 15~ 45℃ 温度范围内能够定殖于植物根表皮组织并形
成生物膜（图 6-10），在番茄上的定殖力比在黄瓜上强，可以诱导番茄的系统抗性，但没
有诱导黄瓜的系统性抗性，同时坚强芽孢杆菌能够附着在根结线虫的卵壳上并使之降解
（Ghahremani 等，2020）（图 6-11）。枯草芽孢杆菌和侧孢芽孢杆菌也能在根部形成生物膜
（图 6-12）。生物膜对植物线虫的入侵具有天然屏障的作用，同时也有阻隔线虫和植物之
间信号识别的功能。

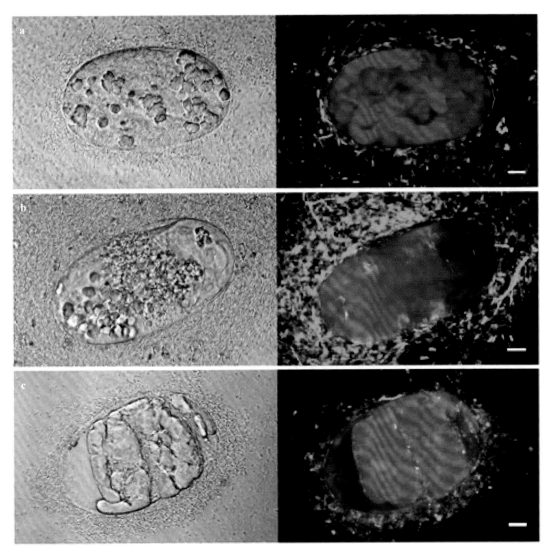

a—接种后 3 天；b—接种后 5 天；c—接种后 10 天。培养温度为 35℃。

左为黑白照，右为荧光照。标尺为 10μm。

图 6-11 坚强芽孢杆菌作用于根结线虫卵

注：激光扫描共焦显微图像显示 GFP 转基因坚强芽孢杆菌侵染南方根结线虫卵的过程。引自 Ghahremani
等（2020）。

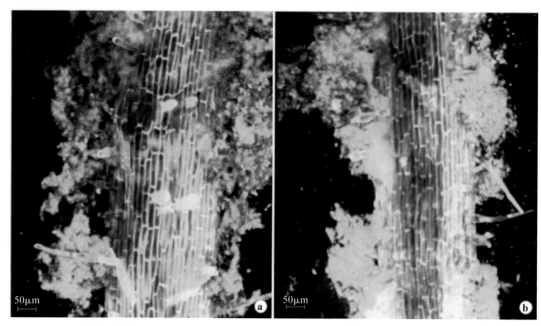

枯草芽孢杆菌（a）和地衣芽孢杆菌（b）在植物根表皮定殖并形成生物膜（绿色）。

图 6-12　枯草芽孢杆菌和地衣芽孢杆菌在根表形成生物膜

（引自 Lima 等，2019）

6.7.3　假单胞菌

荧光假单胞菌（*Pseudomonas fluorescens*）能够分泌胞外次级代谢产物，如碱性金属蛋白酶（Alkaline metalloproteinase）、氢氰酸（Hydrocyanic acid）和 2,4- 二乙酰基间苯三酚（2,4-diacetylphloroglucinol）等（Siddiqui 等，2005），它们对植物线虫有致死作用，氢氰酸同时对线虫有趋避作用（Neidig 等，2011）。通过对种子处理或土壤处理的测定表明，产 2,4- 二乙酰基间苯三酚的荧光假单胞菌对南方根结线虫的卵孵化和根结有一定的抑制作用，但是对大豆孢囊线虫、短体线虫和剑线虫的抑制作用不明显（Meyer 等，2009；Timper 等，2009）。Nandi 等（2015）证实荧光假单菌 PA23 菌株产生的溴代吡咯腈（Tralopyril）对植物线虫有趋避作用，Guo 等（2016）随后发现恶臭假单胞菌（*P. putida*）产生的环（L- 异亮氨酰亮氨酰 -L- 脯氨酸）[cyclo-（l-isoleucyl-l-proline）] 能抑制线虫的活性；此外荧光假单胞菌也可以通过产生的几丁质酶降解线虫的卵壳，从而抑制线虫的种群（Lee 和 Kim，2015）。

6.7.4　其他细菌

黏质沙雷氏菌（*Serratia marcescens*）能够产生对植物线虫有毒的挥发性代谢产物和对卵有降解作用的几丁质酶，其代谢产物灵菌红素（Prodigiosin）不仅对线虫的卵孵化有抑制作用，同时也对南方根结线虫 2 龄幼虫有致死作用（72 小时的 EC_{50}=31.9 mg/mL）

(Mohamd 等，2020）。嗜硫小红卵菌（*Rhodovulum sulfidophilus*）HNI-1 菌株最近在中国进入登记流程，用于防治植物线虫病害，作者尚未查询到相关的研究报告。

6.8 主要微生物杀线剂的产品特性

经过近 30 年的发展，很多国家都有一些获得登记的微生物杀线剂产品，表 6-3 和表 6-4 分别汇总了一些主要真菌和细菌杀线剂的信息，包括它们的剂型、商品名、所属企业、产品登记国家和靶标线虫等。资料主要来源于 Abd-Elgawad 和 Askary（2018）、Abd-Elgawad 和 Vagelas（2015）、Lima 等（2019）及网络信息。

表 6-3 主要真菌杀线剂的剂型和靶标线虫

真菌名称	剂型	靶标线虫	商品名（登记国家）
黑曲霉 *Aspergillus niger*	浓缩液、胶囊、粉剂、水剂等	南方根结线虫 *M. incognita* 爪哇根结线虫 *M. javanica* 花生根结线虫 *M. arenaria*	Kalisena、 Pusa Mrida、Kalasipahi、 Beej Bandhu 等（印度）
疣孢漆斑菌 *Myrothecium verrucaria*	水剂、粉剂	根结线虫 *Meliodogyne* spp. 孢囊线虫 *Heterodera* spp. 长尾刺线虫 *Belonolaimus longicaudatus*	DiTera DF （美国）
厚垣普奇尼亚菌 *Pochonia chlamydosporia*	颗粒剂、水剂	南方根结线虫 *M. incognita* 爪哇根结线虫 *M. javanica* 北方根结线虫 *M. hapla* 木豆孢囊线虫 *H. cajani* 禾谷孢囊线虫 *H. avenae* 甜菜孢囊线虫 *H. schachtii* 肾形肾状线虫 *Rotylenchulus reniformis*	KlamiC® （欧盟、 古巴）； PcMR-1strain （葡萄牙）； Xianchongbike （中国）； IPP-21 （意大利）
淡紫紫孢菌 *Purpureocillium lilacinus*	颗粒剂、水分散粉剂、可湿性粉剂、水剂等	南方根结线虫 *M. incognita* 爪哇根结线虫 *M. javanica* 肾形肾状线虫 *R. reniformis* 木豆孢囊线虫 *Heterodera cajani* 禾谷孢囊线虫 *H. avenae* 相似穿孔线虫 *Radopholus similis* 半穿刺线虫 *Tylenchulus semipenetrans* 马铃薯白线虫 *Globodera pallida*	BIOACT®WG,WP （美国）； PL Gold、 PL 251(南非)； Stanes Bio Nematon （埃及）； BIOCON （菲律宾）； Miexianning （中国）； Melocon®WG （德国）； Yorker 等 （印度）
哈茨木霉菌 *Trichoderma harzianum*	可湿性粉剂	南方根结线虫 *M. incognita* 爪哇根结线虫 *M. javanica* 花生根结线虫 *M. arenaria* 拟禾本科根结线虫 *M. graminicola* 肾形肾状线虫 *R. reniformis* 木豆孢囊线虫 *H. cajani*	Romulus（南非）； ECOSOM®、Commander Fungicide（印度）； Trichobiol（哥伦比亚）

（续表）

真菌名称	剂型	靶标线虫	商品名（登记国家）
绿色木霉菌 *Trichoderma viride*	可湿性粉剂	南方根结线虫 *M. incognita* 拟禾本根结线虫 *M. graminicola* 多带螺旋线虫 *Helicotylenchus multicinctus* 桑尼短体线虫 *P. thornei* 肾形肾状线虫 *R. reniformis*	Trifesol 哥伦比亚
白麝香味菌 *Muscodor albus* QST 20799	颗粒剂	大蒜短体线虫 *P. allius* 穿刺短体线虫 *P. penetrans* 奇氏根结线虫 *M. chitwoodi* 北方根结线虫 *M. hapla*	ARABESQUE 等（美国）

表 6-4　主要细菌杀线剂名录及商品名

细菌名称	商品名（剂型、含量）和靶标线虫	产品所属企业	登记国家
泽西巴氏杆菌 *Pasteuria nishizawae*	Clariva PN（SC，1.0×10^{10}/mL） 种子处理，防治大豆孢囊线虫、甜菜孢囊线虫	Syngenta	巴西 美国
使用巴氏杆菌 *Pasteuria usage* 或穿刺巴氏杆菌 *P. penetrans*	Econem（WP，1.0×10^{4}/g） 防治刺线虫、根结线虫	Bayer CropScience	多国
荧光假单胞菌 *Pseudomonas fluorescens*	Sheathguard（WP，10^{8} cfu/g） 种子或土壤处理，防治根结线虫	Agriland Biotech	印度
地衣芽孢杆菌 *Bacillus licheniformis* 枯草芽孢杆菌 *Bacillus subtilis*	Nemix Presense（WP，1.0×10^{11}） 防治根结线虫及其他植物线虫	Chr. Hansen FMC	巴西
蜡质芽孢杆菌 *Bacillus cereus* CM1 枯草芽孢杆菌 *Bacillus subtilis* CM5	BioStart™ Defensor 防治根结线虫及其他植物线虫	Bio-Cat Microbials	美国
苏云金芽孢杆菌 *Bacillus thuringiensis*	Avid 0.15EC 防治根结线虫及其他植物线虫	Syngenta	多国
枯草芽孢杆菌 *Bacillus subtilis*	Rizos（SC，3.0×10^{9}）	Lab. Farroupilha	多国
坚强芽孢杆菌 *Bacillus firmus*	Bionem-WP，BioSafe-WP 和 Chancellor-WP 防治孢囊线虫、根结线虫	Agro Green	以色列
坚强芽孢杆菌 *Bacillus firmus*	Nortica Votivo（SC，4.8×10^{9}） PONCHO/ VOTIVO 防治根结线虫及其他植物线虫	Bayer CropScience BASF	多国
甲基营养型芽孢杆菌 *Bacillus methylotrophicus*	Onix（SC，1.0×10^{9}） 防治根结线虫及其他植物线虫	Lab. Farroupilha	巴西
枯草芽孢杆菌 *Bacillus subtilis*	Pathway Consortia® 防治根结线虫及其他植物线虫	Pathway Holdings	美国

（续表）

细菌名称	商品名（剂型、含量）和靶标线虫	产品所属企业	登记国家
角质孢芽孢杆菌 *Bacillus chitinosporus* 侧孢芽孢杆菌 *Bacillus laterosporus* 地衣芽孢杆菌 *Bacillus licheniformis*	BioStart™ 防治根结线虫及其他植物线虫	Bio-Cat Rincon-Vitova	美国
解淀粉芽孢杆菌 *Bacillus amyloliquefaciens*	Nemacontrol（SC，$5.0×10^9$） 防治根结线虫及其他植物线虫	Simbiose	巴西
芽孢杆菌 *Bacillus* spp. 假单胞菌 *Pseudomonas* spp. 根杆菌 *Rhizobacterium* spp. 根瘤菌 *Rhizobium* spp.	Micronema 防治根结线虫及其他植物线虫	Agri. Research Centre	埃及
蜡质芽孢杆菌 *Bacillus cereus*	Xian Mie 防治蔬菜根结线虫	XinYi Zhong Kai	中国
洋葱伯克霍尔德菌 *Burkholderia cepacia*	Deny Blue circle 防治南方根结线虫	Stine Microbial Products	美国
（热灭活）拾津伯克霍尔德菌 *Burkholderia rinojenses*	Zelto、Majestene 防治根结线虫及其他植物线虫	Marrone Bio Innovation	美国
黏质沙雷氏菌 *Serratia marcescens*	Nemaless 防治根结线虫及其他植物线虫	Agri. Research Centre	埃及
芽孢杆菌 *Bacillus* spp. 木霉菌 *Trichoderma* spp. 荧光假单胞菌 *Pseudomonas flurescens* 链霉菌 *Streptomyces* spp.	Pathway Consortia® 防治根结线虫及其他植物线虫	Pathway Holdings	美国
侧孢芽孢杆菌 *Bacillus laterosporus* 地衣芽孢杆菌 *Bacillus licheniformis*	BiostartL™ 防治根结线虫及其他植物线虫	Rhcon Vltova	—

注：SC = 悬乳剂；EC = 水乳剂；WP = 可湿性粉剂；GR = 颗粒剂。

　　根据中国农业农村部农药检定所资料，截至 2020 年 4 月，我国登记的微生物杀线剂有厚垣普奇尼亚菌、坚强芽孢杆菌、淡紫紫孢菌、苏云金杆菌、蜡质芽孢杆菌和嗜硫小红卵菌 HNI-1。

6.9　微生物杀线剂的制备

　　微生物的活性成分主要包括菌体或菌体发酵液，通过不同的配方被制成液态或固态。配方是指在制备产品时添加某些活性（功能性）和非活性（惰性）成分的组合。良好的配方是决定微生物杀线剂质量的关键因素，配方中通常添加能够提高产品活性、吸收性、释放性、易用性或储存稳定性的成分。典型的添加剂包括吸附剂、防结块剂、抗菌剂、抗氧化剂、黏合剂、载体、分散剂、保湿剂、防腐剂、溶剂、表面活性剂、增稠剂和紫外线吸收剂等成分。固体制剂配方中通常添加其他混合物质，包括干燥剂、表面活性剂或稳定剂等惰性物质，液体制剂的配方通常用水或石油混合。

细菌类生防制剂的配方基本与传统生物杀虫剂相类似，不同之处是需要添加较高的抗氧化剂和保湿剂。在很多国家，企业给当地用户提供"新鲜"的微生物制剂产品，这种微生物发酵生产后即可使用的策略可以避免添加很多成分，同时也能够发挥微生物更好的防治效果。如以黏质沙雷氏菌（*Serratia marcescens*）制成的商标为 Nemaless™ 的生防产品，在水中只有几天的活性，并且还有感染人类的隐患，因而限制了该产品的广泛使用；洋葱伯克霍尔德菌（*Burkholderia cepacia*）是一种对植物线虫有很好寄生作用的土壤细菌，已开发为液态生防制剂如 Blue Circle™，然而，该菌是人类的机会性（Opportunistic）致病菌，对免疫系统差的人有害，与囊性纤维化患者的机会性肺部感染有关（Handelsman，2002）。对于黏质沙雷氏菌和洋葱伯克霍尔德氏菌这类对人类有潜在致病性的微生物，必须经过严格的生物灭活后才能使用。另外，细菌类生防制剂产品在储存过程中容易受到环境中其他微生物种类的污染，污染菌产生的抗生成分会严重影响产品的质量。在水或矿物油的液态配方中，细菌可以缓慢生长或以饥饿水平延缓生长。

巴氏杆菌属革兰氏阳性细菌，是线虫专性寄生菌，其产生的芽孢对高温和干燥失水都有极强的抵抗力。巴氏杆菌不能人工培养且线虫寄主范围窄的特性，曾经阻碍了其商业化应用，但在 2004 年成功研发出了离体培养技术并在美国获得了注册登记。巴氏杆菌的产品除了水剂外，还有粉剂、颗粒剂等，即将巴氏杆菌的芽孢吸附于干燥剂、表面活性剂或稳定剂等惰性载体材料上。

坚强芽孢杆菌（*Bacillus firmus*）也是一种可以生成芽孢的革兰氏阳性细菌，可用滑石粉/高岭土配制成孢子量为 10^6 cfu/g 的可湿性粉剂，用葡萄糖制成孢子量为 10^9 cfu/g 的可溶性粉剂，用甘油制成孢子量为 10^9 cfu/g 的液体制剂；可湿性粉剂的货架期为半年，相比可溶性粉剂和液态制剂的一年货架期要短（http://www.agrinaturals.com/nemoend-bf.htm）。德国拜耳公司（Bayer）开发了坚强芽孢杆菌的两款产品，Nortica® 用于灌溉，Votivo™ 用于种子包衣。Nortica® 主要喷灌施用于高尔夫球场，对根结线虫、刺线虫和纽带线虫有很好的防治效果，推荐在种植前 2~7 天使用，药剂最少要达到 7.5 cm 的土壤深度；相比 Nortica®，Votivo™ 的单位细菌使用量要减少 1 000 倍。拜耳公司还将坚强芽孢杆菌与杀虫剂噻虫胺（Clothianidin，Poncho®）混合配制成种衣剂主打产品 Poncho®/Votivo™。对于产芽孢的革兰氏阳性细菌如芽孢杆菌和巴氏杆菌，在干冷环境条件下储存，货架期可达 2 年左右。

革兰氏阴性细菌不能产生芽孢，菌体在干枯的环境条件下会因为脱水很快死亡，因此，菌剂的配制相比产芽孢细菌要困难很多。这类细菌通常用各种载体吸附配制成可湿性粉剂，如在印度获得登记的荧光假单胞菌（*Pseudomonas fluorescens*）产品 Sheathguard™

（10^8 cfu/g），用于防治根结线虫、孢囊线虫和半穿刺线虫；除了可湿性粉剂外，荧光假单胞菌也有可溶性制剂和液态制剂等（表 6-5）。荧光假单胞菌可作为种衣剂使用，也可以直接施用于土壤中。研究表明，该菌对拟禾本科根结线虫（*Meloidogyne graminicola*）的防治效果与化学杀线剂克百威（Carbofuran）相当（Seenivasan，2011）。

表 6-5　Sheathguard™ 的质量组成和制剂配方

组成成分	分量	功能
荧光假单胞菌（W/W）	1.0%	有活性
羧甲基纤维素（W/W）	0.5%	无活性
湿度（W/W）	最大 8.0%	无活性
载体–滑石粉（W/W）	施与充分的量	无活性
荧光假单胞菌菌含量（cfu/g）	1×10^8	
其他剂型：		
荧光假单胞菌（cfu/g）可溶性粉剂（soluble powder）	1×10^9	
荧光假单胞菌（cfu/g）液体	1×10^9	
荧光假单胞菌冻干粉		

资料来源于 http://www.agrilife.in/biopesti_microrigin_sheathguard_pf.htm)

苏云金芽孢杆菌（*Bacillus thuringiensis*，Bt）是著名的微生物杀虫剂，但作为杀线虫剂受关注的程度较低。该菌的剂型种类多样，包括粉剂、水剂、油剂、水分散粒剂、干混悬剂、水悬浮剂、颗粒剂、可湿性粉剂、乳化悬浮液、饵料等，可含有芽孢、晶体蛋白和原毒素。Bt 菌株对螺旋线虫、半穿刺线虫、根结线虫、短体线虫、矮化线虫、茎线虫和滑刃线虫都表现出了一定的防治效果（Abd-Elgawad 等，2015），表达 Bt 晶体蛋白的转基因抗线虫研究一直是开发的热点。

此外，黄杆菌（*Flavobacterium* sp.）菌株 H492 被美国 Marrone Bio Innovations 公司开发并在美国 EPA 注册为种衣剂和水剂两个剂型，在田间应用中该菌对多个植物线虫靶标均表现出了一定的防治效果，能够防治大豆孢囊线虫并增加大豆产量。阿维链霉菌（*Streptomyces avermitilis*）的代谢产物内酯环类化合物阿维菌素，是一种应用最为广泛的微生物源杀线剂。虽然阿维菌素具有很强的杀线活性，但其大分子结构容易在土壤中被多种非生物或生物源因素降解而很快失去杀线虫活性；同时，由于阿维菌素在大棚种植体系中不间断的重复使用，也容易使植物线虫产生抗药性，导致使用浓度不断攀升，产品的性价比大幅度下滑。

6.10　影响微生物杀线剂应用的因素

影响微生物杀线剂在田间应用效果的因素主要有以下几类：①非生物因素，包括温度

（高温导致存活率降低）、相对湿度、酸碱度（高 pH 值导致微生物失活）、静压（高 MPa 值导致微生物失活），其中湿度和温度可通过影响微生物活性的持久性而改变土壤中的微生物菌群结构，如荧光假单胞菌在较湿土壤中（−0.03 MPa）的增殖速度比在较干土壤中（−0.1 MPa）要快，温度在 21~25℃时的防治效果要比 17℃时好（Andreoglou 等，2003）；②酶类，包括蛋白酶、裂解酶和几丁质酶等，可以通过降解虫体的角质层结构而杀死线虫；③重金属类，能够直接影响土壤中真菌和细菌的种群比例（Rajapaksha 等，2004）；④营养成分，直接影响微生物细胞的生长和分化；⑤生物因素，包括正常的微生物区系、微生物的拮抗作用、微生物类型、宿主和微生物的互作关系等。在实验室测定条件下，许多分离到的微生物种类或菌株显示出比较好的杀线效果，但是由于田间环境因素的影响极其复杂，往往只有少数的候选菌株能够获得理想的田间防效并最终开发为商业化制剂。因此，在微生物杀线剂的开发过程中，所选菌株必须同时进行实验室和田间的测试评估，而防治效果优良的微生物杀线剂应该在有利环境条件下表现出较高的靶向特异性，且能够在土壤中保持良好的增殖力和持续的感染力。

微生物杀线剂对植物线虫的防治效果受微生物自身、宿主和外部环境等一系列复杂因素的影响，特别是这些因素复合所产生的综合影响。为了提高微生物杀线剂的效果，需要深入了解并分析植物—目标线虫—土壤—微生物控制因子—环境 5 个方面因素的相互作用，制订出合理的方案，促使这些因素能够协同作用并增加防效。为了使微生物杀线剂在田间应用中能表现出良好的控制效果，需要多学科协作研究才能使菌株达到商业化的标准，而这些过程包括了有效微生物种类或菌株的筛选和改良、微生物的培养条件和配方优化、包装（基于储存、运输和应用方式）、广泛的测试（不同的环境条件、栽培作物以及植物线虫种类等）、田间应用（设备、土壤施用、与农药的相容性、与其他生物和非生物因素相互作用等）、有效的质量控制和标准化、注册和可信的市场评估（产品功效、成本、利润率、保质期、易用性、市场接受度、产品覆盖率以及稳定性等）（Abd-Elgawad 等，2015）。

由于芽孢杆菌和巴氏杆菌等细菌产生的芽孢具有超强的抗逆能力，用这类细菌制成的微生物菌剂可以与有机或无机肥料，以及杀虫剂、杀菌剂和除草剂等大多数化学农药混合使用，而不产芽孢的细菌对逆境的抵抗能力较低，用它们制成的菌剂容易受到其他化合物的毒害而失去杀线活性，因此，菌剂与其他农药进行混用前需要进行严格的相容性测试。

微生物杀线剂的商业化存在许多困难，包括培养条件和配方、实验室和田间表现的巨大差异、对非靶标或有益生物潜在的负面影响、狭窄的作用谱、缓慢的杀线虫效果等。在过去的二十多年里，微生物杀线剂的研发取得了重大进展，如对巴氏杆菌的离体规模化培养和许多微生物产品的创新、易用配方的开发等。此外，通过改进或提高微生物杀线剂应用技术、提高货架期、大规模培养、与其他生物和非生物因素的相互作用，以及与其他防治技术相结合等，在一定程度上提高了微生物制剂防治植物线虫的有效性和经济性。

6.11　微生物杀线剂的市场定位和推动

从短期内获得经济利益的角度出发，决定微生物杀线剂在市场上能否成功的主要因素是实际应用的效果和商业利益的空间。如果仅仅考虑这两个因素，微生物杀线剂在市场上将难以立足，受到的挑战主要来自 3 个方面：①受制于产品的固有缺陷，包括对植物线虫的抑制效果不强、作用缓慢、环境相容性差、不易在土壤中定殖、容易分解、难于储存或货架期短、生产成本相对较高等；②新一代的植物线虫控制技术和产品，如新型低毒化学杀线剂产品和转基因抗线虫作物，具有作用方式新颖、活性成分含量极低、特异性窄等特点，它们进入市场后与传统化学杀线剂进行竞争，极大地改变了我国农化工业的结构，并对微生物杀线剂产生了新的影响；③农用化工企业对利润率低的综合治理系统不感兴趣。大多数种植者偏好使用化学杀线剂，比较关注其快速控制病情、效果好、价格便宜和施用方便等特性，而忽略化学杀线剂的安全性问题。

尽管上述因素会影响杀线虫微生物作为生防制剂在商业上的成功，然而微生物杀线剂对环境和人畜安全，能够改良土壤环境，持续施用有显著防效，并且能够促进植物生长和增产等，这些特性不仅符合民众和政府对于食品和环境安全的需要，而且对一些高附加值的经济作物和有机农产品生产来说是必不可少的，因此微生物杀线剂具有一定的市场空间。在缺乏环境友好型化学杀线剂的情况下，微生物杀线剂可以作为替代。另外，通过高密度发酵技术和制剂技术的改进来降低成本、提高货架期以及增强活性等，能够在一定程度上弥补微生物杀线剂的市场短板。

使用化学杀虫剂所面临的环境和健康问题，尤其在欧洲和北美等发达国家，可能会刺激生物杀虫剂的使用。有机农业的发展对化学杀虫剂的应用施加了更多的限制，促进了许多国家和地区如欧洲、美国和中国在大棚蔬菜生产中使用微生物农药。另外，食品零售商和连锁超市对无农药产品的要求越来越高，消费者普遍认可用绿色防控技术生产出的农产品比施用过化学杀虫剂的产品更安全。

目前，全社会和市场对安全高效的微生物杀线剂有着强烈的渴求和期待，因此，微生物杀线剂研发和生产者要有社会责任感，要谨慎全面地检测产品的各项功效，未达到预期效果之前切不可盲目入市。另外，在产品进入市场时，企业要准备好有效的生产、销售或产品支持事宜，避免市场尝试和投机的行为，否则会严重损害微生物杀线剂市场的发展；同时要与合作的产品拓展伙伴和分销商进行紧密合作，充分提供正确使用产品的相关信息，指导终端用户了解产品的特性和作用方式等。对于企业而言，微生物制剂的市场接受度和渗透率以及高性价比，取决于菌种的筛选、生产、配方及质量控制等，要注重菌种的高密度发酵、防治效果的稳定、持效期和货架期的延长等；此外，还要积极利用研讨会、讲习班和田间示范等拓展形式，指导经销商和种植者正确使用微生物产品，从而有助于更好的市场渗透。

微生物杀线剂与化学杀线剂相比缺乏市场价格的竞争优势,因此在产品推广上应该定位于特种经济作物的种植户,集中精力开展防治效果示范和营销。推动微生物杀线剂发展的关键点是降低毒性、增加特异性、减少耐药性、促进植物生长、诱导植物抗性等,在一定程度上需要政府出台规范措施推动种植者使用生态友好型的综合治理技术,一方面政府要制定适宜的准则和条例作为执行和协调的依据,另一方面从事生物防治的研究人员和实践者应该积极开展宣传和推广生防制剂的活动。

6.12 微生物杀线剂与其他有效成分的混合使用

杀线微生物在形成产品的过程中需要吸附载体,作物生长需要无机或有机的养分。如果能把杀线微生物和具有抑制线虫种群功能的载体、矿物营养、有机肥料、土壤改良剂、杀虫剂或杀菌剂结合运用,不仅能够更有效地防治线虫,同时也能促进作物的生长和防治其他病虫害,减少田间作业次数,节约劳动成本。表6-6列举了在植物线虫综合治理中一些杀线微生物与其他成分结合使用的配方,资料来源于Abd-Elgawad和Askary(2018)。

表6-6 杀线微生物与其他成分的结合使用

微生物	复配物
淡紫紫孢菌 *Purpureocillium lilacinus*	印楝饼(Neem cake)、印楝叶悬浮剂
	印楝饼、氮磷钾(NPK)
	印楝饼、卡那其(Karanj)叶
	印楝籽粉、乐果(Dimethoate)
	涕灭威(Aldicarb)、印加孔雀草(*Tagetes minuta*)、曼陀罗(*Datura stramonium*)、蓖麻(*Ricinus communis*)、鸡粪(Chicken manure)
	花生饼、印楝饼、亚麻子(Linseed)饼、蓖麻饼、麻花树(Mahua)饼
厚垣普奇尼亚菌 *Pochonia chlamydosporia*	呋喃丹(Carbofuran)、印楝饼
	棉隆(Dazomat)、印楝饼
	印楝饼、芥末(Mustard)饼
	呋喃丹、荧光假单胞菌、绿色木霉菌
哈茨木霉菌 *Trichoderma harzianum*	呋喃丹、印楝饼、马缨丹(*Lantana camara*)
	印楝饼、蓖麻饼、卡那其饼
	呋喃丹、印楝饼
	印楝饼、荧光假单胞菌
绿色木霉菌 *Trichoderma viride*	呋喃丹、蓖麻、堆肥
	呋喃丹、淡紫紫孢菌、芥菜(Mustard)饼
	印楝饼、蓖麻饼
	厚垣普奇尼亚菌、尿素(Urea)

（续表）

微生物	复配物
穿刺巴氏杆菌 *Pasteuria penetrans*	印棟饼、蓖麻饼
	呋喃丹、涕灭威、Miral、Scbufos、甲拌磷（Phorate）
荧光假单胞杆菌 *Pseudomonas fluorescens*	呋喃丹、印棟饼、堆肥
	呋喃丹、印棟籽粉
解淀粉芽孢杆菌 *Bacillus amyloliquefaciens*	顺式茉莉酮（cis-Jasmone）（种子处理）
坚强芽孢杆菌 *Bacillus firmus*	噻虫胺（Clothianidin）（种子处理）

参考文献

Abd-Elgawad M M M, Askary T H, 2018. Fungal and bacterial nematicides in integrated nematode management strategies, Egyptian Journal of Biological Pest Control, 28:74.

Abd-Elgawad M M M, Vagelas I K, 2015. Nematophagous bacteria: field application and commercialization[M]// Askary T H, Martinelli P R P. Biocontrol Agents of Phytonematodes, CAB International.

Amann R, Ludwig W, Schleifer K H, 1995. Phylogenetic identification and *in situ* detection of individual microbial cells without cultivation[J]. Microbiology Reviews, 59(1): 143–169.

Andreoglou F I, Vagelas I K, Wood M, et al, 2003. Influence of temperature on the motility of *Pseudomonas oryzihabitans* and control of *Globodera rostochiensis*[J]. Soil Biology & Biochemistry, 35(8): 1095–1101.

Awad H M, Kamal Y, Aziz R, et al, 2012. Antibiotics as microbial secondary metabolites: production and application[J]. Journal Teknologi, 59(1): 101–111.

Barber D A, Martin J K, 1976. The release of organic substances by cereal roots into soil[J]. New Phytology, 76: 69–80.

Chitwood D J. 2002. Phytochemical based strategies for nematode control[J]. Annual Review of Phytopathology, 40(1): 221–249.

Druzhinina I S, Seidl-Seiboth V, Herrera-Estrella A, et al, 2011. *Trichoderma*: The genomics of opportunistic success[J]. Nature Reviews Microbiology, 9: 749–759.

Dutta T K, Powers S J, Gaur H S, et al, 2012. Effect of small lipophilic molecules in tomato and rice root exudates on the behaviour of *Meloidogyne incognita* and *M. graminicola*[J]. Nematology, 14(3): 309–320.

El-Zawahry A M, Khalil A E M, Allam A D A, et al, 2015. Effect of the bio-agents (*Bacillus me-*

gaterium and *Trichoderma album*) on citrus nematode (*Tylenchulus semipenetrans*) infecting baladi orange and lime seedlings[J]. Journal of Phytopathology and Pest Management, 2(2): 1–8.

Escudero N, Lopez-Llorca L V, 2012 . Effects on plant growth and root-knot nematode infection of an endophytic GFP transformant of the nematophagous fungus *Pochonia chlamydosporia*[J]. Symbiosis, 57(1): 33–42.

Forghani, F Hajihassani A, 2020. Recent advances in the development of environmentally benign treatments to control root-knot nematodes[J]. Frontiers in Plant Science, 11: 1125.

Gardard, N H. 1913 . Can fungi living in agricultural soil assimilate free nitrogen[J]. Botanical Gazette, 56: 249–305.

Ghahremani Z, Escudero N, Beltrán-Anadón D, et al, 2020. *Bacillus firmus* strain i-1582, a nematode antagonist by itself and through the plant [J]. Frontiers in Plant Science, 11: 796.

Ghahremani Z, Escudero N, Saus E, et al, 2019. *Pochonia chlamydosporia* Induces plant-dependent systemic resistance to *Meloidogyne incognita*[J]. Frontiers in Plant Science, 10: 945.

Giblin-Davis R M, Williams D S, Wergin W P, et al, 2001. Ultrastructure and development of *Pasteuria* sp. (S-1 strain), an obligate endoparasite of *Belonolaimus longicaudatus* (Nemata: Tylenchida) [J]. Journal of Nematology, 33(4): 227–238.

Guo J, Jing X, Peng W, et al, 2016. Comparative genomic and functional analyses: unearthing the diversity and specificity of nematicidal factors in *Pseudomonas putida* strain 1A00316 [J]. Scientific reports, 6: 29211.

Hage-Ahmed K, Moyses A, Voglgruber A, et al, 2013. Alterations in root exudation of intercropped tomato mediated by the arbuscular mycorrhizal fungus *Glomus mosseae* and the soilborne pathogen *Fusarium oxysporum* f. sp. *lycopersici* [J]. Journal of Phytopathology, 161: 763–773.

Handelsman J, 2002. Future trends in biocontrol[M]// Gnanamanickam S S. Biological Control of Crop Diseases [M]. Marcel Dekker, New York: 443–448.

Horak I, Engelbrecht G, Rensburg J V, et al, 2019. Microbial metabolomics: essential definitions and the importance of cultivation conditions for utilizing Bacillus species as bionematicides [J]. Journal of Applied Microbiology, 127: 326–343.

Jang J Y, Choi Y H, Shin T S, et al, 2016. Biological control of *Meloidogyne incognita* by *Aspergillus niger* F_{22} producing oxalic [J]. Acid. PLoS One | DOI: 10. 1371/journal. pone. 0156230.

Khan A, Williams K, Nevalainen H, 2005. Infection of plant-parasitic nematodes by *Paecilomyces lilacinus* and *Monacrosporium lysipagum* [J]. BioControl, DOI: 10. 1007/s10526-005-4242-x.

Klinger J, Die Orientierung von, 1963. *Ditylenchus dipsaci* in gemessenen künstlichen und biologischen CO_2-gradienten [J]. Nematologica, 9: 185–199.

Kullnig-Gradinger C M, Szakacs G, Kubicek C P, 2002. Phylogeny and evolution of the fungal genus *Trichoderma*-a multigene approach [J]. Mycological Research, 106: 757–767.

Kusano M, Nakagami K, Fujioka S, et al, 2003. β γ-dehydrocurvularin and related compounds as nematicides of *Pratylenchus penetrans* from the fungus *Aspergillus* sp. Biosci. Biotechnol [J]. Bioscience, Biotechnology, and Biochemistry, 67 (6): 1413–1416.

Lamovsek J, Urek G, Trdan S, 2003. Biological control of root-knot nematodes (*Meloidogyne* spp.): microbes against the pests [J]. Acta Agriculturae Slovenica, 101(2): 263–275.

Lima I, Ventura J, Costa H, et al, 2019. Contemporary bionematicides: applicability and importance in the management of plant parasitic nematodes in agricultural areas [J]. Incaper em Revista, 10: 90–104.

Lee Y S, Kim K Y, 2015. Statistical optimization of medium components for chitinase production by *Pseudomonas fluorescens* strain HN1205: role of chitinase on egg hatching inhibition of root-knot nematode [J]. Biotechnology & Biotechnological Equipment, 29(3): 470–478.

Luangsa-ard J, Houbraken J, van Doorn T, et al, 2011. *Purpureocillium*, a new genus for the medically important *Paecilomyces lilacinus* [J]. FEMS Microbiol Lett, 321: 141–149.

Manzanilla-López R H, Lopez-Llorca L V, 2017. Perspectives in sustainable nematode management through *Pochonia chlamydosporia* applications for root and rhizosphere health[M/OL]. Sustainability in Plant and Crop. Protection10. 1007/978-3-319-59224-4 (Chapter 8): 169–181.

Meyer S, Halbrendt J, Carta L, et al, 2009. Toxicity of 2, 4-diacetylphloroglucinol (DAPG) to plant-parasitic and bacterial-feeding nematodes [J]. Journal of Nematology, 41(4): 274–280.

Mohamd O, Hussein1 R, Ibrahim D V, et al, 2020. Effects of *Serratia marcescens* and prodigiosin pigment on the root-knot nematode *Meloidogyne incognita* [J]. Middle East Journal of Agriculture Research, 9(2): 243–252.

Molinari S Leonetti P, 2019. Bio-control agents activate plant immune response and prime susceptible tomato against root-knot nematodes [J]. PLoS One, 14, e0213230. doi: 10. 1371/journal. pone. 0213230.

Nandi M, Selin C, Brassinga A, et al, 2015. Pyrrolnitrin and hydrogen cyanide production by *Pseudomonas chlororaphis* strain PA23 exhibits nematicidal and repellent activity against *Caenorhabditis elegans* [J]. PLoS One, DOI: 10. 1371/journal. pone. 0123184.

Neidig N, Paul R J, Scheu S, et al, 2011. Secondary metabolites of *Pseudomonas fluorescens* CHA drive complex non-trophic interactions with bacterivorous nematodes [J]. Microbial

Ecology, 61: 853–859.

Oliveira D F, Dos Santos H M, Nunes A S, et al, 2014. Purifification and identifification of metabolites produced by *Bacillus cereus* and *B. subtilis* active against *Meloidogyne exigua*, and their in silico interaction with a putative phosphoribosyltransferase from *M. incognita* [J]. An Acad Bras Cienc, 86: 525–538.

Orr J N, Neilson R, Freitag T E, et al, 2020. Parallel microbial ecology of pasteuria and nematode species in scottish soils [J]. Frontiers in Plant Science, 10: 1763.

Pline M, Dusenbery D B, 1987. Responses of plant-parasitic nematode *Meloidogyne incognita* to carbon dioxide determined by video camera-computer tracking [J]. Journal of Chemical Ecology, 13(4): 873–888.

Pocurull M, Fullana A M, Ferro M, et al, 2020. Commercial formulates of *Trichoderma* induce systemic plant resistance to *Meloidogyne incognita* in tomato and the effect is additive to that of the *Mi*-1.2 resistance gene [J]. Frontiers in Microbiology. doi: 10. 3389/fmicb. 2019. 03042.

Rajapaksha R M C P, Tobor-Kapton M A, Baath E, 2004. Metal toxicity affects fungal and bacterial activities in soil differently [J]. Applied and Environmental Microbiology, 70: 2966–2973.

Ramyabharathi S, M Ee Na K S, Rajendran L, et al, 2018. Biocontrol of wilt-nematode complex infecting gerbera by *Bacillus subtilis* under protected cultivation[J]. Egyptian Journal of Biological Pest Control, 28(1): 21.

Riga E, Lace L A, Guerra N, 2008. *Muscodor albus*, a potential biocontrol agent against plant-parasitic nematodes of economically important vegetable crops in Washington State, USA [J]. Biological Control, 45(3): 380–385.

Roshchina V V, Roshchina V D, 1993. The excretory function of higher plants [M]. Berlin: Springer: 314.

Seenivasan N, 2011. Efficacy of *Pseudomonas fluorescens* and *Paecilomyces lilacinus* against *Meloidogyne graminicola* infecting rice under system of rice intensification [J]. Archives of Phytopathology and Plant Protection, 44: 1467–1482.

Sharon E, Chet I, Viterbo A, et al, 2007. Parasitism of Trichoderma on *Meloidogyne javanica* and role of the gelatinous matrix [J]. Eur J Plant Pathology, 118: 247–258.

Sharon E, Chet I, Viterbo A, et al, 2007. Parasitism of Trichoderma on *Meloidogyne javanica* and role of the gelatinous matrix [J]. European Journal of Plant Pathology, 118: 247–258.

Shemshura O N, Bekmakhanova N E, Mazunina M N, et al, 2016. Isolation and identification of nematode-antagonistic compounds from the fungus *Aspergillus candidus* [J]. FEMS Microbiology Letters (5): 363.

Siddiqui I A, Haas D, Heeb S, et al. Extracellular protease of *Pseudomonas fluorescens* CHA0, a biocontrol factor with activity against the root-knot nematode *Meloidogyne incognita* [J]. Applied & Environmental Microbiology, 2005, 71(9): 5646–5649.

Sood G S. 2003. Chemotactic response of plant-growth-promoting bacteria towards roots of vesicular-arbuscular mycorrhizal tomato plants [J]. FEMS Microbiology Ecology, 45: 219–227.

Susič N, Žibrat U, Sinkovič L, et al, 2020. From genome to field-observation of the multimodal nematicidal and plant growth-promoting effects of *Bacillus firmus* i-1582 on tomatoes using hyperspectral remote sensing [J]. Plants, 9: 592.

Topalovi O, Hussain M, Heuer H, 2020. Plants and associated soil microbiota cooperatively suppress plant-parasitic nematodes[J]. Frontiers in Microbiology, 11: 313.

Timper P, Kone D, Yin J, et al, 2009. Evaluation of an antibiotic-producing strain of *Pseudomonas fluorescens* for suppression of plant-parasitic nematodes[J]. Journal of Nematology, 41(3): 234–240.

Xiang C, Liu Y, Liu S M, et al, 2020. αβ-Dehydrocurvularin isolated from the fungus *Aspergillus welwitschiae* effectively inhibited the behaviour and development of the root-knot nematode *Meloidogyne graminicola* in rice roots [J]. BMC Microbiology, 20: 48.

Yedidia I, Benhamou N, Chet I, 1999. Induction of defense response in cucumber plants (*Cucumis sativus* L.) by the biocontrol agent *Trichoderma harzianum* [J]. Applied Environmental Microbiology, 65: 1061–1070.

7 植物资源在植物线虫综合治理中的应用

7.1 绪论

利用植物资源治理线虫病害是有效的生物防治措施。随着天然有机化合物分离和鉴定技术的发展以及对植物化感作用研究的深入，已经从世界各地的各类植物中鉴定出大量对植物线虫的行为、发育以及生存有影响的天然活性化合物，按作用机制分为4类：①诱导卵孵化，如苦酮酸和线虫孵化信息素等；②引诱幼虫向根聚集，如水杨酸甲酯和乙烯利等；③趋避幼虫向根的游动，如肉桂酸和山奈酚等；④毒杀线虫，包括酮类化合物如糠醛和肉桂醛、三萜类化合物如印楝素和皂苷等。虽然有大量的植物源成分被报道具有杀线活性，但在实际应用中表现出良好防效的却非常稀少，主要原因包括：①只测试了植物提取物或化合物对根结线虫或孢囊线虫2龄幼虫的毒性，缺乏温室或田间防效验证；②土壤质地、结构、pH值、温度和微生物活性等因素影响植物提取物或化合物的杀线活性。植物的提取物或纯化的次级代谢产物可以制作成不同剂型的植物源杀线剂，有些已成为杀线剂市场的主要成员。植物残渣废料如榨油后的印楝饼（Neem cake）和茶枯等，或植物原料（包括植物削片、根、茎、皮、叶、种子等）的简单粉剂或粗提取液等，可以被用来制成防治线虫病害的功能性有机肥料，也可以通过添加有益微生物或其他能够调节植物代谢的元素来拓展植物源杀线产品的功效，促进作物生长和抑制线虫种群的增长。植物源杀线产品的形式和形成过程如图7-1所示。

7.2 对线虫有生物活性的植物代谢产物

自然界中蕴藏着巨大的植物宝库，植物的代谢产物丰富多样，包括化学信息素、挥发物和天然油脂等各类化合物，广泛深入地研究这些代谢产物抑制线虫种群的机制是开发高效生物杀线剂的主要方向。30年来，随着化感化学的发展，科学家发现有些植物化学成分对线虫的卵孵化、2龄幼虫的活力，以及线虫的发育和生殖有一定影响；此外，还发现

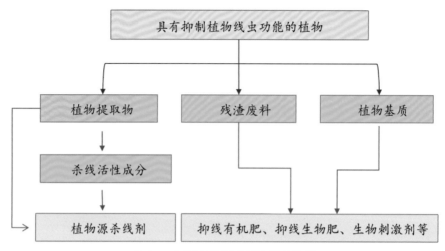

图 7-1　开发植物源杀线产品的路径

有些植物源肥料或绿肥施用后对植物线虫也有很好的抑制效果，这些成果促进了植物源杀线剂或杀线虫功能肥料的发展。

7.2.1　抑制线虫卵孵化的植物成分

植物线虫的卵在孢囊或卵块中可以长时间休眠，待寄主植物出现才孵化，这样的生物学特性为防治提出了挑战。孢囊线虫（*Globodera* spp. 和 *Heterodera* spp.）的寄主范围通常很窄，土壤中孢囊内的休眠卵可以存活数年至十年以上，并且需要寄主根系分泌物刺激才能孵化。孵化后的 2 龄幼虫储存的能量有限，需要在相对短的时间内寻找到合适的寄主植物，否则将会很快因为饥饿而死亡。因此，在缺少寄主植物的情况下，用化学物质刺激卵孵化出 2 龄幼虫不失为一种有效减少孢囊线虫种群的策略。另外，用能够刺激线虫卵孵化的非寄主植物进行轮作，或者在线虫完成繁殖之前收获寄主作物，也是一种降低土壤中线虫密度的方法。大田试验表明，蒜芥茄（*Solanum sisymbriifolium*）能够诱导球孢囊线虫（*Globodera* spp.）的孵化，但是孢囊线虫却不能在蒜芥茄上完成生活史（Scholte 和 Vos，2000）。已经发现的孢囊线虫孵化刺激物包括苦酮酸（Picrolonic acid）、线虫孵化信息素（Glycinoeclepin A）、四降三萜类天然产物（Solanoeclepin A）、硫氰酸钠（Sodium thiocyanate）、偏钒酸钠（Sodium metavanadate）、正钒酸钠（Sodium orthovanadate）、α-龙葵素（Alpha-solanine）、α- 卡茄碱（Alpha chaconine）和异硫氰酸烯丙酯（2-propenyl isothiocyanate）等。4- 羟基苯乙醇（4- hydroxybenzeneethanol）对根结线虫卵的孵化有促进作用（Sikder 和 Vestergard，2020）。

7.2.2　引诱线虫的植物天然化合物

在长期协同进化过程中，线虫和寄主植物分别形成了侵染和防御的各种机制，例如线虫有识别和寻找合适寄主植物的能力，而植物则能够分泌对线虫有引诱或驱避作用的代谢物。已经鉴定出一些植物根系的分泌成分，它们对根结线虫、短体线虫和孢囊线虫有吸引作用。例如，从番茄中发现对根结线虫有吸引力的挥发性化合物包括d-3-莒烯（d-3-carene）、桧烯（Sabinen）、水杨酸甲酯（Methyl salicylate）、2-甲氧基-3-异丙基吡嗪（2-isopropyl-3-methoxypyrazine）、吡嗪类化合物2-（methoxy）-3-（1-methylpropyl）pyrazine、十三烷（Tridecane）、α-雪松烯（α-cedrene）和β-雪松烯（β-cedrene），其中水杨酸甲酯对根结线虫的吸引力最强；根结线虫的引诱化合物还有异戊醇（Isoamyl alcohol）、正丁醇（1-butanol）、丁酮（2-butanone）、α-蒎烯（α-pinene）、柠檬烯（limonene）、玉米素（Zeatin）、水杨酸、乙烯利（Ethephon）、香草酸（Vanillic acid）、赤霉酸（Gibberellic acid）、吲哚-3-乙酸（Indole-3-acetic acid）、嘌呤化合物（6-dimethyl-allylamino purine）、甘露醇（Mannitol）、精氨酸（Arginine）、赖氨酸（lysine）和月桂酸（Lauric acid）等，其中0.5 mmol/L、1.0 mmol/L、2.0 mmol/L月桂酸对根结线虫有吸引作用，而4 mmol/L月桂酸则有趋避作用。多巴胺（Dopamine）对香蕉穿孔线虫有引诱作用。至今发现的对孢囊线虫有吸引作用的化合物相对较少，包括乙烯利、茉莉酸甲酯（Methyl jasmonate）、水杨酸、吲哚-3-乙酸和甘露醇（Sikder 和 Vestergard，2020）。在线虫综合治理策略中，利用能够引诱线虫且能抑制线虫种群的植物与易感作物间作，在一定程度上可以减轻线虫对作物产量的威胁（Dong 等，2014）。

7.2.3 趋避线虫的植物天然化合物

利用有驱避作用的根分泌物治理线虫病害是可行的策略，包括：①选择和培育能够分泌高水平驱避代谢成分的作物，特别是具有经济价值的作物品系；②以驱避线虫的植物作为砧木嫁接对线虫敏感但性状优良的作物。对根结线虫有趋避作用的根分泌成分包括软脂酸（Palmitic acid）、亚油酸（linoleic acid）、2,6-二-O-棕榈酰-L-抗坏血酸（L-ascorbyl 2,6-Dipalmitate）、2,6-二叔丁基对甲酚（2,6-Di-tertbutyl-p-cresol）、邻苯二甲酸二丁酯或驱蚊叮（Dibutyl phthalate）、邻苯二甲酸酯（Dimethyl phthalate）、五羟黄酮或槲皮素（Quercetin）（高浓度有趋避作用，低浓度则有吸引作用）、正辛醇（1-octanol）、对香豆酸（p-coumaric acid）、咖啡酸（Caffeic acid）、阿魏酸（Ferulic acid）、山奈酚（Kaempferol）、杨梅黄酮（Myricetin）和反式肉桂酸（Trans-cinnamic acid）等；对香蕉穿孔线虫有趋避作用的有原儿茶酸（Protocatechuic acid）、伞形酮（Umbelliferone）、咖啡酸、阿魏酸、木犀草素（Luteolin）、异黄酮（Daidzein）、三羟基异黄酮（Genistein）、山奈酚、五羟黄酮和杨梅黄酮等（Sikder 和 Vestergard，2020）。

7.3 对线虫有致死作用的植物化合物

很多植物代谢产物对根结线虫、孢囊线虫、短体线虫以及其他植物线虫有致死作用，这些成分几乎包括了植物化合物的所有类别，从小分子如植物精油到大分子如生物碱和皂苷等，其中仅有少数具有强烈和稳定杀线活性的植物代谢产物被开发成杀线剂产品，而大多数化合物虽然对植物线虫有一定的生物活性，但需要很高的剂量或防治效果不稳定，可以作为分子结构骨架（先导物）用于开发活性和稳定性更高的化学衍生物。万寿菊和芸薹科植物能够产生和释放对线虫有毒杀作用的代谢化合物，可以采用套种、轮作或作为覆盖作物和有机肥料等方式予以合理利用。

7.3.1 醛（Aldehydes）和酮（Ketones）类化合物

在孔板中离体测试呋喃甲醛（糠醛）（Furaldehyde）对根结线虫 2 龄幼虫的致死率，测得 $EC_{50}/1d$ 为 21.79 mg/L，即在一天中引起 50% 线虫死亡的药物浓度；测定二甲氧苯甲醛（Benzaldehyde）对根结线虫幼虫的 $EC_{50}/1d$ 为 9 mg/L；反式肉桂醛（Trans-cinnamaldehyde）的 $EC_{50}/1d$ 为 15 mg/L；胡薄荷酮（Pulegone）和 D- 香芹酮（Carvone）的田间使用浓度分别为 150 mg/L 和 115 mg/L；反式 -2,4- 癸二烯醛 [(E,E)-2,4-decadienal]、(E)-2- 癸烯醛 [(E)-2-decenal] 和十一烷酮（Undecanone）对根结线虫幼虫的 EC_{50} 分别为 11.7 mg/L、20.43 mg/L 和 20.6 mg/L（Ntalli，2012）。

黑麦和其他谷类作物产生的化感物质苯并恶唑嗪酮类化合物 (Benzoxazinoids) 2, 4-dihydroxy-7-methoxy-2H-1,4-benzoxazin-3(4H)-one (DIMBOA) 对剑线虫有抑制作用，DIBOA [2,4- Dihydroxy-2H-1,4-benzoxazin-3(4H)-one] 对根结线虫有抑制作用（Zasada 等，2005）。

作者团队的温室试验结果表明，80 mg/L 糠醛处理对黄瓜南方根结线虫的防治效果可达到 100%；在 40 mg/L 浓度下的离体测试结果表明，反式 -2,4- 癸二烯醛在 24 小时内对秀丽隐杆线虫（*Caenorhabditis elegans*）、松材线虫和南方根结线虫致死率均为 100%，(E)-2- 癸烯醛对秀丽隐杆线虫有 80% 的致死率，对松材线虫和南方根结线虫没有作用，十一烷酮对松材线虫、南方根结线虫和秀丽隐杆线虫均没有杀死活性；α- 亚甲基 -γ- 丁内酯（α-Methylene-γ-butyrolactone）和 5,6- 二氢 -2H- 吡喃 -2- 酮（5,6 -dihydro- 2H- pyran-2-o）对南方根结线虫 2 龄幼虫的致死率均为 100%，温室防治效果达到 90%。一些对植物线虫有作用的植物醛类或酮类化合物及其结构见图 7-2。

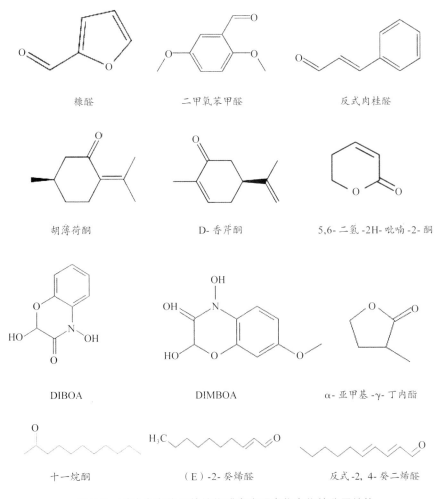

糠醛　　　　　　二甲氧苯甲醛　　　　　反式肉桂醛

胡薄荷酮　　　　　　D- 香芹酮　　　　　5,6- 二氢 -2H- 吡喃 -2- 酮

DIBOA　　　　　　　DIMBOA　　　　　α- 亚甲基 -γ- 丁内酯

十一烷酮　　　　（E）-2- 癸烯醛　　　　反式 -2, 4- 癸二烯醛

图 7-2　对线虫有作用的植物醛类或酮类化合物的分子结构

7.3.2　生物碱（Alkaloids）

　　生物碱是一类含氮的碱性有机化合物，多数具有复杂的氮杂环结构。有些含氮有机化合物如维生素、氨基酸、蛋白质、肽类等不属于生物碱的范畴。哥斯达黎加的鱼藤属植物费利佩醉鱼豆（*Lonchocarpus felipei*）含有多羟基生物碱类（2,5- 二羟甲基 -3,4- 二羟吡咯烷，DMDP），可抑制植物线虫生物碱糖苷酶的活性，DMDP 现已成功开发为植物源杀线剂，可以通过叶面喷施的方式向植物的茎和根部传导。吡咯里西啶生物碱（Pyrrolizidine alkaloids，PAs）是菊科（Asteraceae）、紫草科（Boraginaceae）、豆科（Fabaceae）、旋花科（Convolvulaceae）、兰科（Orchidaceae）和夹竹桃科（Apocynaceae）等植物中的次生代谢产物，对根结线虫、孢囊线虫和短体线虫等有毒杀作用，其在 10 mg/L 的浓度下即对南方根结线虫 2 龄幼虫产生致死效果（Fassuliotis 等，1969）。美丽猪屎豆

（*Crotalaria spectabilis*）含有野百合碱（Monocrotaline），在 70~350 mg/L 的浓度下对根结线虫有毒杀作用。

苦参碱（Matrine）由豆科植物苦参（*Sophora flavescens*）的干燥根和果实经乙醇等有机溶剂提取制成。苦参碱和苦豆碱（Aloperine）对植物线虫都有一定的毒杀作用（Matsuda，1991）；来源于多种植物的小檗碱（α-berbine）对根结线虫 2 龄幼虫的毒杀效果与呋喃丹（Carbofuran）相当，在 300 mg/L 浓度下的致死率为 71.3%（Saqib，2019）。作者团队用 40 mg/L 浓度的小檗碱处理南方根结线虫 2 龄幼虫，处理 5 天后致死率可以达 100%。说明小檗碱对植物线虫有一定的作用效果，但作用速度缓慢。金鸡纳碱（奎宁）（Quinine）是茜草科植物金鸡纳树（*Cinchona ledgeriana*）及其同属植物树皮中的主要生物碱，通过损坏线虫的细胞膜而杀死线虫（Taylor，2013）。莨菪烷碱（Hyoscyamine）也被称为阿托品（Atropine），提取自植物的根和叶，亦可人工合成，作用于线虫的乙酰胆碱受体，每亩施用 7.5~10.5g 对蔬菜根结线虫的防治效果可达 73.8%~82.8%（庄占兴等，2001）。

蓖麻碱（Ricine）可以从蓖麻（*Ricinus communis*）植物的种子油中提取获得，用浓度为 2g/L 的蓖麻碱处理根结线虫 2 龄幼虫，48 小时后的死亡率可达 91.5%，LC_{50} 为 0.6 g/L（高倩圆等，2011）。藜芦碱（Veratrine）源自百合科植物藜芦（*Veratrum nigrum*），制成的杀线剂可以单独使用，也可以与其他成分混合使用以提高杀线虫效果。窦瑞木等（2010）报道，用 2.4% 的藜芦碱和阿维菌素的混配剂防治根结线虫，在播种前用 3000 mL/hm² 的浓度处理土壤，防治根结线虫的效果为 66.2%。张绍勇等（2010）报道，喜树碱（Campto-thecin）对松材线虫有活性，其衍生物 7-苄基-喜树碱、7-醛基-喜树碱、7-苯甲酸甲酯基–喜树碱在 24 小时的 LC_{50} 分别为 2.28 mg/L、2.21 mg/L 和 1.37 mg/L，显著高于喜树碱的 12.18 mg/L。一些对线虫有作用的主要植物生物碱类化合物及其结构见图 7-3。

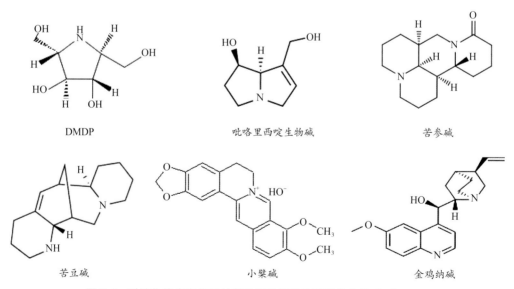

DMDP   吡咯里西啶生物碱   苦参碱

苦豆碱   小檗碱   金鸡纳碱

图 7-3　对植物线虫有作用的部分植物源生物碱类化合物（1）

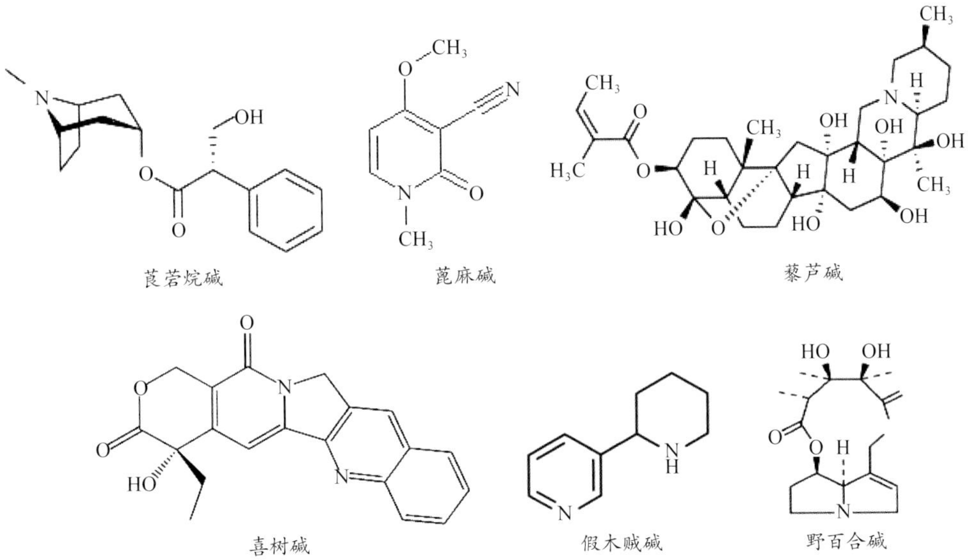

图 7-3 对植物线虫有作用的部分植物源生物碱类化合物（2）

7.3.3 含硫化合物

韭葱、洋葱和大蒜等葱属植物的细胞质中有含硫氨基酸前体，当细胞降解时，这些前体被蒜氨酸酶（Allinase）分解成一种挥发性有机化合物二甲基二硫醚（Dimethyl disulfide，DMDS），纯化后的 DMDS 已被开发为一种商品化的生物熏蒸剂，对根结线虫、孢囊线虫和短体线虫等均表现出了较好的抑制效果，DMDS 处理可杀死土壤中的根结线虫 2 龄幼虫，减少番茄根上的卵块数和根结数（Myrta 等，2018）。芦笋（*Asparagus officinalis*）根中有含硫化合物芦笋酸（Asparagusic acid），该化合物在 50 mg/L 的浓度下能够抑制大豆孢囊线虫和马铃薯孢囊线虫卵的孵化（Takasugi，1975）。野葱（*Allium grayi*）的提取物 Allygrin 和葱（*Allium fistulosum*）的提取物硫代亚磺酸酯（Thiosulfinates）类化合物对根结线虫都有较强的杀死活性；源自大蒜（*Allium sativum*）的大蒜素（Allicin）在 0.5 mg/L 的浓度下能够有效地抑制根结线虫卵的孵化，在 2.5 mg/L 的浓度下可以杀死 2 龄幼虫（Gupta，1993）。

硫代葡萄糖苷（Glucosinolates）是植物中能防御病虫侵染的次生代谢产物之一，其侧链上有不同的脂肪族、芳香族和杂芳香族碳骨架。当植物根细胞破裂（例如被线虫伤害）后，硫代葡萄糖苷的硫苷键被内源的芥子蛋白酶（Myrosinases）水解，形成异硫氰酸酯（Erucin）、异硫氰酸盐（Isothiocyanate）、硫氰酸盐（Thiocyanate）、腈（Nitrile）、上亚硫腈（Epithionitrile）、恶唑烷 -2- 硫酮（Oxazolidine-2-thione）和吲哚类化合物等，这些代谢产物对土壤中的生物包括线虫有广谱性的熏蒸毒杀作用（Sikder 和 Vestergard，2020）。

同时，硫代葡萄糖苷的降解产物能够触发植物的防御机制、产生毒素以及在植物根部形成防御屏障，从而阻止真菌等有害病原生物进入寄主植物。生物活性测试发现，硫代葡萄糖苷和异硫氰酸盐对植物线虫有很强的致死作用，在 5 mg/L 的浓度下可杀死根结线虫 2 龄幼虫（Ntalli，2012）。

此外，白花菜目（Capparales）的芸薹属（*Brassica* spp.）和白芥属（*Sinapsis* spp.）植物以及该目中的其他一些植物种类均含有硫、氮、β-D- 硫葡萄糖及磺化肟等成分，包括硫代葡萄糖苷。黑芥（*Brassica nigra*）产生的异硫氰酸烯丙酯（Allyl isothiocyanate）在 1 mg/L 的浓度下可抑制马铃薯孢囊线虫的卵孵化，在 5 mg/L 浓度下可导致根结线虫 2 龄幼虫死亡，在田间用 1.0 kg/hm^2 的剂量可以有效抑制根结线虫的种群密度（Ellenby，1945）；白芥（*Sinapsis alba*）产生的异硫氰酸 -2- 苯基乙酯（2-phenylethyl isothiocyanate）在 50 mg/L 浓度下可抑制马铃薯孢囊线虫的卵孵化（Ellenby，1951），其对根结线虫的抑制效果与异硫氰酸烯丙酯相当。

十字花科（Brassicaceae）中很多植物的叶和种子提取物均对植物线虫有致死作用，也能够在土壤中释放对线虫有作用的异硫氰酸酯类化合物，可作为绿肥植物轮作（Natlli，2012）。菊科（Asteraceae）植物产生的聚乙炔类（Polyacetylenes）化合物大多也具有杀线虫的活性，如黑心金光菊（*Rudbeckia hirta*）产生的硫炔红素 C（Thiarubrine C）对南方根结线虫 2 龄幼虫的 LC$_{50}$ 为 12.4 mg/L，对穿刺短体线虫（*Pratylenchus penetrans*）幼虫的 LC$_{50}$ 为 23.5 mg/L（Sanchez 等，1998）。

万寿菊（*Tagetes erecta*）中的 α- 三联噻吩（α-terthienyl）是一种聚噻吩类化合物，对马铃薯金线虫（*Globodera rostochiensis*）、小麦粒线虫（*Anguina tritici*）和起绒草茎线虫（*Ditylenchus dipsaci*）的致死浓度分别为 0.1~0.2 mg/L、0.5 mg/L 和 5 mg/L（Uhlenbroek 和 Bijloo，1958），其类似物四氯噻吩（Tetrachlorothiophene）曾在美国注册为杀线剂。过去曾认为，α- 三联噻吩在近紫外光的照射下产生的单线态氧（Singlet oxygen）是杀死线虫的原因，也可以被根内的过氧化物酶激活而对线虫产生活性。最近有报道称，α- 三联噻吩实际上是一种非光激活的植物线虫毒性物质（Hamaguchi 等，2019）。一些对植物线虫有作用的主要植物含硫类化合物及其结构见图 7-4。

7.3.4　三萜类化合物（Triterpenoids）

三萜类化合物中的柠檬苦素（Limonoids）、苦木素类（Quassinoids）和皂苷（Saponins）对植物线虫有较强的杀死活性。柠檬苦素是一种通过代谢改变的三萜类化合物，衍生自有 4,4,8- 三甲基 -17- 呋喃甾体骨架的前体，主要存在于芸香目的楝科（Meliaceae）和芸香科（Rutaceae）植物中，以及拟芸麻科（Cneoraceae）的个别植物中，迄今已发现 300 多种柠檬苦素类化合物，其中最受关注的是源自印楝（*Azadirachta indica*）的印楝素（Azadirachtin），印楝素是四降三萜（Tetranortriterpenoid）柠檬苦素类化合物。

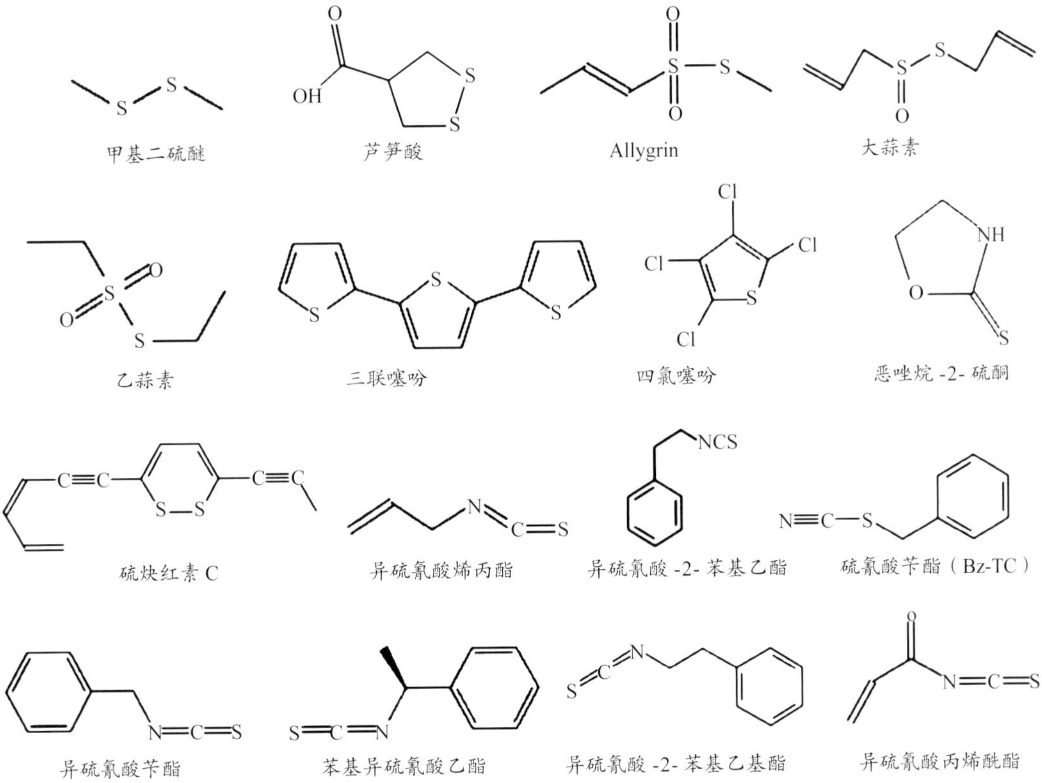

图 7-4　有杀线虫活性的部分植物源含硫类化合物的分子结构

甲基二硫醚　　芦笋酸　　Allygrin　　大蒜素

乙蒜素　　三联噻吩　　四氯噻吩　　恶唑烷 -2- 硫酮

硫炔红素 C　　异硫氰酸烯丙酯　　异硫氰酸 -2- 苯基乙酯　　硫氰酸苄酯（Bz-TC）

异硫氰酸苄酯　　苯基异硫氰酸乙酯　　异硫氰酸 -2- 苯基乙基酯　　异硫氰酸丙烯酰酯

苦木素类和皂苷也是三萜类化合物，其作用机理是抑制线虫的 γ- 氨基丁酸（GABA）活性。苦木素类化合物主要存在于木樨科（Oleaceae）植物如苏里南苦木（*Quassia amara*）、桂皮（*Cassia camara*）、牙买加苦树（*Picrasma excelsa*）以及苦木科植物 *Hannoa klaineana* 等，这类化合物的结构复杂，按基本骨架可分为 C-18、C-19、C-20、C-22 和 C-25 五类。分离自苦木科植物 *Hannoa klaineana* 的卡帕里酮（Chaparrinone）、克莱纳酮 Klaineanone 和苦味素（Glaucarubolone）在 1~5 mg/L 的浓度下对南方根结线虫有致死作用（Prot 等，1983）。

苜蓿中含有大量的三萜苷，可以破坏线虫的细胞膜。用紫花苜蓿（*Medicago sativa*）改良土壤能够减轻根结线虫的为害并增产。含有生物碱和皂苷的肿柄菊（*Tithonia diversifolia*）水提液能够显著降低根结线虫的卵孵化率、2 龄幼虫侵染率和根结数量。利用智利皂树（*Quillaja saponaria*）的提取物及其皂苷开发出了新型的植物源杀线剂 QL-Agri®35（提取物）和 Brandt ®Nema-Q（8.6% 皂苷）。浓度 8 mg/L 的 QL-Agri®35 能够抑制根结线虫的卵孵化和击倒 2 龄幼虫。皂苷是类固醇（Steroids）和三萜类的糖苷化成分，对根结线虫的 ED_{50} 为 85 mg/L（Allen，1971）。景天紫菀（*Aster sedifolius*）、印度紫荆木（*Madhuca indica*）的种子、木患子（*Sapindus mukorossi*）的果皮、智利夜来香

（*Cestrum parqui*）等诸多植物的提取物或三萜皂苷均对根结线虫的为害表现出一定的抑制作用。作者团队研究发现，浓度 100 mg/L 的茶皂素（Tea saponin）对南方根结线虫的防效为 70%，但也表现出了一定的植物毒性。源自鱼藤属植物根中的鱼藤酮（Rotenone）可用来防治多种蔬菜害虫，对植物线虫也有一定的抑制效果（Mathew 等，2016）。有杀线活性的部分植物源三萜类化合物的分子结构见图 7-5。

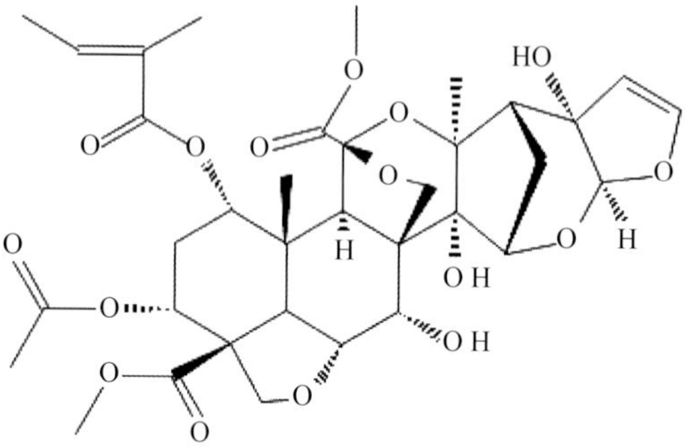

印楝素

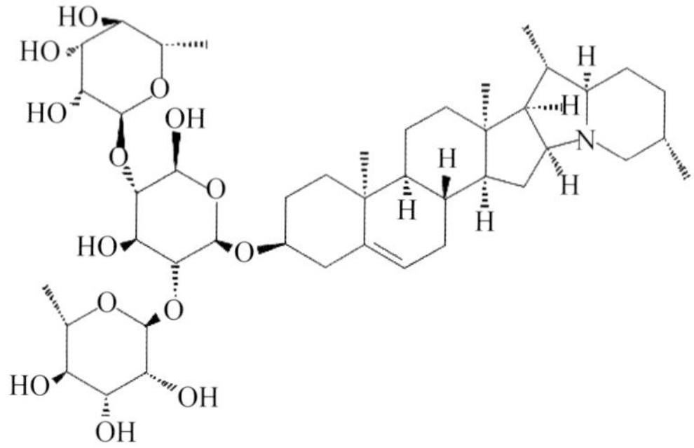

皂苷

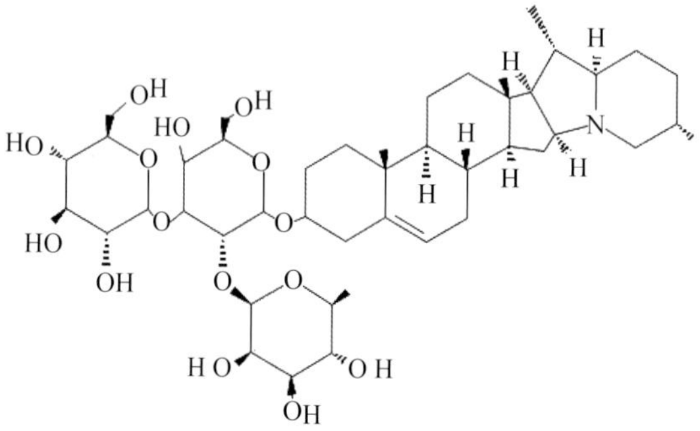

茶皂素

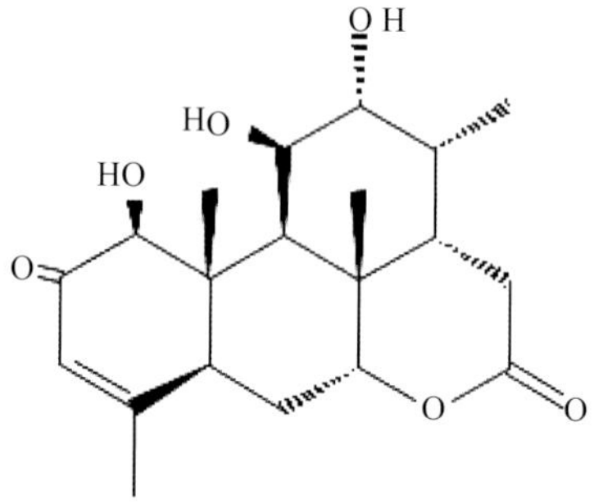

克莱纳酮

图 7-5　有杀线活性的部分植物源三萜类化合物的分子结构

7.3.5　糖苷（Glycosides）、黄酮类（Flavonoids）和二萜类化合物（Diterpenoids）

高粱（*Sorghum bicolor*）中的蜀黍氰苷（Dhurrin）和苏丹草（*Sorghum sudanense*）中的氰醇（Cyanohydrin）是生氰糖苷类化合物，对根结线虫有一定的抑制作用。高粱和苏丹草也可作为绿肥植物在轮作种植中抑制植物线虫的种群（Widmer 和 Abawi，2000）。

黄酮类化合物山柰酚（Kaempferol）能够抑制香蕉穿孔线虫的卵孵化，五羟黄酮（Quercetin）在 400 mg/L 的浓度下对根结线虫有趋避作用（Osman，1988），山柰酚、杨梅黄酮（Myricetin）对根结线虫也有趋避作用（Wuyts 等，2006），万寿菊素（Patuletin）、五羟黄酮、万寿菊苷（Patulitrin）和芦丁（Rutin）对玉米孢囊线虫（*Heterodera zeae*）的幼虫有致死作用（Faizi 等，2011）；夏佛塔苷（Schaftoside）和异夏佛塔苷（Isoschaftoside）对根结线虫的 LC_{50} 值分别为 114.66 mg/L 和 323.09 mg/L（Natlli，2012）。

　　醛类半棉酚（Aldehydes hemigossypol）是第一个被发现的具有杀线虫活性的倍半萜类化合物，同类的日齐素（Rishitin）则是第一个被发现的植保素，对起绒草茎线虫（*Ditylenchus dipsaci*）的 LD_{50} 值为 100 mg/L（Zinovieva，1987）。二萜类化合物（Diterpenoids）瑞香辛（Odoracin）在 5.0 mg/L 的浓度下对贝西滑刃线虫（*Aphelenchoides besseyi*）有致死作用（Munakata，1983）。有杀线活性的部分糖苷、黄酮类和萜类化合物的分子结构见图 7-6。

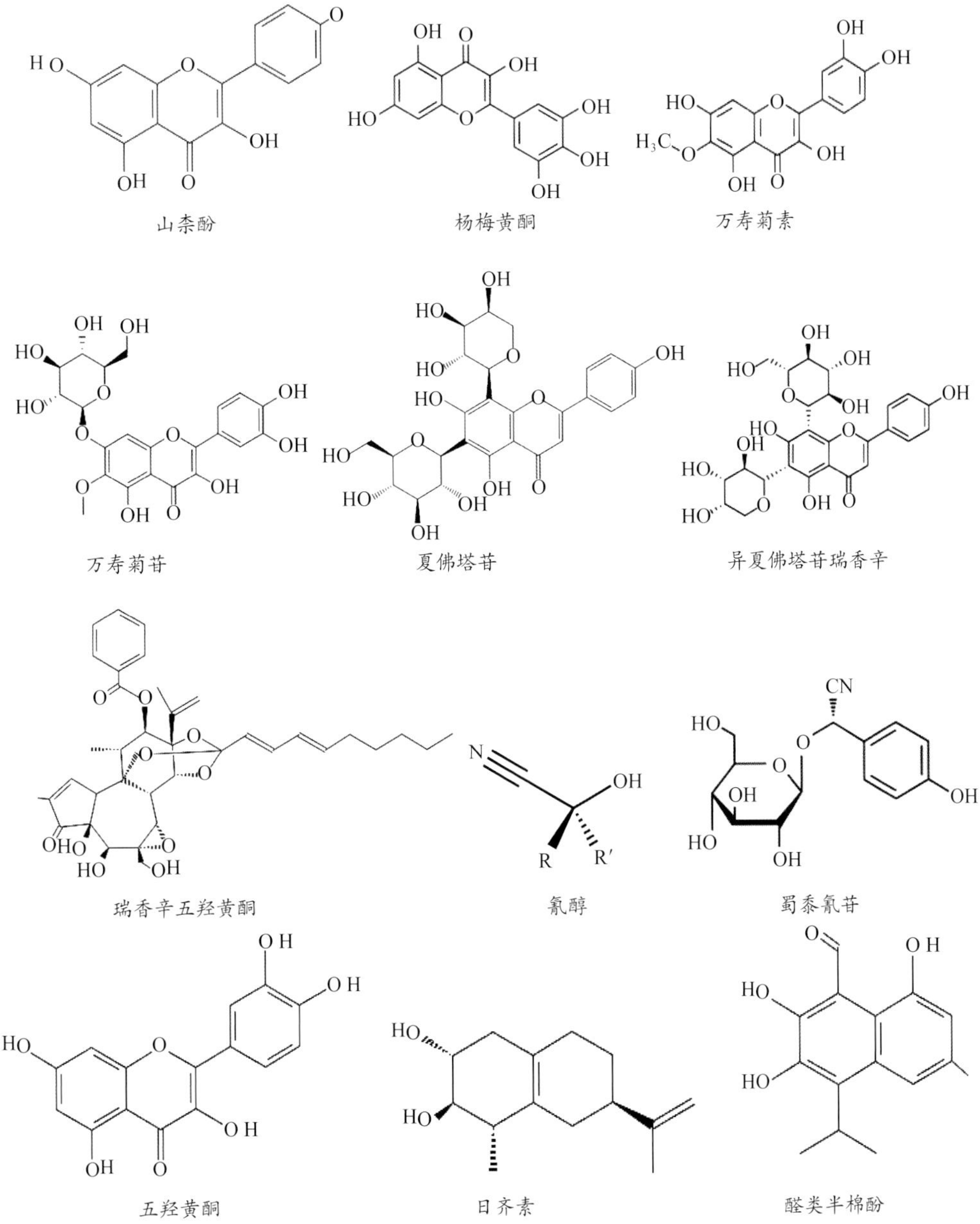

山柰酚　　　　　　　杨梅黄酮　　　　　　　万寿菊素

万寿菊苷　　　　　　夏佛塔苷　　　　　　异夏佛塔苷瑞香辛

瑞香辛五羟黄酮　　　　　氰醇　　　　　　蜀黍氰苷

五羟黄酮　　　　　　日齐素　　　　　　醛类半棉酚

图 7-6　有杀线活性的部分糖苷、黄酮类和萜类化合物的分子结构

7.3.6　有机酸（Organic acids）

植物油含有大量不均匀的饱和或不饱和脂肪酸，有较长的酯化碳链以及高分子量的脂肪酸酯。这些有机酸对昆虫有胃毒和触杀作用，通过在角质层上形成一层不透水的薄膜而使昆虫窒息，也能够通过渗透角质层、破坏细胞膜、解偶联氧化磷酸化而使昆虫死亡。有些有机酸，如油酸（C18）自身具有杀虫活性，而十一烯酸（C11）毒性较低，但会增加其他杀虫化合物的活性。有机酸也有杀线虫的作用，例如 0.125% 的亚油酸（Linoleic acids）在 24 小时内对根结线虫 2 龄幼虫的致死率为 100%（Ntalli，2012）。马缨丹（*Lantana camara*）中的三萜酸 11-oxo triterpenic acid 可引起根结线虫 80%~90% 的死亡率。Begum 等（2008）发现乌苏酸（Pomolic acid）、类马缨丹酸（Lantanolic acid）和丹异酸（Lantoic acid）在 1 g/L 的浓度下 24 小时对根结线虫 2 龄幼虫的致死率均达到 100%；Camarin acid、Lantacin acid、Camarinin acid 和熊果酸（Ursolic acid）杀死全部线虫则需要 48 小时；0.5% 的马缨丹酸（lantanilic acid）、苦杏酸（Camaric acid）和齐墩果酸（Oleanolic acid）对根结线虫的致死率分别为 98%、95% 和 70%（Qamar，2005）；1.6 μL/L 的壬酸甲酯（Methyl pelargonate）对大豆孢囊线虫和南方根结线虫有致死作用（Chitwood，2012）；50 mg/L 的邻羟基苯甲酸或水杨酸对根结线虫有致死作用（Maheshwari 等，1990）。海藻酸（Lginic acid）、壬二酸（Azelaic acid）对秀丽隐杆线虫（*C. elegans*）有致死作用（Taylor 等，2013）。对植物线虫有致死作用的部分植物源有机酸类化合物的分子结构见图 7-7。

7.3.7　植物精油（Essential oil）

植物精油是利用水蒸气蒸馏法、挤压法、冷浸法或溶剂提取法等技术从各种植物的花、叶、茎、根或果实中提炼萃取的挥发性芳香物质，常温下多呈液态，少数呈固态。精油主要由醇类、醛类、酸类、酚类、酯类、酮类和萜类等有机化合物组成。精油中的化合物分子链通常比较短，渗透性很强，且有亲脂性，易溶于油脂中。精油具有广泛的生物活性，包括杀虫、拒食、驱蚊、抑制产卵、生长调节和杀菌等。植物精油通常对哺乳动物毒性不高，而且在环境中的残留期很短，已成功开发出多种基于植物精油的杀虫剂、杀菌剂和杀线剂，它们在有机农产品的生产中发挥了很好的作用。

世界各地有 300 多种植物精油经实验测定证实对根结线虫或松材线虫具有致死作用（Andres 等，2012）。这些植物精油主要来自藏茴香（*Carum carvi*）、茴香（*Foeniculum vulgare*）、圆叶薄荷（*Mentha rotundifolia*）、绿薄荷（*M. spicata*）、日本薄荷（*M. arvensis*）、辣薄荷（*M. piperita*）、唇萼薄荷（*M. pulegium*）、柠檬桉（*Eucalyptus citriodora*）、桉树（*E. hybrida*）、蜜味桉（*E. meliodora*）、九层塔（*Ocimum basilicum*）、香叶天竺葵（*Pelargonium graveolens*）、玫瑰草（*Cymbopogon martinii*）、异型叶南五味子（*Kadsura heteroclite*）、小檗科三叶裸花草（*Achlys triphylla*）、朱利安娜马鞭草（*Lippia juneliana*）、

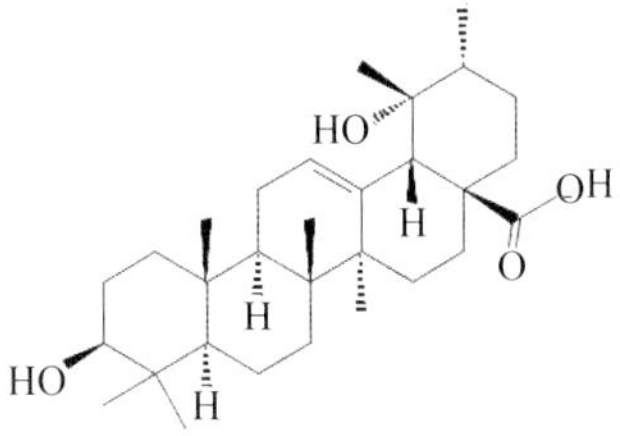

乌苏酸 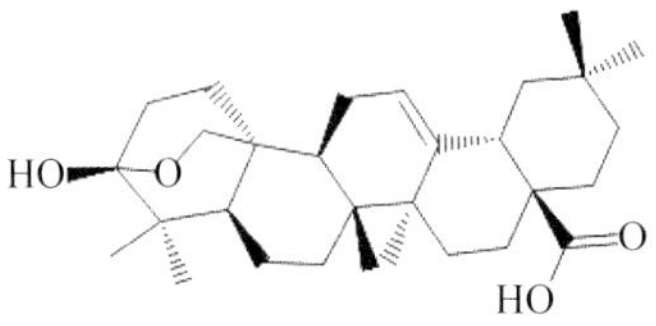　马缨丹酸 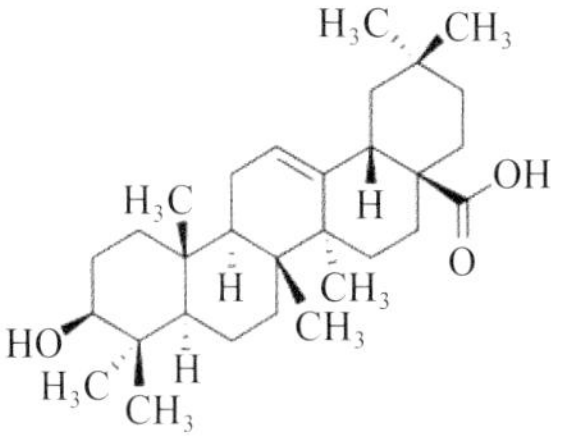　齐墩果酸

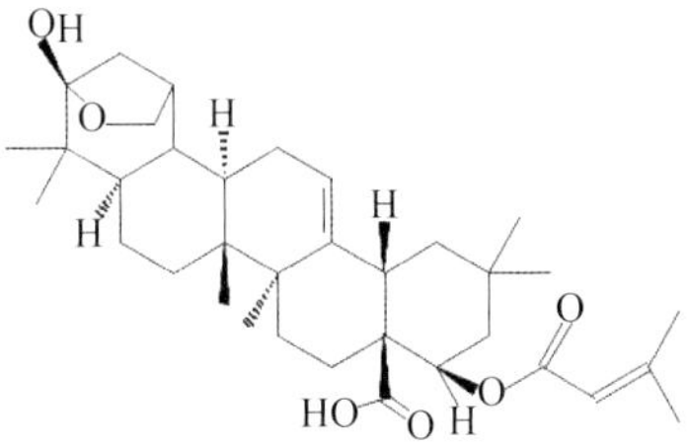

Lantacin acid 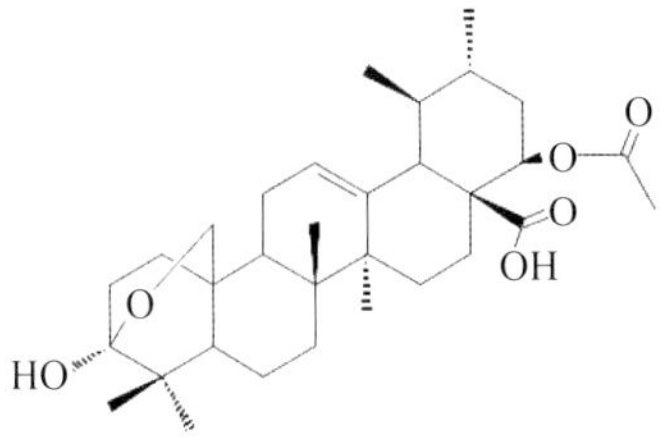　Camarinin acid 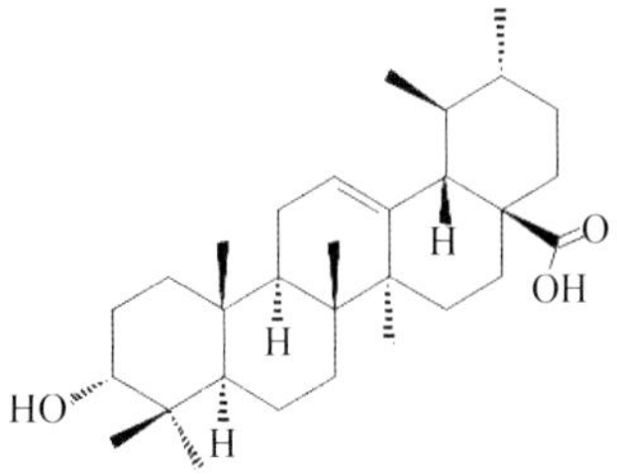　熊果酸

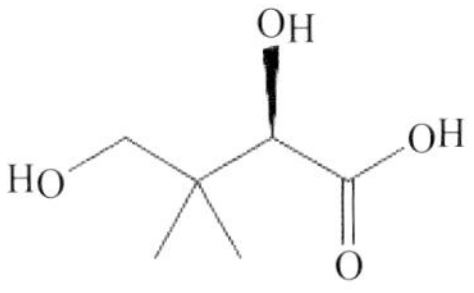

丹异酸 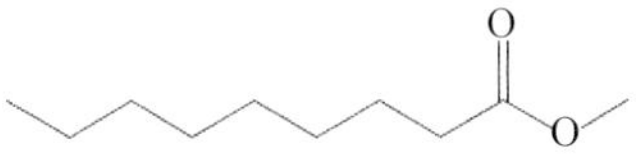　壬酸甲酯 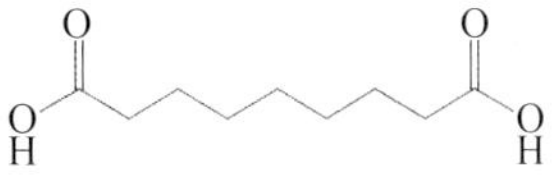　壬二酸

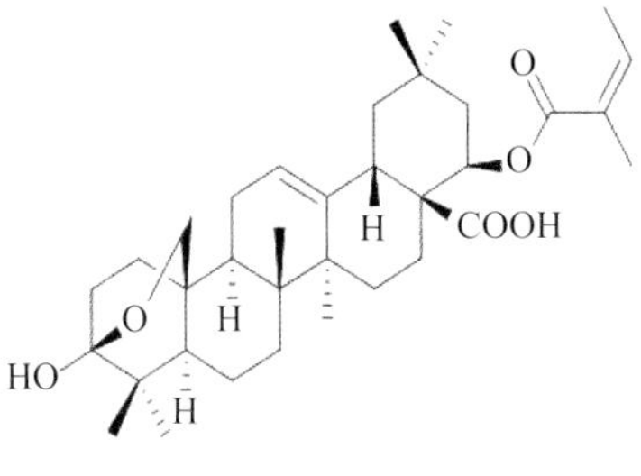

苦杏酸 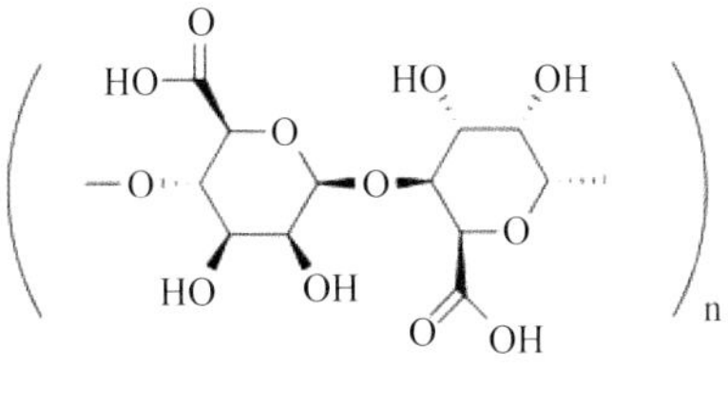　海藻酸 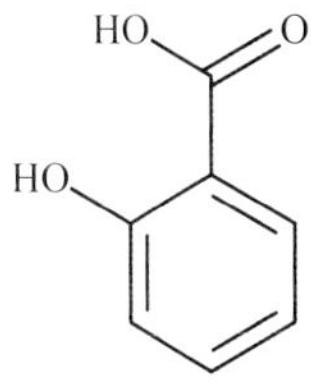　水杨酸

图 7-7　对植物线虫有致死作用的部分植物源有机酸类化合物的分子结构

锥形马鞭草（*L. turbinate*）、茼蒿（*Chrysanthemum coronarium*）、百里香（*Thymus mongol-icus*）、大蒜（*Allium sativum*）、拟芸香（*Haplophyllum* spp.）、香茶菜（*Plectranthus* spp.）、牛至（*Origanum vulgare*）、白藓牛至（*O. dictamnus*）、香蜂花（*Melissa officinalis*）、茴芹（*Pimpinela anisum*）、笃耨香树（*Pistacia terebinthus*）、叙利亚芸香（*Ruta chalepensis*）、龙蒿（*Artemisia dracunculus*）、芝麻菜（*Eruca sativa*）等（Natlli，2012）。香芹酚、香茅醇、香叶醇、百里香酚对根结线虫 2 龄幼虫 72 小时的致死率可达 100%（Andres 等，2012）。参考 Chitwood（2002）、Ntalli（2012）、Andres（2012）等资料对有杀线活性的部分植物精油成分的分子结构汇总如图 7-8 所示。

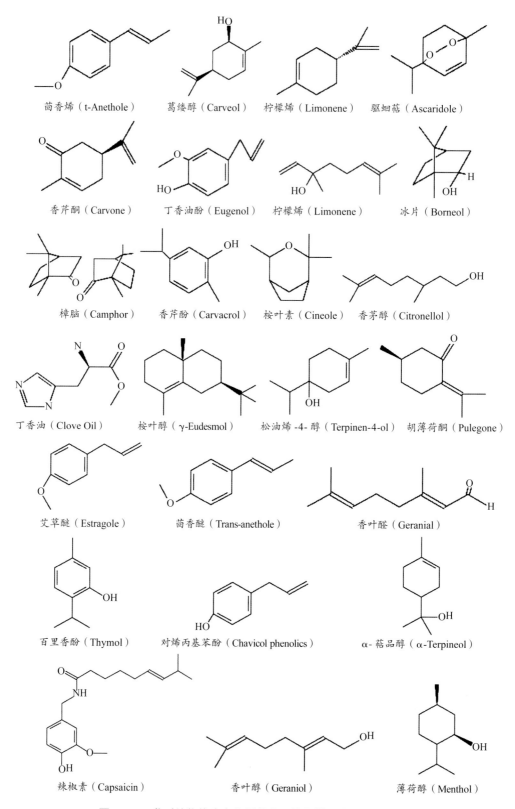

图 7-8 一些对植物线虫有作用的主要植物精油成分及其分子结构

7.4　商业化的植物源杀线产品

为了筛选对线虫有活性的生物资源，研究人员已测试过上千种来于世界各地的各类植物。一些杀线活性强的成分如糠醛、异硫氰酸烯丙酯和辣椒素等已被开发为熏蒸性杀线剂，其他活性成分如油脂、精油、脂肪酸、生物碱、皂苷等则被用于开发非熏蒸性杀线剂。这些来源于植物的杀线剂产品在世界各地得到了广泛的运用，表现出了一定的防治效果。作为环境友好型杀线剂，此类产品一般被单独用来防治庭院或高尔夫球场草坪、有机蔬菜或其他高价值经济作物的线虫病害。在可持续农业的线虫综合治理系统中，由于植物源杀线剂可与化学杀线剂、微生物杀线剂，以及其他农业制剂如生物刺激剂和生物肥料联合使用，因此在杀线剂市场上占据了一定的份额。当前国际上商品化的主要植物源杀线产品见表 7-1。

表 7-1　全球商品化的主要植物源杀线剂产品

商品名 / 开发商	活性成分	来源	功能
Mutiquard/ Agriquard Co. LLC	90% 糠醛	玉米棒多缩戊糖酸水解	广谱性熏蒸剂
Dominus/Isagro USA	96.3% 异硫氰酸烯丙酯	芥末精油	广谱性熏蒸剂
Dazitol/Millennium Chemicals, Inc.	0.42% 辣椒素 3.70% 异硫氰酸烯丙酯	辣椒油 芥末精油	广谱性熏蒸剂
Vegol®/ Neudorff	96% 芥花油	加拿大油菜籽油	杀线 / 杀虫 / 杀菌
NEMguard®/ Ecospray Ltd，UK	45% 大蒜提取物	大蒜	杀线 / 杀虫 / 杀菌
DMDP/BTG	多羟基生物碱类	哥斯达黎加鱼藤属植物	杀线
NemaKILL®/ ExcelAG, corp.	32% 肉桂油 8% 丁香油 15% 百里香油	植物精油	杀线 / 杀虫 / 杀菌
Nematec® Sci Protek, Inc	0.56% 植物提取物	西班牙栎、加拿大漆树和美国红树	杀线
Nematode Control®/ Growers Trust	2.5% 香叶醇 + 多种细菌	植物精油	杀线
Stop Bugging Me!™ / EcoClear Products	0.25% 肉桂油 0.25% 香叶醇	植物精油	杀线
Dragonfire-CPP/ Poulenger USA, Inc.	100% 芝麻油	亚麻酸和油酸高含量芝麻种子油	杀线
Nemagard/ Natural Organic Products	100% 芝麻	芝麻秆	抑线

（续表）

商品名 / 开发商	活性成分	来源	功能
Neo-Tec S.O. / Brandt Consolidated，Inc.	70% 芝麻油 30% 卵磷脂	芝麻	杀线
Armorex T&O/ Soils Technology Corp	84.5% 芝麻油 1% 迷迭香油 2% 大蒜油 2% 丁香油酚 0.5% 白辣椒	迷迭香 大蒜 丁香 白辣椒	杀线 / 杀虫 / 杀菌
AzaQard® /Mexico BioSafe Systems, LLC	3% 印楝素	印楝	杀线 / 杀虫
Azera®/McLaughlin Gormley King Company	3% 印楝素 1.4% 除虫菊素	印楝	杀线 / 杀虫
Debug® Turbo/ Agro Logistic Systems，Inc	0.7% 印楝素 65.8% 印楝油	印楝	杀虫 / 杀菌 / 杀线
NEMATO-STUN/ Shree Nainar Oil Mills	印楝饼 印楝油	印楝	杀虫 / 杀菌 / 杀线
Neem cake/ Monsoon, Peaceful Vally	印楝饼	印楝	杀虫 / 杀菌 / 杀线
Nemastop/ Soils Technology Corp	植物提取物 脂肪酸	植物提取物 植物脂肪酸	杀线 / 杀菌
TERRAPY/ Cognis Deutschland	脂肪酸 烷基糖苷表面活性剂	植物短链脂肪酸	杀线 / 杀菌
QL-Agri®35/ BASF Chile S.A	35% 皂树提取物	皂树	杀线 / 杀虫
Brandt ®Nema-Q/ Brandt Consolidated, Inc.	8.6% 皂苷类	皂树	杀线 / 杀虫
SafinTM/ Fertilizers and Pesticides	三帖类 牛角瓜苷 大蒜素	植物提取物 大蒜	杀线 / 杀菌
NematiMAX®/ MaxEEma Biotech	柑橘黄酮苷	柑橘	杀线
Algaefol®/ Chema Industries	泡叶藻粉	泡叶藻 *Ascophyllum nodosum*	抑线
线必治 / 河南美盛农业科技	0.3% 苦参碱	苦参	杀线 / 杀虫

　　从植物根中鉴定出了大量对线虫行为、发育以及生存有影响的活性化合物，但被开发成为杀线剂产品的成分却寥寥无几，主要原因包括：①文献报道的多数活性成分主要基于对根结线虫或孢囊线虫 2 龄幼虫在纯净水中的活性测定，没有延伸到田间验证；②研究结果出自特定的试验条件，缺乏不同重复实验的验证。在检验根提取物对线虫的活性时，最

快捷的方法是使用离体（*in vitro*）生物测试，即把卵孵化出的 2 龄幼虫直接加到化合物水溶液中，观察化合物对幼虫的致死效果。在最初的筛选中，离体测试是必要的，能够快速鉴定候选化合物对线虫的活性，然而，当把筛选出的化合物应用到盆栽或田间测试时，则不一定会产生一致的阳性结果，土壤环境对天然化合物的影响是制约其杀线活性的主要因素之一。

温室或田间的土壤条件包括土壤质地、结构、pH 值、温度和微生物活性等，它们可以改变或完全消除离体测试中观察到的生物活性，例如氮、磷、钾肥可以影响植物根内吡咯里西啶生物碱的生成（Hol，2011），土壤水分和结构可调节挥发性植物源化合物在土壤中的扩散和分布等。

微生物的降解作用和土壤颗粒的吸附作用是制约植物源化合物发挥杀线功效的关键因素。例如，苯并恶唑嗪酮类化合物 DIBOA 在离体测试中被证明是一种对植物线虫有效的天然化合物，但微生物对 DIBOA 结构的快速断裂作用以及土壤颗粒对 DIBOA 的吸附作用极大地减弱了该化合物在土壤中的杀线效果（Meyer 等，2009）。由于微生物的降解作用可能会使化合物的杀线活性在土壤中减弱或丧失，在离体测试中表现阳性的候选成分必须利用植物测试（*in planta*）系统做进一步验证，例如，评估化合物在不同土壤类型和可变非生物条件下的活性等。

文献中记载的许多化合物只有在较高的浓度范围内才对植物线虫表现出活性，研究者对它们在根中或在根际土壤中浓度的差异性并没有展开深入的研究。一般情况下，根际中的浓度通常比根中的浓度要低 1 000 倍以上。因此，在使用浓度梯度进行生物活性测试分析时，在 μmol/L、mg/L 或更低浓度下检测到的效果可能更具有应用价值，更有可能反映现实条件下相关的作用机制（Kudjordjie 等，2019）。

植物根产生杀线代谢物的能力波动很大，例如，当根组织细胞壁破裂时芥子酶才能催化硫代葡萄糖苷的水解过程，这需要昆虫或线虫对细胞的破坏，或在植物死亡后的降解过程中才能产生，同时芥子酶的活性还与温度紧密相关，因此在自然条件下植物产生硫代葡萄糖苷水解产物的剂量很难预测。

优秀的植物源杀线剂要对多种植物线虫具有作用，同时对非植物线虫或土壤中的有益生物的负面影响很少。鉴于土壤腐生性线虫和昆虫病原线虫分别在营养物质转化和控制食根害虫中的重要性，应该优先考虑对非目标线虫无害甚至有益的植物代谢产物。

7.5　主要杀线植物种类及其活性成分

7.5.1　印楝及其印楝素

楝科（Meliaceae）的常绿树种印楝（*Azadirachta indica*）（图 7-9）起源于印度和缅

图 7-9　印棟（图片源自 Mason Muller）

甸，在亚洲其他国家、非洲和澳洲均有种植。印棟是印度最有价值的传统药用植物。几百年来，印度农民习惯用其叶、种子、油和油渣饼防治各类作物病虫害甚至人类疾病。印棟提取物的杀虫、杀菌和杀线虫的活性，受到了世界各国植保工作者的高度关注，目前已开发成多种形式的相关产品。

从印棟种子提取的印棟油含有多种三萜类化合物，其中最主要的功能化合物是印棟素（Azadirachtin）。研究者们耗费了长达 18 年的时间阐明了印棟素的分子结构，又花了 22 年的时间，在 2007 年成功开发了其人工合成的技术，但复杂的分子结构使得人工合成成本非常昂贵。印棟素具有从 A 到 I 的多种异构体，研究最多的是印棟素 A 和印棟素 B。研究表明，印棟素能够影响昆虫的取食行为和发育、降低植物线虫卵的孵化率和 2 龄幼虫的活力，并能够促进植物的生长（Khalil，2013）。印棟素对昆虫具有高毒性，而对哺乳动物的毒性则较低，被美国环境保护署（EPA）列为 Class IV，即无哺乳动物毒性。

大多数印棟产品的制作和剂型相对简单，如种子粉、种子饼粉、干叶粉和水提液，1kg 印棟种子一般可提取 40~90 g 印棟素。印棟饼（Neem cake）通常被作为环境友好型的有机肥料或土壤调节剂使用，对土壤中的植物线虫种群有一定的抑制效果。印棟素能够被环境中的诸多因素快速分解，如紫外线、热和酶等，印棟素在水或光下 100 小时就能分解。用印棟素产品 Achook® 0.15% 乳油和 Nimbecidine® 0.03% 乳油防治番茄根结线虫，可分别降低 69.3% 和 64.5% 的根结数、62.3% 和 40.4% 的卵块数，以及 60.2% 和 63.7% 的 2 龄幼虫数（Khalil，2013）；印棟素也能显著降低马铃薯金线虫的为害（Trifonova，2011）。印棟叶的提取物也可以降低根结线虫卵的孵化率（Agbenin，2009）。

印棟对昆虫的作用机理包括直接的毒性、抗有丝分裂、拒食活性、调节昆虫生长、抑制生育、产卵驱避性、危害内分泌系统、损害幼虫角质层、阻滞蜕皮以及阻滞蛋白质合成等。有关印棟对植物线虫的作用机理研究较少，可能包括：①作为酚类物质被植物根系快速吸收，从而诱导植物对线虫的抗性；②印棟大分子化合物的降解产物如氨、甲醛、酚类和脂肪酸等挥发性有机成分对 2 龄幼虫有麻痹作用；③印棟中的成分 Nimbin、Salanine、Thionemone、Nimbidine 和印棟素等成分对线虫有直接的毒杀作用（Khalil，2013）。

印棟素单独使用时对昆虫的作用比较显著，但对植物线虫的防治效果并不是十分理想。事实上，1% 印棟素乳油在很高的浓度下才对根结线虫 2 龄幼虫有麻痹作用或抑制作用，并且推荐使用的剂量在田间并不能达到预期的防治效果（Ntalli 等，2009）。然而，在土壤中施用粗处理的印棟基质则会对植物线虫有较理想的防治效果（Javed 等，2008）。相比印棟素，苦楝（*Melia azedarach*）果油对根结线虫 2 龄幼虫的防治效果更加明显（Ntalli 等，2009）。

7.5.2 万寿菊及其 α- 三联噻吩

菊科草本一年生花卉植物万寿菊（图 7-10）的根系能够产生对线虫有较强致死作用的 α- 三联噻吩。Zechmeister 和 Sease（1947）从万寿菊中分离鉴定出了具有蓝色荧光的 α- 三联噻吩，其作用机理是光敏分子在光的作用下吸收光能，从基态转变成激发态，使生物膜发生氧化，从而破坏线虫细胞膜的结构和功能，最后导致线虫死亡。α- 三联噻

图 7-10　万寿菊（图片源自密苏里植物园）

吩作为一个光敏化合物，虽然经过光活化后有更高的生物活性，但在无光活化的情况下也能很好地抑制线虫卵的孵化、杀死幼虫以及抑制线虫的发育和繁殖（Faizi 等，2011）。此外，该化合物对一些植物病原真菌、细菌、病毒以及害虫也有作用。研究表明，α- 三联噻吩能够透过线虫的皮层进入体内发挥作用，当线虫侵入植物根内后，在无光情况下，根内的过氧化物酶会激活 α- 三联噻吩对线虫的活性，因此其对线虫的活性实际上不需要光的活化（Hamaguchi 等，2019）。万寿菊对包括根结线虫和短体线虫在内的 14 个属的植物寄生线虫有防治作用，但作用效果依据不同的万寿菊品种会有差异，应选择使用对植物线虫活性强的品种作为覆盖作物。目前还没有含 α- 三联噻吩的杀线剂产品进入市场，究其原因可能是提取成本高昂或者人工合成困难。

7.5.3 泡叶藻及其生物碱

泡叶藻（*Ascophyllum nodosum*）（图 7-11）含有的 δ- 氨基戊酸甜菜碱（δ-Aminovaleric acid betaine）、γ- 氨基丁酸甜菜碱（γ -Aminobutyric acid betaine）和甘氨酸甜菜碱

图 7-11 泡叶藻（图片源自 Trouw Nutrition USA）

（Glycinebetaine）（图 7-12）等成分，不仅对植物线虫有致死作用，而且还可能通过调节植物体内的生长素，从而促进植物的生长以及增强种子的萌发力，同时提高抵抗生物或非生物胁迫的能力（Radwan 等，2012）。含有泡叶藻生物碱提取物的杀线剂 Algaefol® 对南方根结线虫的抑制率可达 87.0%，并能显著促进植物根和茎的生长（Radwan 等，2012）。对植物线虫有抑制作用的海藻粉或海藻提取物也可以来源于褐色海藻（*Ecklonia maxima*）、石莼（*Ulva lactuca*）和施氏褐舌藻（*Spatoglossus schroederi*）等。这些藻类提取物不仅对根结线虫有抑制作用，对印度螺旋线虫（*Helicotylenchus indicus*）、长尾刺线虫（*Belonolaimus longicaudatus*）和香蕉穿孔线虫（*Radopholus similis*）也有抑制效果。

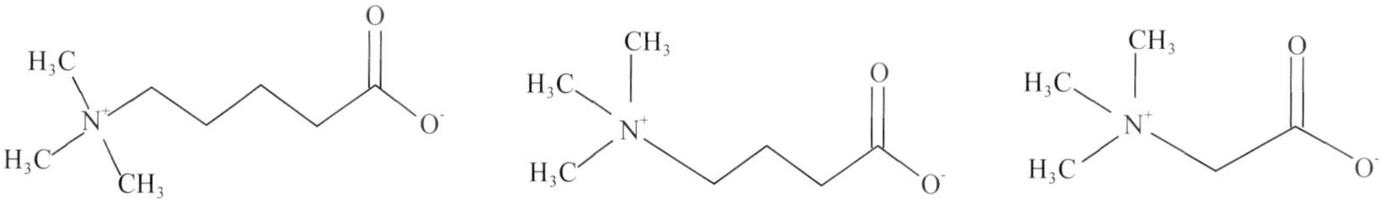

δ- 氨基戊酸甜菜碱

γ- 氨基丁酸甜菜碱

甘氨酸甜菜碱

图 7-12 泡叶藻中的杀线成分

7.5.4 皂树及其皂苷

皂树 *Quillaja saponaria*（图 7-13）是智利 Andes 地区的一个当地树种，源于皂树的杀线剂 QL Agri® 35 是一个皂苷、多酚、盐和糖的混合提取物，对根结线虫和标准剑线虫（*Xiphinema index*）等重要植物线虫有抑制作用。许多植物源三萜类皂苷化合物具有杀菌、杀虫和杀线虫的功能，如用苜蓿（*Medicago* spp.）制作的土壤改良剂能够抑制植物线虫种群，部分原因是苜蓿中的皂苷类化合物含量很高（D'Addabbo 等，2009），这些皂苷类植物天然产物

图 7-13 皂树 *Quillaja saponaria*
（Amber Kerr 摄于伯克利）

主要通过抑制胆固醇合成（Cholesterol biosynthesis）的机制阻滞线虫的生长和发育，同时对植物的生长也有促进作用（Ibrahim 和 Srour，2013）。

7.6 杀线植物源有机质与土壤修复

使用肥料的目的是平衡土壤中由于单一栽培造成的大量营养元素丢失。无机肥料提供植物可以直接吸收利用的氮、磷和钾；有机肥料中的植物基质在土壤温度和湿度良好的条件下被逐步分解后缓慢释放出养分，降低了过量养分被淋溶到植物根系以下的风险；生物肥料是含有微生物或天然物质的产品，能够增强土壤的化学和生物特性，从而刺激植物的生长并能够恢复土壤的肥力。土壤是承载有害废弃物和化学品的主要场所，这些物质进入土壤后要经过物理（雾化、蒸发、稳定、固化）的、化学（光氧化、溶解、洗涤）的和生物的一系列处理过程。当土壤中缺乏这些处理过程或处理能力微弱时，有害物质就会长期残留在土壤中，危害环境和造成农产品污染。

土壤的生物修复方法是利用植物和／或相关的微生物去除有害物质或使有害物质无害化。施用植物残体可以改变土壤的化学性质和微生物群落结构，进而改善土壤的结构和功能。因此是一个重要的可持续性治理手段（Ntalli 等，2020a）。在实际应用时，可把植物碎片或榨油后的种子残渣制成的有机肥直接撒拌在土壤中。

多项研究发现，简单处理过的植物基质对植物线虫的防治效果要比提取物的效果显著，例如，土壤中施用印楝基质（含印楝素等）对线虫会有较理想的防治效果，提取物的效果则不理想（Javed 等，2008）；用苜蓿属植物干粉（含高剂量皂苷类化合物等）制成的土壤改良剂对线虫种群有明显抑制作用（D'Addabbo 等，2009）。柠檬百里香（*Thymus citriodorus*）粉及其未过滤的水浸泡物对番茄的生长有促进作用，并能增加土壤中细菌的生物量以及腐生性线虫的种群密度，同时能够成功地控制根结线虫的为害；施用苦楝果粉或含苦楝果粉的水浸混合物均对根结线虫表现出了显著的抑制效果，提高了土壤中有益生物的活性，且没有出现明显的植物毒害（Ntalli 等，2018）。杀线虫活性不仅取决于植物次生代谢物的毒性如萜类化合物，还包括植物基质在分解过程中产生的活性化合物（Ntalli 等，2020b）。

近年来生物熏蒸已成为一种有效治理线虫为害的方法。生物熏蒸主要起源于芸薹属（*Brassica*）植物释放的挥发性物质异硫氰酸酯。异硫氰酸酯是植物细胞液泡中释放的次级代谢物硫代葡萄糖苷经细胞壁或细胞质中的水解酶代谢所生成。除了异硫氰酸酯，芸薹属植物的基质被降解后也能释放其他具有熏蒸性毒杀作用的含硫化合物，如甲基硫醚、二甲基硫醚、二甲基二硫化物、二硫化碳和甲硫醇等，这些成分能够穿透线虫的角质层进入线虫体内，通过氧化作用损坏 DNA 进而影响线虫卵的孵化，并抑制线虫的活力及其对植物的侵染（Lord 等，2011）。具有生物熏蒸特性的芸薹属植物主要包括甘蓝（*Brassica oleracea*）、欧洲油菜（*B. napus*）、芜菁（*B. rapa*）、萝卜（*Raphanus sativus*）、油菜（*B. campestris*）、芥菜（*B. juncea*）、白芥（*Sinapis alba*）、黑芥（*B. nigra*）、埃塞俄比亚芥（*B. carinata*）、芝麻菜（*Eruca sativa*）等（Dutta，2019）。糠醛作为一种植物源生物熏蒸成分，对植物线虫有显著的杀灭作用，但它同时对土壤中的生物活性有破坏作用，并能引起植物毒害。

有机土壤改良剂具有对作物和环境无毒无污染的特性，在现代可持续农业中占据重要的地位。印楝、桉树、黄花稔、万寿菊、油棕果纤维、可可豆种皮粉、芝麻、油菜、油茶、多种中草药植物的分解产物、种子油饼和植物胶乳（Plant latex），均能够抑制植物线虫的为害和促进作物增产。施用有杀线功能的植物基质，或经过微生物发酵和浸泡过的基质制成的产品，不仅可以有效地控制线虫种群密度，也能为植物的生长直接提供营养物质，或者通过增加土壤中有益微生物群落密度，进而间接增强作物的营养供给，以及提供生长激素促进作物的生长。此外，在线虫发生严重的地块，提高植物基质的施用量不会对植物产生毒害作用。使用植物基质防治线虫的其他优点还包括：①利用当地资源废物可以获得低成本的原料；②生物肥料产品的注册时间短、费用低；③生物肥料的加工成本相比提取物或活性成分纯化的成本要低，耗时短；④种植者可以自己制作，同时结合农业耕作措施一起使用，可节约劳动力成本等。

7.7 植物的生物刺激剂

依据欧盟的定义（EU Regulation 2019/1009，http://data.europa.eu/eli/reg/2019/1009/oj），生物刺激剂（Biostimulants）是自然界天然存在的某些物质、混合物和微生物，它们的功能不是为了增加植物生长的营养物质，而是刺激植物的自然营养过程。施用这类产品的目的仅仅是为了提高植物对养分的利用效率、加强对非生物胁迫的耐受性、提升作物性状品质、增加土壤或根际被禁锢养分的利用率。它们在本质上更类似于肥料产品，而不是植物保护产品，它们能够优化肥料的利用效率，降低养分的施用率，同时也附带肥料的功能。生物刺激剂主要分为8个类别，包括腐植酸、复合有机物质、有益化学元素、无机盐、海藻提取物、甲壳素和壳聚糖衍生物、抗蒸腾剂、游离氨基酸。依据这个概念，有些具有杀线功能的植物基质和提取物作为复合有机物质，也属于生物刺激剂的范畴。D'Addabbo等（2019）对意大利市场上具有杀线功能的商品化生物刺激剂做了调查，作者编译汇总如表7-2所示。

表 7-2　意大利市场上具有杀线功能的商品化生物刺激剂

原材料	商品名	形态
海藻提取物（Seaweed extract）	Alg-a-Mic™、Algafit™、Ascogreen™、Force 4™、Nematec™、Ergon™	液体

（续表）

原材料	商品名	形态
印楝油（Neem oil）	Bioki™、Fertineem™	液体
印楝饼（Neem cake）	Ilsaneem™、Neem Soil™、Xedaneem™	固体
骨粉和印楝饼（Bone meal、Neem cake）	Ecoessen NP™	固体
印楝饼和水黄皮饼（Neem and Pongamia cake）	Nutrich™	固体
芝麻油（Sesame oil）	Nematon EC™、NeMax™、Sesamin EC™	液体
蜂胶油（Propolis oil）	Tyson™、Propoli oleoso™	液体
植物油（Plant oils）	Nema 300 WW™	液体
植物提取物（Plant extracts）	Neem Care FL™、Nematiller™、Cogisin™、Hunter™、Kendal Nem™	液体
海藻浸渍和植物提取物（Seaweed macerate，Plant extracts）	Rigenera Active	液体
腐植酸、黄腐酸和植物提取物（Humic and fulvic acids，Plant extracts）	Nemaforce™	液体
腐植酸、黄腐酸（Humic and fulvic acids）	Ergo Bio™	液体
智利皂树和丝兰提取物（Quillay and yucca extracts）	Tequil Multi™	液体
芥属植物兰提取物（Brassica extract）	Biofence FL™	液体
芥属植物粉（Brassica meal）	Biofence™、Biofence 10™	固体
壳聚糖（Chitosan）	Keos Guardian™	液体
万寿菊提取物（Tagetes extract）	Tagete™	液体
菌根真菌（Micorrhizal fungi）	Micofort™、Micosat F™、Micosat Jolly™、Ekoprop Nemax™、Aegis™、Mychodeep™	固体

对线虫种群有抑制作用的植物源生物刺激剂主要是来自芝麻、芸薹属植物、印楝和皂树等的提取物、植物油、种子粉或油渣饼，也可以来源于藻类。腐植酸钾是一种煤制产品，具有改良土壤、促进作物生长、提高作物产量、恢复土壤生物多样性和抵抗线虫侵染的特性。有机原料在分解过程中会释放对植物线虫有毒杀作用的有机酸，低分子量的腐植酸和黄腐酸对线虫也有抑制作用。Jothi 等（2017）报道施用 2 g/kg 土壤的黄腐酸钾对根结线虫种群有抑制作用，能够显著提高作物的产量。腐植酸和黄腐酸盐制剂可以增加植物对矿物质元素的吸收能力，并能对土壤的物理、化学和生物特性产生有益的影响。

生物刺激剂存在组分不稳定的缺陷，会导致田间应用效果有波动，从而严重制约了它们在植物线虫治理中的应用，也造成了此类产品的性能认证和商业注册比较困难。例如，壳聚糖田间应用效果的评价存在争议，究其原因是不同来源材料中的壳聚糖分子量大小有很大差异。因此，标准化的原材料供应和产品制造工艺是确保产品能够保持稳定效果的必要条件。另外，在有机作物种植系统中，单独使用这类产品可能更为合理，而在常规作物系统中则可以与其他化学或非化学控制手段相结合，特别是用于防治高价值经济作物的线虫为害。

参考文献

窦瑞木，杨红丽，张慎璞，等，2010. 2.4% 藜芦碱·阿维 AS 防治番茄根结线虫药效试验 [J]. 农药，49(8)：602–603.

高倩圆，胡飞龙，祝红红，等，2011. 蓖麻提取物和淡紫拟青霉对南方根结线虫的防治作用 [J]. 生态学杂志 (10)：138–144.

张绍勇，陈安良，张旭，等，2011. 20-(S)- 喜树碱 7-C- 取代衍生物的合成及杀松材线虫活性研究 [J]. 农药学学报 (2)：127–132.

庄占兴，宋化稳，田小卫，等，2001. 莨菪烷碱防治蔬菜根结线虫药效研究 [J]. 农药科学与管理 (5)：19–20.

Agbenin O N, 2009. Potentials of organic amendments in the control of plant parasitic nematodes[J]. Plant Protection Science, 40: 21–25.

Ali S, Naz I, Alamzeb M, Urrashid M, 2019. Activity guided isolation of nematicidal constituents from the roots of *Berberis brevissima* Jafri and *Berberis parkeriana* Schneid[J]. Tarim Bilimleri Dergisi , 25(1): 108–115.

Allen E H, Feldmesser J, 1971 . Nematicidal activity of α-chaconine: effect of hydrogen-ion concentration [J]. Journal of Nematology, 3(1): 58–61.

Andrés M F, González-Coloma A, Sanz J, et al, 2012. Nematicidal activity of essential oils: A review[J]. Phytochemistry Reviews, 11(4) : 371–390.

Begum S, Zehra S, Siddiqui B, et al, 2008. Pentacyclic triterpenoids from the aerial parts of *Lantana camara* and their nematicidal activity [J]. Chemistry & Biodiversity, 5: 1856–1866.

Chitwood D J, 2002 . Phytochemical based strategies for nematode control [J]. Annual Review of Phytopathology, 40(1): 221–249.

D'Addabbo T, Avato P, Tava A, 2009 . Nematicidal potential of materials from *Medicago* spp.[J]. European Journal of Plant Pathology, 125(1): 39–49.

D'Addabbo T, Laquale S, Perniola M, et al, 2019. Biostimulants for plant growth promotion and sustainable management of phytoparasitic nematodes in vegetable crops[J]. Agronomy, 9: 616.

Dong L, Li X, Li H, et al, 2014. Lauric acid in crown daisy root exudate potently regulates root-knot nematode chemotaxis and disrupts Mi-flp-18 expression to block infection[J]. Journal of Experimental Botany, 65 (1): 131–141.

Dutta T K, Khan M R, Phani V, 2019. Plant-parasitic nematode management via biofumigation using brassica and non-brassica plants: Current status and future prospects[J]. Current Plant Biology, 17: 17–32.

Ellenby C, 1945. The influence of crucifers and mustard oil on the emergence of larvae of the potato-root eelworm, *Heterodera rostochiensis* Wollenweber [J]. Annals of Applied Biology, 32: 67–70.

Ellenby C, 1951. Mustard oils and control of the potato-root eelworm, *Heterodera rostochiensis* Wollenweber: further field and laboratory experiments[J]. Annals of Applied Biology, 38: 859–875.

Faizi S, Fayyaz S, Bano S, et al, 2011. Isolation of nematicidal compounds from *Tagetes patula* L. yellow flflowers: Structure–activity relationship studies against cyst nematode *Heterodera zeae* infective stage larvae [J]. Journal of Agricultural and Food Chemistry, 59(17): 9080–9093.

Fassuliotis G, Skucas G P, 1969 . The effect of pyrrolizidine alcaloid ester and plants containing pyrrolizidine on *Meloidogyne incognita* acrita[J]. Journal of Nematology, 3: 287–288.

Gupta R, Sharma N K, 1993. A study of the nematicidal activity of allicin—an active principle in garlic, *Allium sativum* L. against root-knot nematode, *Meloidogyne incognita* (Kofoid and White, 1919) Chitwood, 1949[J]. International Journal of Pest Management, 39: 390–392.

Hamaguchi T, Sato K, Vicente C, et al, 2019. Nematicidal actions of the marigold exudate α-terthienyl: oxidative stress-inducing compound penetrates nematode hypodermis[J]. Biology Open 8, bio038646. doi: 10. 1242/bio. 038646.

Hol W H G, 2011. The effect of nutrients on pyrrolizidine alkaloids in *Senecio* plants and their interactions with herbivores and pathogens[J]. Phytochemistry Reviews, 10(1): 119–126.

Ibrahim M A R, Srour H A M, 2013 . Saponins suppress nematode cholesterol biosynthesis and inhibit root knot nematode development in tomato seedlings[J]. Natural Products Chemistry and Research, 2(1): 123.

Javed N, Gowen S R, El-Hassan S A, et al, 2008. Efficacy of neem (*Azadirachta indica*) formulations on biology of root-knot nematodes (*Meloidogyne javanica*) on tomato[J].Crop Protection, 27: 36–43.

Jothi G, Poornima K, 2017. Potassium humate for the management of root knot nematode in tomato (*Lycopersicon esculentum*) [J]. Journal of Entomology and Zoology Studies, 5(4): 646–648.

Khalil M S , 2013. Abamectin and azadirachtin as eco-friendly promising biorational tools in integrated nematodes management programs[J]. Journal of Plant Pathology and Microbiology, 4(4): 1–7.

Kudjordjie E N, Sapkota R, Steffensen S K, et al, 2019. Maize synthesized benzoxazinoids affect the host associated microbiome[J]. Microbiome, 7(1): 59.

Lord J S, Lazzeri L, Atkinson H J, et al, 2011. Biofumigation for control of pale potato cyst nematodes: activity of Brassica leaf extracts and green manures on *Globodera pallida* in vitro and in soil[J].Journal of Agricultural and Food Chemistry, 59: 7882–7890.

Maheshwari D K, Anwar M, 2010 . Nematicidal activity of some phenolics on root knot, growth and yield of *Capsicum frutescens* cv. California Wonder [J]. Journal of Phytopathology, 129(2): 159–164.

Matsuda K, Yamad K, Kimura M, et al, 1991. Nematicidal activity of matrine and its derivatives against pine wood nematodes[J]. Journal of Agricultural and Food Chemistry, 39(1): 189–191.

Mathew M D, Mathew N D, Miller A, et al, 2016. Using *C. elegans* forward and reverse genetics to identify new compounds with anthelmintic activity[J]. PloS Neglected Tropical Diseases, 10(10): e0005058.

Meyer S, Rice C P, Zasada I A, 2009 . DIBOA: Fate in soil and effects on root-knot nematode egg numbers[J]. Soil Biology & Biochemistry, 41(7): 1555–1560.

Munakata K, 1983. Nematocidal natural products[M]. Whitehead D L, Bowers W S.Natural products for innovative pest management.Oxford: Pergamon: 299–310.

Myrta A, Santori A, Zanón M J, et al, 2018. Effectiveness of dimethyl disulfide (DMDS) for management of root-knot nematode in protected tomatoes in southern Europe[J]. Acta Horticulturae, 1207: 123–128.

Ntalli N G, Adamski Z, Doula M, et al, 2020a. Nematicidal amendments and soil remediation[J]. Plants, 9(4): 429.

Ntalli N G, Caboni P, 2012. Botanical nematicides: a review[J]. Journal of Agricultural and Food Chemistry, 60: 9929−9940.

Ntalli N G, Menkissoglu-Spiroudi U, Giannakou I O, et al, 2009. Efficacy evaluation of a neem (*Azadirachta indica* A. Juss) formulation against root-knot nematodes *Meloidogyne incognita*[J]. Crop Protection, 28(6): 489–494.

Ntalli N G, Monokrousos N, Rumbos C, et al, 2018. Greenhouse biofumigation with Melia azedarach controls *Meloidogyne* spp. and enhances soil biological activity[J]. Journal of Pest Science, 91: 29–40.

Ntalli N G, Parlapani A B, Tzani K, et al, 2020b. *Thymus citriodorus* (Schreb) botanical products as ecofriendly nematicides with bio-fertilizing properties[J]. Plants, 9(2): 202.

Osman A A, Viglierchio D R, 1988. Efficacy of biologically active agents as nontraditional nematicides for *Meloidogyne javanica*[J]. Revue de Nématologie, 11: 93–98.

Prot J C, Kornprobst J M, 1983. Etude préliminaire de l'action des quassinoïdes extraits de *Hannoa undulata* sur les juvéniles du Nématode *Meloidogyne javanica* [J]. Comptes Rendus de l'Académie des Sciences.Série 3, 296 (12): 555–557.

Qamar F, Begum S, Raza S M, et al, 2005. Nematicidal natural products from the aerial parts of *Lantana camara* Linn.[J]. Natural Product Research, 19(6): 609–613.

Radwan M A, Farrag S A A, Abu-Elamayem M M, et al, 2012. Biological control of the root-knot nematode, *Meloidogyne incognita* on tomato using bioproducts of microbial origin[J]. Applied Soil Ecology, 56: 58–62.

Scholte K, Vos J, 2000. Effects of potential trap crops and planting date on soil infestation with potato cyst nematodes and root-knot nematodes [J]. Annals of Applied Biology, 137: 153–164.

Sikder M M, Vestergård M, 2020. Impacts of root metabolites on soil nematodes[J]. Frontiers in Plant Science, 10: 1792.

Sanchez de Viala S, Brodie B B, Rodriguez, E, et al, 1998. The potential of thiarubrine C as a nematicidal agent against plant-parasitic nematodes[J]. Journal of Nematology, 30: 192–200.

Takasugi M, Yachida Y, Anetai M, et al, 1975. Identification of asparagusic acid as a nematicide occurring naturally in the roots of asparagus[J]. Chemistry Letters, 4(1): 43–44.

Taylor C M, Qi W, Rosa B A, et al, 2013. Discovery of anthelmintic drug targets and drugs using chokepoints in nematode metabolic pathways [J]. PLoS Pathogens, 9(8): e1003505.

Trifonova Z, Atansov A, 2011. Control of potato cyst nematode *Globodera rostichiensis* with some plant extracts and neem products[J].Bulgarian Journal of Agricultural Science, 17: 623–627.

Uhlenbroek J H, Bijloo J D, 2015. Investigations on nematicides: I. Isolation and structure of a nematicidal principe occurring in *Tagetes* roots[J]. Recueil des Travaux Chimiques des Pays-Bas 77(11): 1004–1009.

Widmer T L, Abawi G S, 2000. Mechanism of suppression of *Meloidogyne hapla* and its damage by a green manure of Sudan grass [J]. Plant Disease, 84(5): 562–568.

William, 2005. Directory of least toxic pest control products[J]. The IPM Practitioner, 26 (11/12): 17.

Wuyts N, Swennen R, Waele D D, 2006. Effects of plant phenylpropanoid pathway products and selected terpenoids and alkaloids on the behaviour of the plant-parasitic nematodes *Radopholus similis*, *Pratylenchus penetrans* and *Meloidogyne incognita*[J]. Nematology, 8(1): 89–101.

Zasada I A, Meyer S L, Halbrendt J M, et al, 2005. Activity of hydroxamic acids from secale cereale against the plant-parasitic nematodes *Meloidogyne incognita* and *Xiphinema ameri-canum*[J]. Phytopathology 95 (10): 1116–1121.

Zechmeister L, Sease J W, 1947. A blue-fluorescing compound, terthienyl, isolated from marigolds [J]. Journal of the American Chemical Society, 69(2): 273.

Zinovieva S V, Chalova, L I, 1987. Phytoalexins of potato and their role in the resistance to stem nematodes[J]. Helminthologia, 24: 303−309.

8 化学杀线剂

8.1 绪论

化学杀线剂具有效果快和使用便利的特点，是治理线虫病害的主要手段。随着食品和环境安全压力的增大，多数高毒化学杀线剂已陆续被禁止或限制使用，导致杀线剂市场出现了严重短缺，仅有阿维菌素（Abamectin）和噻唑磷（Fosthiazate）等个别产品支撑着市场。在市场需求的强力推动下，世界各地的农药企业和研究机构加快了化学杀线剂开发的进程，近年来已有多个新型杀线剂进入市场，如氟烯线砜（Fluensulfone）和氟吡菌酰胺（Fluopyram）已经在多个国家销售，也有一些新化合物正在杀线剂的登记和评估中，如三氟咪啶酰胺（Fluazaindolizine）、硫噁噻吩（Tioxazafen）、氟唑菌酰羟胺（Pydiflumetofen）和环丁基三氟醚（Cyclobutrifluram）等。

随着保护地作物的连作栽培以及单一药剂的使用浓度和频率增加，植物线虫承受杀线剂的选择压力突增，导致抗药性风险加大，已出现靶基因发生突变的抗药性群体。我国线虫病害发生日益严重，市场对杀线剂的需求不断增加，截至 2019 年年底，在我国登记的杀线剂有效成分约有 30 种，登记的产品数量约有 320 个。据估计，线虫对作物的为害与害虫相当，但杀线剂的市场份额不及杀虫剂的 1/10，仅占全球农药市场的 1% 左右，杀线剂市场有巨大的增长空间。化学杀线剂在田间的作用效果受生物和非生物多种因素的影响，包括药剂的使用剂量和施用方式、植物线虫的种类和田间分布、药剂的土壤分散性、土壤类型和有机质含量、土壤酸碱度、耕作制度和水肥管理方式等。将化学杀线剂与杀虫剂、杀菌剂、生物杀线剂进行混用，或者制成种衣剂和缓释剂等是实行农药减施减量的重要途径。

8.2 化学杀线剂的概念

线虫对作物的为害可以通过农业措施、抗性品种利用、物理防治、生物防治以及化学防治等措施进行综合治理。然而，在线虫为害严重的情况下，短期内把线虫种群密度控制在经济阈值以下最有效的措施是化学防治。化学杀线剂是利用化学方法合成的、对植物线虫有致死或损害作用的化合物。杀线剂按用途可分为专性杀线剂（在使用浓度下只对植物线虫有作用）和兼性杀线剂（在使用浓度下除了植物线虫也对害虫或病原菌或土壤中其他生物有作用）。杀线剂按照其挥发性或作用机理可分为熏蒸性杀线剂（Fumigant nematicide）（利用挥发性的气态成分毒杀线虫的杀线剂）和非熏蒸性杀线剂（Nonfumigant nematicide）。

8.3　化学杀线剂发展的历史

为了控制各种病虫害对粮食生产的为害，人类在 19 世纪就开始用人工合成的化合物进行土壤消毒，目的是清除土壤中的害虫和植物病原生物，包括植物寄生线虫。化学杀线剂的应用可以追溯到 1871 年，德国人 Kuhn 首次用二硫化碳（Carbon disulfide）作为土壤熏蒸剂防治甜菜孢囊线虫。1900—1920 年，美国人 Bessey 也尝试用二硫化碳防治根结线虫，但效果不甚理想。第一次世界大战遗留了大量的化学品，特别是在美国，于是将挥发性化合物用于土壤处理控制病虫害的方法应运而生，随着战后神经毒气氯化苦（Chloropicrin）生产技术和量产水平的提高，土壤熏蒸剂步入快速发展的阶段。

1920 年，Mathews 发现氯化苦具有杀线虫的活性，多位研究者在实际应用中也证实了该化合物对根结线虫有防效，并能显著提高作物的产量，随后氯化苦作为第一个商品化的杀线剂得到了广泛的应用（Hague 等，1987）。在 20 世纪 40—50 年代，发现和开发了多种效果显著的熏蒸性杀线剂。正是这些杀线剂在田间的应用，使种植者意识到有些作物的损害和产量损失是由植物线虫引起的。1940 年 Taylor 和 McBeth 用溴甲烷（Methyl bromide）熏蒸土壤防治植物线虫取得了良好的效果；1943 年 Carter 偶然发现 1,3- 二氯丙烯（1,3-Dichloropropene）和 1,2- 二氯丙烷（1,2-Dichloropropane）的混合剂即 D-D 混剂有杀线虫的效果；1944 年美国陶氏（DOW）化学公司开发出了二溴乙烯（1,2-Dibromoethene，EDB）；1955 年 McBeth 和 Bergson 报道了二溴氯丙烷（Dibromochloropane，DBCP）的杀线活性。尽管熏蒸性杀线剂的防治效果非常好，但由于田间操作的不便、高额的成本及强烈的毒性，导致应用市场逐渐缩小。

20 世纪 60 年代之前普遍使用化学熏蒸剂防治植物线虫，1962 年美国科普作家蕾切尔·卡逊创作的科普读物《寂静的春天》首次出版，该书描写因过度使用化学药品和肥料而导致环境污染和生态破坏，最终给人类带来不堪重负的灾难。从 1975—1990 年，土壤环境中杀线剂浓度的检测能力得到了大幅度提高，并且随着环境监测力的增强，杀线剂破坏环境的大量证据曝光，导致杀线剂的应用逐渐受到严格的管控。在 40 年代的美国，只要有杀线剂活性的证明材料即可获得注册，而到了 90 年代，则需要提供致癌性、野生动物安全性、地下水污染、空气污染、臭氧消耗等研究材料，美国等西方国家的政府层面甚至取消了对杀线剂活性材料的要求（Mckenry，1994）。虽然杀线剂的市场总量继续增加，但活性成分的含量却大幅减少，同时杀线剂的规定使用浓度也越来越低，例如，二氯丙烯的使用量在 60 年代为 2 500 kg/hm^2，70 年代为 350~800 kg/hm^2，到了 1990 年，美国加利福尼亚州不容许使用量超过 120 kg/hm^2（Mckenry，1994）。1977 年，二溴氯丙烷（DBCP）由于对实验动物有诱变和致癌作用以及引起男性不育而遭到禁止使用；二溴乙烯（EDB）也因为能致癌和造成精或卵的 DNA 突变而被多国禁止生产，中国在 1984 年12 月启动了对 EDB 的全面禁用；D-D 混剂的市场用量很大，但易燃和污染环境的缺陷也致使其在 1984 年后被禁止销售。

溴甲烷曾经是世界上使用最广、用量最大、对植物线虫防治效果最好的土壤熏蒸剂。该化合物在常温下是气态，能够在土壤中有效地进行水平和垂直的扩散和渗透，对土壤中的各类生物有广谱的杀灭作用。然而，注入土壤中的溴甲烷有超过半数的用量最终会进入大气层，对保护地球的臭氧层产生破坏作用，因此保护平流臭氧层的国际条约《蒙特利尔议定书》于 1987 年签署，要求发达国家于 2005 年全面禁止使用溴甲烷，发展中国家的期限为 2015 年。自从溴甲烷被淘汰后，人们开始致力于寻找替代的熏蒸剂，大部分的研究聚焦于评估已有的其他熏蒸剂，例如，目前在美国应用最广的 1,3- 二氯丙烯（TeloneII）或 1,3- 二氯丙烯与氯化苦的混剂（Telone C-17 和 Telone C-35），在中国应用最广的是氯化苦和威百亩（Metham sodium），以及新开发的熏蒸剂如异硫氰酸烯丙酯（Allyl isothiocyanate，AITC）和二甲基二硫化物等。

在 20 世纪 60 年代，触杀性非熏蒸杀虫剂开始大规模发展，同时发现了一些新型杀虫剂也有杀线虫的作用。于是一大批有机磷类和氨基甲酸酯类杀线剂纷纷进入市场，1957 年开发出了第一个商业化的非熏蒸性杀线剂除线磷（Dichlorofenthion），由于没有挥发性毒气，田间施用方便且对施用者相对安全而受到欢迎，用于防治高价值特别是多年生经济作物的线虫病害。随着食品和环境安全压力的增大，大多数高毒的非熏蒸性化学杀线剂已陆续被中国和欧盟等多个国家和地区禁止使用或限制使用。大量高毒化学杀线剂的禁用导致市场出现了严重的短缺，在市场需求的推动下，世界各地多家农药企业和研究机构加快了新一代化学杀线剂开发的进程，多个新型或新用途非熏蒸性化学杀线剂开始进入市场。

8.4 主要的化学杀线剂及其使用限制

8.4.1 国际化学杀线剂市场

美国、欧盟、巴西和中国是化学杀线剂生产和应用的主要国家或地区。为了呈现国际市场上主要的杀线剂种类及其当前的使用限制情况，作者参照了有关文献，包括美国、

欧盟、巴西和中国的杀线剂禁止或限制使用状况（Donley，2019）、巴西杀线剂的应用
（Ebone 等，2019）、日本杀线剂的应用（Takagi 等，2020）以及其他相关资料，在表
8-1 和表 8-2 中进行概述。

参照的公开资料包括但不限于：

中国资料：http://www.moa.gov.cn/xw/bmdt/201911/t20191129_6332604.htm

欧盟资料：https://sitem.herts.ac.uk/aeru/ppdb/en/Reports/1681.htm

美国资料：https://ofmpub.epa.gov/sor_internet/registry/substreg/LandingPage.do

国际资料：http://nemaplex.ucdavis.edu/Mangmnt/Chemical.htm

国际资料：http://www.alanwood.net/pesticides/class_nematicides.html

在表 8-1 和表 8-2 的限制状态表述中：0 为缺资料 / 未知；1 为禁止；2 为正在取缔中；
3 为批准使用；4 为未批准 / 自动废止。引入年代为化合物资料公开或登记批准年代。2*
表示中国禁止在蔬菜上使用，或扩展至禁止用于瓜果、茶叶、菌类、中草药材，或扩展至
禁止用于防治卫生害虫，禁止用于水生植物的病虫害防治。溴甲烷在中国可用于"检疫熏
蒸处理"；2022 年中国将禁止使用氯化苦和克百威。

表 8-1　熏蒸性杀线剂及其使用限制状态

有效成分 中文名称	有效成分 化学名称	毒性及 生物靶标	引入 年代	目前限制状态			
				欧盟	美国	巴西	中国
二硫化碳	Carbon disulfide	低毒，杀虫 / 杀线	1854	0	0	0	0
氯化苦	Chloropicrin	中毒，广谱	1908	1	3	0	2
溴化甲烷	Methyl bromide	中毒，广谱	1932	1	2	1	2
二溴乙烯	EDB (ethylene dibromide)	中毒，广谱	1940	1	1	1	1
二氯丙烯	1,3-D (1,3-dichloropropene)	高毒，广谱	1943	1	3	0	4
二氯丙烯 / 二氯丙烷	D-D (1,3-D, 1,2-dichloropropane)	高毒，广谱	1943	1	1	1	1
二溴氯丙烷	DBCP (dibromochloropropane)	中毒，杀线剂	1955	1	1	1	1
棉隆	Dazomet	低毒，广谱	1967	3	3	3	3
威百亩	Metam potassium/sodium	中毒，广谱	1951	3	3	0	3
异硫氰酸酯	Methyl isothiocyanate	高毒，广谱	1959	1	4	0	2
胺线磷	Diamidfos	高毒，杀虫 / 杀线	1963	4	4	0	0
四硫代碳酸钠	Sodium Tetrathiocarbonate	低毒，杀菌 / 杀线	1978	4	4	0	0
二甲基二硫醚	DMDS (Dimethyl disulfide)	中毒，杀菌 / 杀线	2010	4	3	0	0
碘甲烷	Iodomethane	高毒，广谱	2004	4	1	0	0
二氯异丙醚	DCIP(Dichloroisopropyl ether)	中毒，杀线虫剂	?	4	0	0	0
氰氨化钙	Calcium cyanamide	中毒，广谱	1925	4	0	0	3
硫酰氟	Sulfuryl fluoride	中毒，杀虫 / 杀线	2004	3	3	0	3
异硫氰酸烯丙酯	Allyl isothiocyanate	中毒，广谱	2013	0	3	0	3

表 8-2　非熏蒸性杀线剂及其使用限制状态

有效成分 中文名称	有效成分 化学名称	毒性及 生物靶标	引入 年代	目前限制状态			
				欧盟	美国	巴西	中国
有机磷类							
除线磷	Dichlofenthion	高毒，杀虫/杀线	1957	1	0	0	0
苯线磷	Fenamiphos	高毒，杀虫/杀线	1969	3	4	3	1
灭线磷	Ethoprophos	高毒，杀线/杀虫	1963	3	3	3	2*
胺线磷	Diamidfos	高毒，杀虫/杀线	1963	4	4	0	0
氯唑磷	Isazofos	高毒，杀虫/杀线	1970s	1	4	1	1
丁硫环磷	Fosthiethan	高毒，杀线/杀虫	1970s	0	0	0	0
磷胺	Phosphamidon	高毒，杀虫/杀线	1960	1	4	1	1
虫线磷	Thionazin	高毒，杀线/杀虫	1970s	4	0	0	0
丰索磷	Fensulfothion	高毒，杀虫/杀线	1957	1	1	1	0
硫线磷	Cadusafos	高毒，杀虫/杀线	1960	4	3	3	1
毒死蜱	Chlorpyrifos	中毒，杀虫/杀线	1966	3	3	3	2*
乐果	Dimethoate	中毒，杀虫/杀线	1956	3	3	3	3
噻唑磷	Fosthiazate	中毒，杀虫/杀线	1992	3	3	3	3
速杀硫磷	Heterophos	中毒，杀虫/杀线	1994	4	0	0	3
衣胺磷	Isamidofos	杀线剂	?	4	0	0	0
磷虫威	Phosphocarb	杀虫/杀线	?	0	0	0	0
特丁硫磷	Terbufos	高毒，杀虫/杀线	1974	1	3	3	1
甲基异柳磷	Isofenphos-methyl	高毒，杀虫/杀线	1974	4	0	0	2*
丙溴磷	Profenofos	中毒，杀虫/杀线	1975	1	4	3	3
氰咪唑硫磷	Imicyafos	中毒，杀线剂（日本）	2006	4	0	0	0
甲拌磷	Phorate	高毒，杀虫/杀线	1954	1	3	1	2*
三唑磷	Triazophos	中毒，杀虫/杀线	1973	4	4	0	2*
四甲磷	Mecarphon	中毒，杀虫/杀线	1969	4	0	0	0
氨基甲酸酯类							
苯菌灵	Benomyl	低毒，杀菌/杀线	1968	4	4	1	3
地虫威	Cloethocarb	高毒，杀虫/杀线	1978	4	3	0	3
克百威	Carbofuran	高毒，杀虫/杀线	1963	1	1	1	2
丁硫克百威	Carbosulfan	中毒，杀虫/杀线	1979	1	4	3	2*
丙硫克百威	Benfuracarb	中毒，杀虫/杀线	1984	4	3	3	3
棉铃威	Alanycarb	中毒，杀虫/杀线	1984	4	0	0	0
涕灭威	Aldicarb	高毒，杀虫/杀线	1965	1	4	0	2*
涕灭砜威	Aldoxycarb	高毒，杀虫/杀线	1976	0	0	0	0
杀线威	Oxamyl	高毒，杀虫/杀线	1972	3	3	1	4
威线肟	Tirpate	高毒，杀虫/杀线	1998	0	0	0	0
久效威	Thiofanox	低毒，杀虫/杀线	1973	4	4	0	1
硫双威	Thiodicarb	中毒，杀虫/杀线	1984	1	3	3	3
灭多威	Methomyl	高毒，杀虫/杀线	1968	4	3	0	2

（续表）

有效成分 中文名称	有效成分 化学名称	毒性及 生物靶标	引入 年代	目前限制状态			
				欧盟	美国	巴西	中国
其他							
阿维菌素	Abamectin	高毒，杀虫/杀线	1985	3	3	3	3
甲氨基阿维菌素	Emamectin benzoate	高毒，杀虫/杀线	1997	3	3	3	3
杀螟丹	Cartap Hydrochloride	中毒，杀虫/杀线	1967	4	3	3	3
螺虫乙酯	Spirotetramat	低毒，杀虫/杀线	2008	3	3	3	3
异菌脲	Iprodione	低毒，杀菌/杀线	2002	3	3	3	3
乙酰虫腈	Acetoprole	高毒，杀线/杀虫	2000	4	3	0	0
苯氯噻唑	Benclothiaz	高毒，杀线剂	2002	4	0	0	0
吡虫啉	Imidacloprid	低毒，杀虫/杀线	1986	1*	3	3	3
氟烯线砜	Fluensulfone	中毒，杀线剂	2014	4	3	0	3
氟吡菌酰胺	Fluopyram	低毒，杀菌/杀线	2010	3	3	3	3
硫噁噻吩	Tioxazafen	杀线剂	2017	3	0	0	0
三氟咪啶酰胺	Fluazaindolizine	低毒，杀线剂	2015	预计上市时间 2021/2022 年			
氟唑菌酰羟胺	Pydiflumetofen	杀菌/杀线	2020	预计上市时间 2021/2022 年			
环丁基三氟醚	Cyclobutrifluram	杀线/杀菌	2020	预计上市时间 2021/2022 年			

2019 年全球杀线剂市场份额为 13.476 亿美元，其中美国的市值约为 2.2 亿美元，预计 2020—2025 年间全球杀线剂市值的年均增长率约为 5.8%（Globe Newswire，2020）。据估计，线虫对作物的为害甚至比虫害还要严重（Singha 等，2015），但是用于作物的杀线剂市场份额仅是杀虫剂的 7.2%（10/138），杀线剂的总市场份额仅占全球农药市场的 1.3%（表 8-3，资料来源于 Cropnosis - Agranova，Rod Parker，2012 年），因此杀线剂市场还有巨大的增长空间（图 8-1）。

表 8-3　杀线剂占农药市场的份额

农药类别	作物/亿美元	非作物/亿美元	合计/亿美元	占比/%
除草剂	255	74	329	39.6
杀虫剂	138	138	276	33.3
杀菌剂	151	27	178	21.4
鼠药及其他	26	10	36	4.3
杀线剂	10	1	11	1.3
总计	580	250	830	

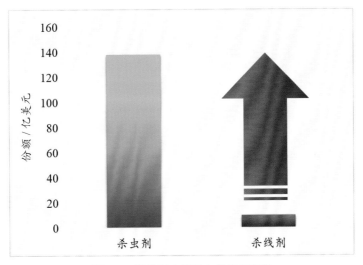

图 8-1 杀线剂市场潜在的增长空间

8.4.2 中国的化学杀线剂市场

截至 2019 年 12 月 31 日，中国登记的农药产品总数约为 41 200 个（其中卫生用药产品约 2 500 个），涉及企业 1 940 余家，登记的有效成分共 710 个，其中杀线剂涉及的有效成分约 30 种，登记的杀线剂产品数量约 320 个。近年来杀线剂的产品登记一直保持平稳增长，2014 年新增 18 个，2018 年新增 66 个，平均年增长为 38.4%。

目前包括化学杀线剂和生物杀线剂在内的登记企业约 200 家，登记配方约 50 个，包括化学杀线剂威百亩、氯化苦、异硫氰酸烯丙酯、噻唑磷、氟吡菌酰胺、氟烯线砜、甲基异柳磷、克百威、涕灭威、棉隆、灭线磷、杀螟丹、丁硫克百威、三唑磷、氰氨化钙、丙溴磷、甲氨基阿维菌素和硫酰氟。登记数量前三的产品分别是噻唑磷、阿维菌素、阿维菌素·噻唑磷。杀线剂产品登记所涉及的作物有 25 种，位列前三的分别是黄瓜、番茄和花生。截至 2020 年 4 月，中国已登记的化学杀线剂有效成分如表 8-4 所示（李贤宾，农业农村部农药检定所药效审评处，2020）。

表 8-4 中国已登记的化学杀线剂有效成分

序号	有效成分	最早登记年份	有效产品数量	序号	有效成分	最早登记年份	有效产品数量
1	氯化苦	1984	1	5	棉隆	1991	4
2	甲基异柳磷	1986	3	6	灭线磷	1992	7
3	克百威	1986	28	7	杀螟丹	1996	10
4	涕灭威	1987	1	8	阿维菌素	1999	129

（续表）

序号	有效成分	最早登记年份	有效产品数量	序号	有效成分	最早登记年份	有效产品数量
9	三唑磷	1999	2	15	甲氨基阿维菌素	2009	7
10	威百亩	1999	3	16	硫酰氟	2011	2
11	丁硫克百威	2002	5	17	氟吡菌酰胺	2012	1
12	噻唑磷	2002	140	18	异硫氰酸烯丙酯	2018	2
13	氰氨化钙	2003	1	19	氟烯线砜	2019	1
14	丙溴磷	2006	1				

注：* 截至 2020 年 4 月正在登记中的有阿维菌素 B2a、二甲基二硫醚、噁线硫醚、三氟吡啶胺和 1,3- 二氯丙烯。已登记的混剂包括阿维菌素 + 噻唑磷（36）、氨基寡糖素 + 噻唑磷（5）、阿维菌素 + 吡虫啉（4）、杀螟丹 + 咪鲜胺（6）、多菌灵 + 克百威 + 福美双（4），括号内为登记个数。资料来源：农业农村部药检所。

8.5　主要化学杀线剂有效成分的作用机理

根据国际杀虫剂抗性工作委员会（Insecticide Resistance Action Committee，IRAC）的线虫工作组（Nematode Working Group）对杀线剂作用机理的分类（http://www.irac-online.org）（Sparks 等，2020），目前市场流通的 12 种主要化学杀线剂有效成分的作用机理如下。

8.5.1　威百亩（Metam sodium）和异硫氰酸烯丙酯（Allyl isothiocyanate）

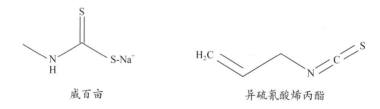

威百亩　　　　　　　　　异硫氰酸烯丙酯

威百亩和异硫氰酸烯丙酯均为异硫氰酸甲酯类，属于 IRAC-MOA-Group-N-UNX 类，作用位点不清，推测为多位点的阻遏物，几乎所有熏蒸性杀线剂都属于这个组。威百亩分子结构为二硫代氨基甲酸酯，在土壤中降解为异硫氰酸甲酯，发挥熏蒸作用，半衰期为20~60h（Yu 等，2019）；通过氨基甲酰化作用使线虫的酶失活，从而抑制细胞分裂以及 DNA、RNA 和蛋白质的合成，造成线虫呼吸受阻。异硫氰酸甲酯对水和有机质有很强的亲和性，作为气体只能扩散几厘米。施药深度达 15~20 cm；施药后覆膜密闭 15 天以上；保持土壤湿度 65%~75%，土壤温度 10℃以上。

8.5.2　噻唑磷（Fosthiazate）和杀线威（Oxamyl）

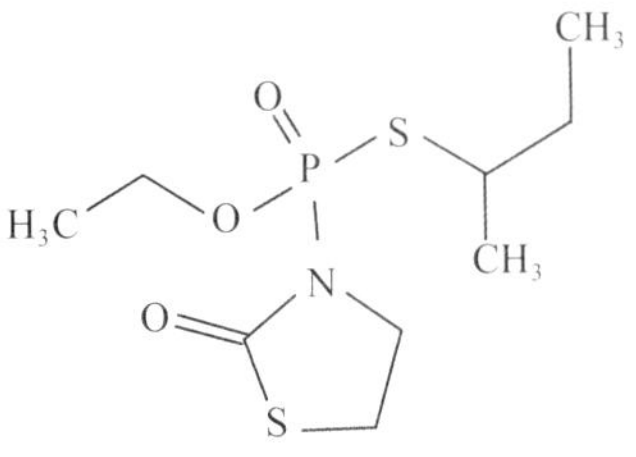

噻唑磷 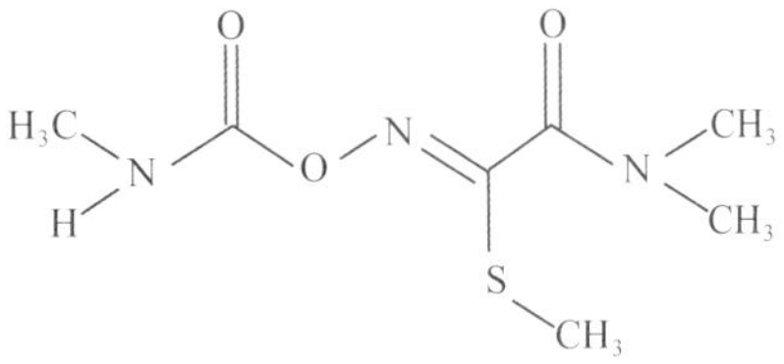　　　　　　　　　　　　　　杀线威

噻唑磷是有机磷类，属 IRAC-MOA-Group-N-1B，杀线威（Oxamyl）是氨基甲酸酯类，属 IRAC-MOA-Group-N-1A。这两种杀线剂均作用于线虫的神经系统，通过酶的磷酰化作用，抑制线虫的乙酰胆碱酯酶（Acetylcholine acetylhydrolase，AchE）活性，使其催化水解的功能丧失，造成乙酰胆碱的大量积累，导致线虫呈中毒麻痹状态，但这种中毒状态是可逆的，离开药剂后的线虫即可恢复活性。因此，在较低剂量下，多数线虫并未真实死亡，虽可在短时间内影响线虫的侵染行为，但持效性较差，后期线虫种群恢复速度快，需多次用药。具有内吸性，是系统性杀线剂。杀线威的半衰期为 30 天（Wram 和 Zasada，2019）。

8.5.3　阿维菌素（Abamectin）

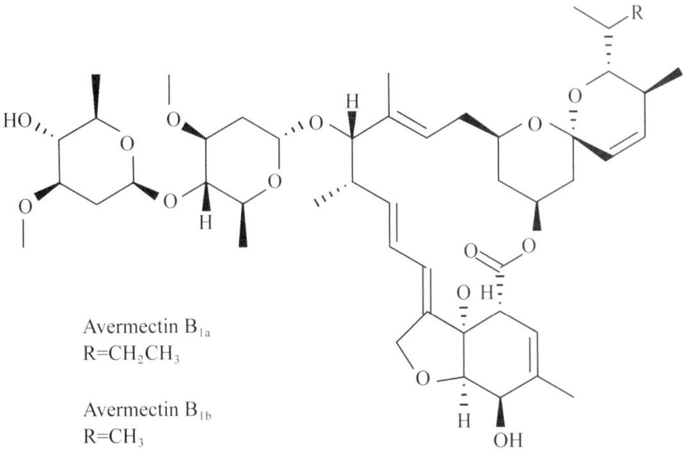

Avermectin B$_{1a}$
R=CH$_2$CH$_3$

Avermectin B$_{1b}$
R=CH$_3$

阿维菌素属于 IRAC-MOA-Group-N-2，即谷氨酸门控氯离子通道变构调节剂［Glutamate-gated chloride channel（GluCl）allosteric modulators］，干扰神经生理活动，刺激释放γ- 氨基丁酸，而氨基丁酸对节肢动物的神经传导有抑制作用。幼虫接触后出现麻痹症状，不活动、不取食，2~4 天后死亡，致死作用较缓慢。能够被土壤吸附而扩散性很差，容易

被土壤中的微生物分解而失去活性。

8.5.4 螺虫乙酯（Spirotetramat）

螺虫乙酯属于 IRAC-MOA-Group-N-4，通过抑制脂肪合成过程中的乙酰辅酶 -A 羧化酶的活性阻止线虫体内脂肪的合成，切断正常的能量代谢，导致线虫死亡。具有双向内吸传导性能，可以在整个植株体内向上或向下传导。田间单独使用对植物线虫的防治效果较差，与其他低剂量杀线剂混配使用效果较好。

8.5.5 氟烯线砜（Fluensulfone）

氟烯线砜商品名 Nimitz®、尼咪特®（Adama），专利至 2020 年 6 月 28 日，属于 IRAC-MOA-Group-N-UN，其作用机理不详。氟代烯烃类硫醚化合物，有一定的植物药害，需种植前 7 天施用；半衰期 36 天（Ludlow，2015b）。以触杀作用为主。短时间内麻痹线虫使其活性减弱，进而使线虫不可逆死亡，对线虫卵孵化有抑制作用，可以有效减少线虫卵的数量，对根结线虫有良好防治效果。

8.5.6 氟吡菌酰胺（Fluopyram）

氟吡菌酰胺商品名 Velum Prime®、路富达（拜耳），专利至 2023 年 8 月，属于

IRAC-MOA-Group-N-3，通过阻断琥珀酸脱氢酶（Succinate dehydrogenase，SDH）呼吸链中的电子传递来抑制线粒体呼吸，即复合物 II-SDH 抑制剂（SDHI）。前期作为杀菌剂，2008 年发现其有杀线虫活性。主要是液体剂型，移栽时使用滴灌或冲施方法；半衰期为 746 天（Ludlow，2015a）。

8.5.7　三氟咪啶酰胺（Fluazaindolizine）

　　三氟咪啶酰胺商品名 Reklemel™（美国科迪华农业科技），专利至 2035 年 9 月，属于 IRAC-MOA-Group-N-UN，其作用机理不详。新型磺胺类，对植物线虫有专性作用，而对其他病原菌和害虫没有活性，因而推测可能有新颖的作用机理。半衰期为 30~60 天。对环境更为友好，对有益的节肢动物、传粉媒介和土壤中生物无害。

8.5.8　氟唑菌酰羟胺（Pydiflumetofen）

　　氟唑菌酰羟胺商品名 Saltro™（先正达），专利至 2029 年 11 月，目前未被 IRAC 收录。为琥珀酸脱氢酶抑制剂（SDHI）类杀菌剂／杀线剂，作用机理与氟吡菌酰胺相同。该化合物可同时作用于土壤病原真菌和植物线虫，尤其对大豆孢囊线虫及其大豆猝死综合症（Sudden death syndrome，SDS）有很好的防治效果。

8.5.9　硫噁噻吩（Tioxazafen）

硫噁噻吩商品名 NemaStrikeTM（拜耳），专利至 2027 年 4 月，由美国 Divergence 公司开发；属于 IRAC-MOA-Group-N-UN，即作用机理不详。其噁二唑可能有新颖的作用机理，半衰期大于 90 天，用作种子处理剂。在土壤中溶解性差，保护根系的药效期长达 75 天（Umetsu 等，2020）。

8.5.10　环丁基三氟醚（Cyclobutrifluram）

环丁基三氟醚商品名 Tymirium™（先正达），目前未被 IRAC 收录。因其结构与氟唑菌酰羟胺相似，推测其作用机理同 SDHI 类化合物。可以同时防治线虫和土传病原菌，尤其是镰刀菌。计划于 2021/2022 年进入市场。

8.6　传统杀线剂与新型杀线剂安全性比较

传统非熏蒸性杀线剂如涕灭威、苯线磷和杀线威等大多为剧毒农药，而新型非熏蒸性杀线剂新型如氟烯线砜、氟吡菌酰胺和三氟咪啶酰胺等对哺乳动物的毒性要低很多，都属于低毒农药；新型熏蒸性杀线剂二甲基二硫醚和异硫氰酸烯丙酯也要比传统非熏蒸性杀线剂的毒性低很多，见表 8-5（编译自 Johan Desaeger，2016）。

表 8-5　传统杀线剂与新型杀线剂安全性比较

活性成分	口服 LD_{50}	经皮 LD_{50}	吸入 LC_{50}	毒性分类
涕灭威	0.5	2.5	<0.01	危险，剧毒
杀线威	5	>2 000	0.3	危险，剧毒
苯线磷	15	70	0.15	危险，剧毒
二氯丙烯	127	200~500	2.7~3.1	危险，中毒
威百亩	72~1 000	33~1 000	1.9~2.3	危险，中毒
异硫氰酸烯丙酯	425	200-2 000	0.21~0.51	危险，中毒
氯化苦	250	62	<0.1	危险，中毒
溴化甲烷	20~100	15~100	<0.1	危险，剧毒

（续表）

活性成分	口服 LD$_{50}$	经皮 LD$_{50}$	吸入 LC$_{50}$	毒性分类
二甲基二硫醚	56~500	>2 000	5.2	警告，中毒
氟烯线砜	671	>2 000	>5.1	小心，低毒
氟吡菌酰胺	>2 000	>2 000	>5.1	警告，低毒
三氟咪啶酰胺	>2 000	>2 000	>5.1	未分，低毒

8.7　化学杀线剂的应用现状

通过比较 2009—2012 年全球市场熏蒸性和非熏蒸性杀线剂销售额（Agranova，2013，http://www.agranova.co.uk/pdf/RJB20131119.pdf）可以看出（图 8-2），杀线剂总销售额逐年有所增长，熏蒸剂的份额平均高出非熏蒸剂份额约 1 亿美元。总体而言，熏蒸剂的杀线效果要远高于非熏蒸杀线剂。然而防效最好的杀线剂也不能完全清除土壤中的线虫种群，要维持好的防治效果就必须重复用药，随着高效、环境友好的新型非熏蒸性杀线剂的效果不断提升，对熏蒸性杀线剂的依赖性将会逐渐下降。

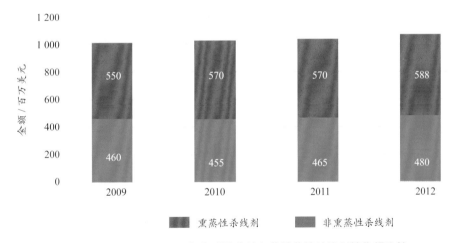

图 8-2　2009—2012 年全球熏蒸性和非熏蒸性杀线剂销售额比较

8.7.1　熏蒸性杀线剂的应用

种植前熏蒸土壤是防治线虫病害的主要方法。使用熏蒸设备将熏蒸剂喷洒或注入土壤中，并用聚乙烯薄膜覆盖土壤。熏蒸持续的时间一般为 2~3 周，取决于熏蒸剂的类型、土壤条件、土壤湿度和温度等。揭膜后需要预留几天时间散发残留毒气，之后才能移苗或播种。熏蒸剂能够在土壤中比较均匀地向垂直和水平方向扩散较远的距离，对植物线虫的防治效果要优于非熏蒸性杀线剂。化学熏蒸剂虽然对减少土壤中线虫的数量非常有效，但也有使用困难、处理等待时间长、花费高等缺点。

二氯丙烯（1,3-D）是溴甲烷退出后最受市场欢迎的气态熏蒸剂，但已被多国禁用，我国未批准登记。氯化苦是液体熏蒸剂，除了对植物线虫有防治作用外，也可以防治各类土传病害，经常与二氯丙烯混合使用以增强防治线虫的效果，该产品现已被欧盟禁止使用，中国在 2022 年也将全面禁用。威百亩是产生异硫氰酸甲酯的液体熏蒸剂产品，适用于灌施或土壤注入。与二氯丙烯相比，威百亩的挥发性较弱，产生的异硫氰酸甲酯在土壤水膜和有机质上的吸附性很强，因此对植物线虫的作用比较缓慢；威百亩由于雾化而容易丧失有效成分，故不适于喷施；此外，威百亩在田间的效果表现不稳定，与非熏蒸性杀线剂结合使用能够有效控制根结线虫，在高浓度下有一定的除草功能。四种熏蒸性杀线剂防治美国佛罗里达蔬菜根结线虫、病害和杂草的效果比较见表 8-6（编译自 Johan Desaeger，2016）。

表 8-6　熏蒸剂在美国佛罗里达州防治蔬菜线虫及其他病害和杂草的效果比较

熏蒸剂	蔬菜线虫	病害	杂草
二氯丙烯	优	差	差
威百亩	差－良	差－良	差－良
氯化苦	差	优	差
二甲基二硫	良－优	良－优	差－优

8.7.2　非熏蒸性杀线剂的应用

非熏蒸性杀线剂由于不散发有毒气体因而施用比较便利安全，可分为液体和固体两种形式，在种植前、种植时或种植后采用冲施、滴灌、撒施和喷叶等方式施用。依据作用方式的不同，可分为触杀性杀线剂（Contact nematicide），即直接杀死暴露在土壤中的植物线虫，以及内吸性杀线剂（Systemic nematicide），即药剂被植物吸收后杀死在根内取食的线虫。非熏蒸性杀线剂在土壤中依靠水分进行扩散，扩散程度不受土壤温度的影响。非熏蒸性杀线剂的杀线虫效果一般要比二氯丙烯等熏蒸性杀线剂差，另外由于有效成分的快速流失，特别是在沙质土壤中，导致其杀线虫的效果也会降低很多。有些内吸性杀线剂如涕灭威，可以从根部向上输导至叶部，不仅增加了植物对土壤养分的吸收效率从而促进植物的生长，同时也对叶部或茎秆内的害虫或病原菌有防治作用。噻唑磷是内吸性、中等毒性的有机磷杀虫和杀线剂，是目前市场上的主打产品，但在高浓度下有较强的植物毒害。如果多次使用低致死剂量的噻唑磷，不仅可以避免药害问题，而且也能够达到促生、防线虫和害虫的效果（Mckenry，1994）。

有机磷类和氨基甲酸酯类杀虫剂作为乙酰胆碱酯酶抑制剂，可干扰昆虫中枢神经系统正常的神经脉冲传输，从而导致昆虫的异常行为、麻痹和死亡等，它们对线虫的神经系统也有类似的影响。然而这些化合物对线虫的毒性远远低于昆虫，线虫丧失寄生能力通常是由于"麻醉"效应和行为改变，而不是被直接"杀死"的。虽然长时间的高浓度药剂处理能够最终导致线虫死亡，但药剂主要影响线虫在土壤中的行为和发育，包括减弱了虫体的活性、交配行为、在土壤中的活动性以及穿透根系和取食的能力，也可能导致卵孵化、蜕皮以及在植物组织内的发育延迟等。

对非熏蒸性杀线剂存在一个常见误解，即药剂一旦与土壤中的线虫接触，就会对线虫产生不可逆的致死效果，但事实并非如此。如果药剂接触线虫的时间短、浓度低（如被水快速稀释），那么药剂对线虫的影响有可能会逆转。例如，线虫暴露于 10 mg/L 苯线磷或高浓度的杀线威 24 小时后再移入清水中，能够完全恢复正常繁殖。用涕灭威等氨基甲酸酯类杀线剂处理后的线虫也会发生可逆反应。

内吸性杀线剂一旦被施到土壤中或植物叶片上，就会被迅速吸收并扩散至植物根组织中，多种因素会影响植物对该类药剂的吸收、传送以及在根内的终浓度。在土壤中极易溶解和扩散的杀线剂，如果淋失量很大，输导至根部的药量就很难达到一定的浓度，植株或根系的大小也会影响杀线剂在植物组织中的浓度。以柑橘树为例，稀释效应会降低杀线剂对较大型病树的防治效果，如果以滴灌的方式施用杀线剂，小树的整个根系接触到杀线剂的比例会更高，因此，杀线剂可能会按比例地更多地集中于较小的、衰弱的树木，而不是更大更健壮的树木。内吸性杀线剂的毒性特征似乎不是直接毒杀线虫，被吸收和转移到根中的内吸性杀线剂会抑制线虫取食、暂时使线虫失去活性或驱避根内和根际周围的线虫，线虫最终由于迷失方向而饥饿死亡。

8.8　新型化学杀线剂及其作用效果

氟烯线砜是 1994 年开发的一个新化学杀线剂，具有内吸性，也可以通过触杀作用杀死线虫。线虫接触到该化合物后活力降低，进而呈麻痹态，暴露 1 小时后停止取食，侵染和产卵能力都会下降，卵孵化率也会下降，且孵化出的幼虫不能成活，对线虫有不可逆的杀死作用，而有机磷类和氨基甲酸酯类杀线剂只起到暂时的麻痹作用并且可逆。氟烯线砜对线虫的多个生理过程有作用，表明其具有与其他杀线剂不同的作用机理，但尚需进一步的研究去阐明。目前开发出的制剂有 480 g/L 乳油，用量为 2~4 kg/hm^2，可在种植前滴灌或撒播使用，施用简单，易被土壤吸收。生产商对氟烯线砜的推荐使用时期是种植前使用，避免对植物产生毒害。

近年来，国际上对新型非熏蒸性杀线剂的作用特性和防治效果有了一些研究。氟烯线砜、氟吡菌酰胺和三氟咪啶酰胺因为分子结构中含有三氟而被称为 3-F 杀线剂。Hajihassani 等（2019）用盆钵栽培人工接种的方法比较了杀线威与三种新型 3-F 杀线剂防治黄瓜根结线虫的效果，前者是目前仍然在欧美广泛应用的传统氨基甲酸酯类杀线剂，后三者是近些年来开发的具有不同作用机理的新型杀线剂。结果发现，在接种 2 龄幼虫（J2）1 000 条的情况下，4 种药剂对根结指数和土壤中的线虫数量均有抑制效果，没有表现出显著差异，但是在 5 000 条 J2 以上的高接种量下，3 种新型杀线剂的防治效果相当，均显著优于杀线威。Wram 和 Zasada（2019）比较了上述 4 种杀线剂在亚致死剂量下对根结线虫 J2 的毒杀效果，发现氟吡菌酰胺对根结线虫的毒性最强，其 24 小时的 LD_{50} 为 1.3mg/L，显著低于其他 3 种杀线剂，杀线威、氟烯线砜和三氟咪啶酰胺的 LD_{50} 分别为 89.4 mg/L、131.7 mg/L 和 180.6 mg/L；亚致死剂量的杀线威和氟吡菌酰胺对根结线虫 J2 活力没有影响，对 J2 的作用可逆，即药剂处理 24 小时后麻痹不动的 J2 置于清水中后活力恢复，而亚致死剂量的氟烯线砜和三氟咪啶酰胺对 J2 活力有显著的影响，对 J2 的致死作用不可逆（图 8-3，编译自 Wram 和 Zasada，2019）；在盆栽药效测定试验中，亚致死剂量的三

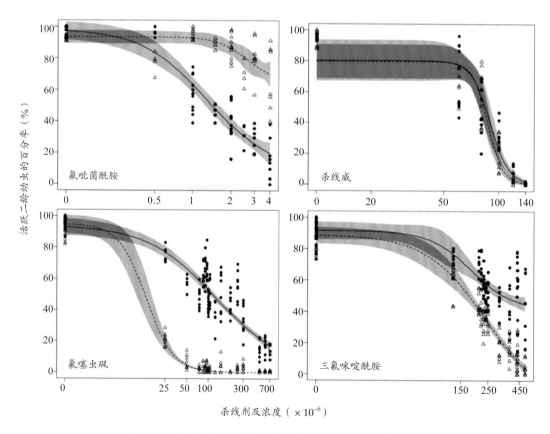

图 8-3　几种杀线剂作用南方根结线虫 2 龄幼虫的剂量曲线

注：实线为不同浓度的杀线剂处理 24 h 后，活动的 2 龄幼虫的百分率；虚线为去除药剂后在清水中再处理 24 h，活动的 2 龄幼虫的百分率。表明氟烯线砜和三氟咪啶酰胺对线虫的作用是不可逆的，而氟吡菌酰胺对线虫的作用有很强的假死现象。

氟咪啶酰胺、杀线威和氟烯线砜处理过的 J2 不能在番茄上繁殖，繁殖系数（Reproduction factor，RF= 最终种群密度 / 起始种群密度）为 0~0.03，而亚致死剂量的氟吡菌酰胺却不能影响根结线虫的繁殖能力，繁殖系数为 38.7，与清水对照的 46.3 相似。

近年来，有很多关于评价氟吡菌酰、氟烯线砜和三氟咪啶酰胺田间应用效果的研究报告，由于 3 种新型杀线剂在作用机理、化学和物理特性、合成成本、杀死线虫的最低浓度、对植物的毒害作用、半衰期、与土壤环境的作用关系等诸多方面具有较大的差异性，很难对它们的优劣做出评价。在实践中，如果能够把握好各种新型杀线剂的特性，采用合理的施用时期、施用浓度和施用方法，应该都能发挥出较好的杀线效果。

8.9　杀线虫种衣剂的使用

使用杀线剂处理种子是防治大田作物线虫为害的主要手段之一，优点在于：①使用剂量低，减少了杀线剂对土壤的污染；②操作便利，减少劳力成本；③保护作物初生根系免受线虫侵染，苗期的健康状态对植株后期的生长至关重要；④通过降低线虫的初始种群密度以减轻对作物的为害。对有些作物而言，如果种衣剂药效的持久期只有 20~30 天，对作物生长的保护是不够的，还需要后续的防治措施。因此，水溶性较差且半衰期较长的杀线剂更具有作为种衣剂的优势。目前国际市场上主要的杀线虫种衣剂汇总如表 8-7 所示。

表 8-7　市场上主要的杀线种衣剂

商品名 企业	有效成分	作用机理	登记作物	靶标病虫害
Poncho/Votivo 巴斯夫（BASF）	噻虫胺 / 坚强芽孢杆菌	抑制神经传递 形成生物膜等	大豆、玉米	植物线虫 虫害
ILeVO 巴斯夫（BASF）	氟吡菌酰胺	SDHI 酶抑制剂	大豆、棉花、玉米	大豆孢囊线虫 根结线虫
Saltro 先正达（Syngenta）	氟唑菌酰羟胺	SDHI 酶抑制剂	大豆	大豆孢囊线虫 猝死病（SDS）
AVICTA500FS 先正达（Syngenta）	阿维菌素	抑制神经传递	大豆、棉花、玉米	植物线虫
AvictaComplete Bean 先正达（Syngenta）	阿维菌素、噻虫嗪、精甲霜灵、咯菌腈	抑制神经传递	大豆、棉花、玉米	植物线虫 虫害和病害
ClarivaComplete Beans 先正达（Syngenta）	巴氏杆菌菌株 Pn1、氟唑环菌胺、噻虫嗪、精甲霜灵、咯菌腈	寄生线虫 SDHI 酶抑制剂	大豆	大豆孢囊线虫 虫害 / 病害

（续有）

商品名 企业	有效成分	作用机理	登记作物	靶标病虫害
Trunemco 纽发姆（Nufarm）	顺式茉莉酮 解淀粉芽孢杆菌	诱系统抗性 形成生物膜等	大豆、棉花、 玉米	植物线虫
BIOST® Nematicide 100 Albaugh	热灭活的伯克氏菌 *Burkholderia* *rinojenses*	由酶和毒素构 成多重机理	大豆、玉米	植物线虫、金针虫、 玉米蛆和玉米 根叶甲
N-Hibit Plant Health Care	热激蛋白	提升植物自然抗性	所有作物	所有植物线虫
Aveo EZ Valent U.S.A.	解淀粉芽孢杆菌	形成生物膜等	大豆	大豆孢囊线虫 / 短 体线虫 / 肾状线虫

8.10　杀线剂的降解

　　杀线剂施入土壤后会经过一系列生物、物理和化学的转化过程，转化形成的产物相比原成分对植物线虫的活性可能会增强或减弱。化学杀线剂的半衰期一般在 2~190 天，半衰期时间长短可受化合物的结构和土壤的物理化学特性影响。Nordmeyer（1992）认为杀线剂 14 天的半衰期比较合适，基本可以达到药效发挥和环境安全的平衡。微生物是降解化学杀线剂并影响其活性的关键因素之一，重复施用杀线剂可能会增强微生物降解的活性从而降低杀线剂的效果，这种现象的出现可能与喜好不同杀线剂的特殊微生物菌群的富集有关。

8.11　杀线剂对非生物靶标的作用

　　一般的化学杀线剂有较广泛的生物作用谱系，特别是熏蒸性化学杀线剂对土壤中的各类动物、微生物、植物等均有致死作用，导致土壤中植物线虫的天然抑制因素如拮抗生物、捕食生物、寄生生物的丧失，如果土壤中能够有效促进植物生长的菌根菌和根际细菌消失，将会导致作物生长不良。杀线剂也能够改变土壤中植物线虫的种群结构，某一个种群受抑制后可能会导致另一个种群的增殖。

8.12　植物线虫抗杀线剂的风险管理

　　国际各作物保护公司在 1984 年成立了杀虫剂抗性工作委员会 IRAC（Insecticide

Resistance Action Committee），该组织的宗旨是通过有效的抗药性管理，保护杀虫剂、杀螨剂以及杀线剂的长期使用，推动可持续农业的发展以及公共健康。虽然已有 2 000 多篇关于动物寄生线虫抗药性的报道，但有关植物线虫抗药性的研究非常匮乏，仅有的文献都是有关实验室条件下测定线虫的抗药性（Yamashit 等，1986）。对植物线虫在田间产生抗药性的情况尚不明了，产生这个现象的原因主要包括：①杀线剂的田间用量相对杀虫剂要少；②除保护地外，杀线剂在田间的施用不连续，重复性低；③植物线虫多为孤雌生殖，且繁殖力比动物寄生线虫要低，减缓了靶标基因的突变率；④植物线虫在一个开放的农业生态系统中生存，不容易接触到药物，并且药物容易在环境中流失，而动物寄生线虫生存于一个封闭的动物体内，药剂浓度和结构相对稳定；⑤杀线剂在土壤中容易被微生物或其他环境因素快速降解，减轻了线虫遭受药物长作用时间和高浓度的选择压力；⑥杀线剂在土壤中降解后可能会快速失去杀线活性，容易被误认为是线虫产生了抗药性；⑦长期的轮作以及杀线剂使用间隔期延长，都可以减缓抗药性的产生（Dash，2015）。

然而，随着大多数传统杀线剂退出市场，可供选择的杀线剂种类变得非常单一。我国的农业种植者在很长的一段时间内主要选择使用阿维菌素和噻唑磷，随着保护地面积的不断扩大，作物连茬种植的时间极大地延长，用药次数不断增加，这些变化都加大了植物线虫对杀线剂的抗性风险。线虫对半衰期长的杀线剂相比半衰期短的更容易产生抗药性，线虫对土壤残留期长的有机磷类和氨基甲酸酯类杀线剂也容易产生抗药性（Dash，2015）。Huang 等（2016）首次报道了植物线虫在杀线剂的选择压力下可产生遗传变异，从连续施用噻唑磷 7 年且年施两次的大棚中获得了一个产生抗药性的南方根结线虫群体，通过与敏感对照群体比较，发现抗药性群体的乙酰胆碱酯酶基因 *ace*2 编码的产物与敏感群体比较有 18 个非同义氨基酸的差异，而乙酰胆碱酯酶正是噻唑磷的受体。IRAC 在过去并没有特别关注化学杀线剂的抗性问题，但在 2018 年 1 月 21 日成立了线虫抗药性工作组（Nematode Resistance Working Group），旨在调查植物线虫的抗药性风险。

一般情况下，杀线剂的抗药性风险依照种植的作物品种不同而有明显差异。对于行栽的粮食作物，杀线剂的田间用量较少，且在一个种植季中很少重复使用，因此抗药性风险较小；对于蔬菜、香蕉、哈密瓜、西瓜等经济作物，杀线剂在田间多次重复施用，因而抗药性风险大。应用低剂量的化学杀线剂、微生物杀线剂或植物源杀线剂等替代产品、有增效作用的化学杀线剂混配产品等，均可以降低抗药性风险。化学杀线剂抗性管理要遵循的原则是，在作物种植季之间，需要轮换或变换施用具有不同作用机理的杀线剂。图 8-4 描绘了不同作用机理的三种杀虫剂的最佳应用方案，即在一个生长季节中轮换施用，避免用同一种杀虫剂连续处理（Sparks 等，2020）。

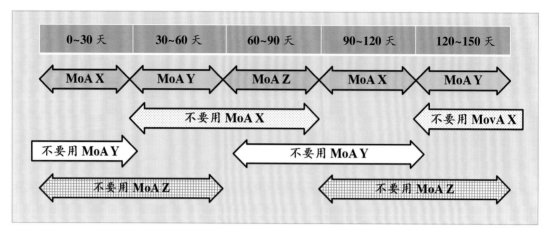

图 8-4　不同作用机理杀虫剂的轮换施用方案

注：MoA X、MoA Y 和 MoA Z 分别表示作用机理不同的 3 种杀虫剂。

8.13　影响杀线剂田间防治效果的因素

杀线剂在田间对植物线虫的防治效果受很多因素的影响，这些因素主要包括：①植物线虫的种类、发育时期和在田间的分布；②杀线剂的类型、剂量、土壤分散性以及田间分布性等；③植物对内吸性杀线剂的吸收；④土壤类型及有机质含量、酸碱度等；⑤施用技术。

8.13.1　植物线虫的种类、发育时期和田间分布

不同的线虫种类和不同生活史时期对杀线剂的敏感程度不同。例如，熏蒸性杀线剂二溴乙烯处理土壤 24h 后，只有 75% 的土壤自由生活线虫被杀死，而半穿刺线虫在二溴乙烯相同浓度处理 0.5h 后即 100% 死亡。处于干燥土壤中脱水状态的植物线虫对致死剂量溴甲烷的耐受性比湿润土壤中正常活动的线虫强 10 倍以上（Noling，2011）。

植物线虫在土壤中的垂直分布一般与前茬作物或杂草寄主的根系分布有关，土层里的作物根系数量决定了线虫的种群数量，大多数作物的根系集中在土层 15~30 cm 的深度，植物线虫也大多聚集在根系层，因此最佳的施药方案应该是确保药剂在土壤 30 cm 的深处能保持足够的有效浓度和药效时间。

8.13.2　杀线剂的类型、剂量、土壤分散性及田间分布性

根据杀线剂在土壤中的扩散特性可分为熏蒸剂和非熏蒸剂，前者是一种液体，迅速蒸发成气体后在土壤里向上扩散，而后者通常配制成颗粒或液体，在土壤里被水带动向下流动，根据是否被植物吸收又细分为触杀型和内吸型。非熏蒸杀线剂通常施用于土壤，必须

与土壤混合或由水带入土壤且能接触到靶标线虫，才能达到良好的防效。因此，综合考虑土壤和其他环境条件，明确相关植物线虫在土壤中的位置以及杀线剂的扩散能力，对实现线虫的有效控制至关重要。

杀线剂的剂量是浓度和时间的乘积。杀线剂对植物线虫的致死作用决定于两个因素，首先是杀线剂在土壤中的浓度（C），通常以百万分之几（$\times 10^{-6}$）表示；其次是杀线剂处理植物线虫的时间长度（T），用分钟、小时或天表示。杀线剂对植物线虫的控制能力与剂量和时间长度的联合作用有关，即浓度 $\times$ 时间（CT）。杀线剂产生作用有一个最低的浓度水平，低于这个水平，无论处理的时间长短，都无法使线虫死亡。如果在 10 mg/kg 浓度下处理 20 天（200 CT）是杀死植物线虫所需的最小剂量，那么在 4 mg/kg 下处理 50 天（200 CT）将完全无效，即使线虫已经受到了 200 CT 相同剂量的作用。在本例中，至少需要 10mg/kg 浓度的杀线剂才能有效杀死线虫或使线虫失去寄生性（如迷失方向等）。对于大多数植物线虫来说，长时间暴露在有效低浓度的熏蒸剂中，比短时间暴露在高浓度下更有效。

熏蒸剂通常是被注入土壤中的。当液体开始挥发时，气体从注入点向四周扩散，向上的质量流和扩散通常大于向下的流动，大部分气体从土壤中逸出进入大气。当杀线剂在土壤中分散时，气体分子被吸附到土壤颗粒表面，再溶解到土壤溶液中，充满土壤颗粒之间的空隙。杀线剂的浓度随距离注入点的长度增加而降低。随着时间和距离长度的增加，浓度会下降到低于立即致死的剂量水平。熏蒸剂杀死土壤中植物线虫的效率取决于其在处理区域内的 CT 值。因此杀线剂施用量与线虫死亡率的关系，不仅是衡量杀线剂对线虫毒性的指标，也是衡量杀线剂分散性的重要指标。如果分散性好，施用量的增加将导致更高的 CT 值，并能够控制更广的土壤体积。水可以有效地阻止熏蒸剂在土壤中的扩散，而非熏蒸性杀线剂必须通过降雨或灌溉水进入土壤才能发挥作用。了解非熏蒸性杀线剂产生作用的最低浓度及其持效性很重要。许多情况下用非熏蒸性杀线剂防治植物线虫的效果不理想，很可能是由于降雨量过多或灌溉过度所致。

施用方法对杀线剂在田间的空间分布（包括垂直和水平）有重要影响。杀线剂在土壤中的分布取决于其在土壤中的混合程度、扩散性和淋溶程度。如果杀线剂施用不当或施药设备有问题，通常会导致防效不佳的情况发生。

触杀性或内吸性杀线剂必须均匀地施用于土壤中，并针对植物的生根区域。如果是内吸性杀线剂，则应施用在易于吸收的部位。施入土壤 5~10 cm 的深度，会对萌发的种子、移栽的幼苗，以及种子和幼苗萌发出的新根提供更好的保护作用。当根向下延伸时，杀线剂可因灌溉或降雨淋溶到土壤溶液中，以保护新的根系。对侧根或外生根的保护作用取决于在土壤中施用杀线剂的面积范围。一般来说，蔬菜作物的施药带宽建议为 20~40 cm。如果带宽变窄，游离的根在未经处理的土壤中生长，容易受到植物线虫和病原菌的感染。对于番茄等作物，早期植物线虫的侵染，再加上随后被土壤中镰刀菌侵染，容易导致作物死亡。

杀线剂的施用方式包括喷洒土壤表面、撒施与土壤混合、喷洒植物叶片、与种子一起沟施等。沟施会在种薯（如马铃薯）周围形成高浓度的杀线剂，可能会产生植物毒害，且只能够抑制块茎周围的植物线虫种群；把药剂颗粒均匀地深拌入土壤，能更有效地控制植物线虫并收获预期的产量。有些内吸性杀线剂如涕灭威和杀线威，在有机质含量低的沙质或沙质壤土中可以很好地流动，施用方法对植物线虫的控制效果影响不大；对于水溶性很好的杀线剂，它们在土壤中的垂直分布与防治效果关系并不密切，即便是更充分的混合，防治效果也不会改善多少。相反，溶解性较差的杀线剂如苯线磷和灭线磷，与土壤中有机质的结合程度较高，需要在土壤中更均匀地分布才能实现最佳的线虫控制效果。研究表明，动力旋转式翻耕机（叶片式或带钉式）可以更均匀地将杀线颗粒剂分布到有效的土壤深度，而耙式翻耕机（弹簧齿耙、往复式耙和旋转耙）只能将杀线颗粒剂不均匀地分布在土壤浅层。最均匀的施用方法是将液体制剂喷洒到土壤表面，然后立即用动力旋转翻耕机平整田地。

8.13.3　植物对内吸性杀线剂的吸收

内吸性杀线剂施用到潮湿的土壤后，活性成分会迅速释放（颗粒剂亦如此），并被植物根系吸收。涕灭威可在植物内上下双向运动，如施用到土壤中，则会通过根系内吸向上扩散至叶部；而杀线威和苯线灵只能向下往根部末端扩散。植物对线虫活性成分的吸收量与根系的丰度及其接触的杀线剂剂量有关。对于木本作物，如果将药剂施用至根系较少的区域如树冠外，则内吸性杀线剂在根系中的浓度将会很低。对于一年生作物，在根系充分生长之前发生过度灌溉或降雨，杀线剂会被淋溶到鲜有根系的深层土壤，导致根系吸收药量很少。对有些作物来说，这个问题可以通过在培土或者其他栽培措施操作期间施用杀线剂来克服，也可以通过叶面施用补充。

被根系吸收的内吸性杀线剂可以减少线虫的入侵以及减缓线虫的发育。然而，内吸性杀线剂控制线虫的作用似乎主要发生在土壤中，而不是通过已进入植物组织中的活性成分。涕灭威和杀线威虽然很容易被植物吸收，但被认为主要在土壤中作为杀线剂，干扰新孵化出的2龄幼虫的移动和进食，导致它们因饥饿或中毒而死亡。因此，当孵化出的幼虫向根部移动时，药剂在生根区的良好分布至关重要。如前所述，这可以通过将药剂与土壤充分混合来实现，或者，如果药剂具有足够的流动性，则可以通过施用药剂的横向扩散和向下淋溶来实现。

8.13.4 土壤类型、有机质含量和酸碱度

土壤由沙子、淤泥和黏土颗粒等组成，并以不同的比例与其他无机和有机物成分混合而成。土壤还具有一个相互连接的迷宫状的空气通道，通道内衬水膜，并填充有各种气体的混合物。植物线虫生活在土壤颗粒和植物根系周围的水膜中，杀线剂必须到达这些位置才能发生药效。土壤颗粒之间的空气通道在大小、形状和连续性方面各不相同，这取决于不同尺寸土壤颗粒的分布、聚集程度（结块）、土壤质地层次的呈现以及土壤含水量等。沙质土壤通常含有较大的孔隙、较少结块的土壤结构和很快的排水速度。在沙质土壤中，水和杀线剂的运动通常是垂直的，很少有横向的毛细运动，扩散能力很差（通常小于15 cm），增加施用量也不能加大防控的土壤体积，只会被淋溶到根区以下的土层中，杀线虫剂的浓度随深度的增加而不断被稀释，除非存在不透水的地下土层；相比之下，黏土粒径小得多，聚集性更强，结构致密，排水性一般较差，持水能力高于沙土，水和杀线剂在黏土中的横向扩散力较强，但数量多孔隙小的空间阻挡了杀线剂的横向流动，导致杀线剂的控制区域非常有限；杀线剂在介于沙土和黏土之间的沙壤土中分散良好，增加施用量可以防控更大范围的作物根系。

土壤中有机质的含量对土壤的持水能力和杀线虫剂的扩散有重要影响。杀线剂分子在有机质表面可逆或不可逆的结合限制了杀线剂的扩散。当杀线剂在土壤中扩散时，活性分子吸附到有机质上，经化学的和生物的降解而失去活性。土壤含水量和温度是控制农药降解速率的两个主要土壤环境因子。随着杀线剂分子与有机物结合的增加，线虫毒性成分在土壤水中的浓度降低。

如前所述，杀线剂的流动性主要取决于它们对土壤有机质的亲和力以及所在土壤的物理特性。在沙质土壤中，涕灭威和杀线威对有机质的吸附很弱，因此在土壤中有很强的流动性，而苯线磷和灭线磷的吸附力会强一些，流动性相对较小。有些杀线剂降解成对植物线虫有毒性的新成分，它们在土壤中的结合和淋溶与前体杀线剂不同，例如，苯线磷在植物和土壤中被降解为两种有毒的活性成分，这些代谢物可能比前体化合物更具流动性。

有机质和黏土会吸附或阻碍化合物的流动，从而影响杀线剂在土壤中分散性和溶解性。有机质降低杀线剂效果的原因还包括增加了土壤湿度，以及增加了土壤中微生物的种群数量，从而加大了化合物被降解的速率。与非熏蒸性杀线剂相比，熏蒸性杀线剂受土壤有机质含量的影响较小（Chitwood，2003）。有效防治植物线虫所需的杀线剂施用量取决于杀线剂对土壤有机质的吸附程度和处理的土壤体积（受土壤类型和含水量的影响）。对于非熏蒸型杀线剂，在处理有机质含量高的土壤时，需要更高的施用量才能有效地控制植物线虫。

作者团队在温室条件下测试了几种主要杀线剂在不同土壤条件下杀线活性的变化。试验中使用纯沙和沙壤土（沙：基质：土=1:1:1），接种新鲜提取的南方根结线虫卵，45

天后统计根结指数。结果表明，除了噻唑磷以外，其他测试药剂在沙壤土中的LC$_{50}$（根结抑制率达到50%时的浓度）和LC$_{90}$（根结抑制率达到90%时的浓度）都要比在纯沙中高；其中氟烯线砜受影响最大，增加了15.34倍，Oka等（2013）研究也证实土壤中加泥炭后氟烯线砜的杀线活性降低，可能与有机质对药物的吸附有关；阿维菌素B2在对植物线虫的毒性和受土壤条件的影响方面都比阿维菌素B1表现良好（表8-8）。

表8-8 土壤类型对几种主要杀线剂作用效果的影响

浓度（×10^{-6}）	基质	阿维菌素 B2	阿维菌素 B1	氟吡菌酰胺	氟烯线砜	噻唑磷
	纯沙	0.05	0.10	0.42	0.45	0.27
LC$_{50}$	沙壤土	0.26	1.08	3.11	6.92	0.27
	变化比例	5.20	11.00	7.40	15.34	1.00
	纯沙	0.14	0.25	0.98	1.44	1.25
LC$_{90}$	沙壤土	0.64	1.69	9.56	24.95	1.25
	变化比例	4.57	6.76	9.78	17.33	1.00

土壤的酸碱性对杀线剂活性影响也很大，有机磷类和氨基甲酸酯类杀线剂以及其他类型的杀线剂大多是酸性的，在pH值大于7的碱性土壤中容易快速分解而失去活性。

8.13.5 农事操作和灌溉

在种植作物之前，要旋耕土壤以确保种植地的土壤结构和理化性质（包括湿度的均匀性）。在耕地过程中，植物线虫向翻耕的方向和深度移动，一些植物线虫在混合过程中由于与土壤的研磨碰撞而死亡，而那些靠近土壤表面的线虫则由于风和太阳的干燥作用而死亡。灌溉的主要目的是补充因降雨量不足而导致的植物缺水。灌溉量和灌溉时间取决于作物的蒸散量和土壤水分消耗量，依据土壤的持水量，灌溉水量应足以恢复田间的持水量。在作物生根区内，最大限度地保留杀线剂是灌溉时考虑的首要因素。药剂施用后，土壤中的水分以及杀线剂的垂直与水平扩散取决于许多因素，其中最重要的是土壤类型（导水率和持水能力）、初始土壤水分条件、土壤压实度、不透水层的存在和地下水位，以及供水速率和水量等。降雨也可以严重影响杀线剂在生根区的扩散，特别是在大雨之前灌溉。杀线剂的使用必须与灌溉的合理管理原则相结合。

8.14 化学杀线剂应用需注意的问题及应用举例

在施用化学杀线剂防治植物线虫为害之前，应该注意以下几点问题：
一是了解土壤中植物寄生线虫的种类和种群密度。

二是认真阅读产品说明书，了解使用剂量、施用的土壤深度以及种植前的间隔期。

三是施药前要了解环境和土壤条件，特别是温度、湿度和降雨，如果预报 48~72h 之内有雨则不能施药。

四是植物线虫密度高的田块，用液态形式的杀线剂较为合适，可以确保杀线剂能够更均匀地分散到土壤中。

美国佛罗里达州属亚热带和热带气候，土壤肥沃，是美国蔬果的主要产地。该州的温度和土壤类型非常适合线虫繁殖，是植物线虫病害发生的重灾区。表 8-9 和表 8-10（资料来源于 Zane Grabau, 2019）罗列了佛罗里达州用于防治不同作物线虫病害的杀线剂种类及使用方法，作为应用范例。

表 8-9　在美国佛罗里达州注册的杀线剂及靶标作物

类别	商品名	活性成分	玉米	棉花	花生	马铃薯	大豆	高粱	甘蔗	烟草
熏蒸剂	Dominus	辣根素				√				
	K-Pam/Vapam	威百亩	√	√	√		√			√
	Telone II	二氯丙烯	√	√	√	√	√	√	√	√
非熏蒸性杀线剂	AgLogic 15GG	涕灭威		√	√					
	Counter 20G	特丁硫磷-颗粒剂	√					√		
	Majestene	灭活的伯克氏菌	√	√	√		√			√
	Mocap 15G	灭线磷-颗粒剂	√						√	√
	Mocap EC	灭线磷-乳油								
	Vydate C-LV	杀线威		√	√					√
	Movento	螺虫乙酯				√				
	Nimitz	氟烯线砜				√				√
	Propulse	氟吡菌酰胺和丙硫菌唑	√							
	Velum Total	氟吡菌酰胺和吡虫啉	√	√						

表 8-10　美国佛罗里达州杀线剂的使用方法和特性

类别	商品名	活性成分	使用方法	内吸性	真菌病害	害虫	杂草
熏蒸剂	Dominus	辣根素	I,D		√		√
	K-Pam/Vapam	威百亩	I,O,D		√		√
	Telone II	二氯丙烯	I, D		√		√

（续表）

类别	商品名	活性成分	使用方法	内吸性	真菌病害	害虫	杂草
非熏蒸性杀线剂	AgLogic 15GG	涕灭威	G	√		√	
	Counter 20G	特丁硫磷–颗粒剂	G	√		√	
	Majestene	灭活的伯克氏菌	I, D, O, FS, SS, IS			√	
	Mocap 15G	灭线磷–颗粒剂	G			√	
	Mocap EC	灭线磷–乳油	SS			√	
	Vydate C-LV	杀线威	SS, IS	√		√	
	Movento	螺虫乙酯	FS, SS, O	√		√	
	Nimitz	氟噻虫砜	D, O, SS				
	Propulse	氟吡菌酰胺和丙硫菌唑	IS		√		
	Velum Total	氟吡菌酰胺和吡虫啉	IS, O, D	√	√	√	

注：I.注射（injection），D.滴灌，O.喷灌，G.颗粒剂拌土，FS.叶面喷施，SS.土壤喷施，IS.沟内喷施。

8.15 新型化学杀线剂的开发

在氟烯线砜等新型低毒化学杀线剂之前，几乎没有专门针对防治植物线虫所开发的药剂，市场上传统的杀线剂大多来源于其他用途的农药，如土壤消毒剂（溴甲烷、1,3-D、棉隆等），或杀虫剂（杀线威、丙线磷、其他有机磷和氨基甲酸酯类），或杀菌剂（氟吡菌酰胺），或兽药（阿维菌素），其中主要的原因是对植物线虫缺乏了解，严重低估了线虫对作物产量的危害性，导致杀线剂占据农药市场的份额几乎微不足道。例如，2019年全球农药市值845亿美元，杀线剂市值约为13.47亿美元，仅占约1.6%。由于高毒杀线剂的退市以及植物线虫的为害日益加重，新型低毒杀线剂的研发才得到了极大的重视。

新型杀线剂的结构概念可能来自化合物库、天然产物、文献或专利等。传统的方式是从大量的化合物库中筛选出活性先导物。为了提高效率，筛选方法通常是高通量和可视的，一旦发现有杀线活性的化合物，随后将开展一系列的结构鉴定和结构修饰研究，以期提升活性；除了随机筛选外，目前更倾向于针对特定靶标的研究方法。

8.15.1 利用组学确定杀线剂研究的靶基因

随着分子生物学技术的飞速发展，通过比较基因组学和功能基因组学等组学（Omics）领域的研究成果发掘一些植物线虫的靶标蛋白，合成能与这些靶标蛋白结合的化合物。例如，通过基因组学研究发现线虫有很多神经递质（Neurotransmitters）的受体基因，线虫的神经系统将头感器感觉到的化学信息传递给线虫用来定位寄主植物。南方根结线虫和北方根结线虫分别有 108 个 和 147 个 G 蛋白偶联受体（G protein-coupled receptors，GPCRs），而 GPCRs 是一大类膜蛋白受体的统称，在信号传导中起重要作用。秀丽隐杆线虫有 1 500 个 G 蛋白偶联受体，主要用于嗅觉，只有一小部分是小分子和神经肽类神经递质的受体（Keating 等，2003），包括多巴胺、五羟色胺、章鱼胺、乙酰胆碱、酪胺、谷氨酸和神经肽的受体，其中以多巴胺的受体最为丰富（Opperman 等，2008）。有关对植物线虫的神经递质和神经调质（Neuromodulators）的研究较少，Holden-Dye 和 Walker（2011）就神经递质对植物线虫的孵化、活力和取食等行为的影响作了汇总（表 8-11）。寻找与受体具有高度亲和力的神经递质类似化合物，是开发新型化学杀线剂的一条途径。

表 8-11　植物线虫神经递质的受体基因及功能

中文名	英文名	基因组或生物化学证据	生理功能鉴定
五羟色胺	Serotonin	受体基因	孵化 / 移动 / 食道
多巴胺	Dopamine	HPLC/ 受体 / 免疫细胞化学	孵化 / 移动
章鱼胺	Octopamine	受体基因	孵化 / 移动 / 腺体
酪胺	Tyramine	受体基因	—
组胺	Histamine	—	移动
乙酰胆碱	Acetylcholine	受体基因	移动
谷氨酸	Glutamic acid	受体基因	—
γ- 氨基丁酸	GABA	免疫细胞化学	—
神经肽	Neuropeptide	受体基因 /RNAi/ 免疫细胞化学	移动

Opperman 和 Chang（1990）测试了秀丽隐杆线虫、南方根结线虫、爪哇根结线虫和大豆孢囊线虫的乙酰胆碱酯酶（AChE）对氨基甲酸酯类和有机磷类杀线剂的敏感性，结果发现，3 种植物线虫相比腐生的秀丽隐杆线虫对氨基甲酸酯类杀线剂更敏感，对于有机磷类杀线剂，二者的敏感程度则相差无几；含硫的有机磷类杀线剂对乙酰胆碱酯酶的抑制作用较差，但添加氧化剂后抑制活性会大幅提高。

通过比较基因组学（Comparative genomics）研究发现，线虫门的物种之间具有很高的基因同源性，表现差异的基因主要涉及那些与线虫寄生性相关的基因。秀丽隐杆线虫基因组中有 70% 的基因（约 13 000 个）（http://www.wormbase.org）与其他线虫种类的基因同源，包括动物寄生线虫猪蛔虫（*Ascaris suum*）（Jex 等，2011）和植物寄生线虫北方根结线虫（*M. hapla*）（Opperman 等，2008）。北方根结线虫含有 16 676 个基因，少于秀丽隐杆线虫的 23 662 个基因。通过比较基因组学分析，可以查找出寄生性线虫特有的基因，而这些基因可能成为开发新型杀线剂的靶标基因。例如，从秀丽隐杆线虫基因组中筛选出了 2 958 个致死基因（被 RNAi 沉默后可导致线虫死亡），其中有 1 083 个基因在南方根结线虫中有同源基因（Orthologues）。Alkharouf 等（2007）研究表明，大豆孢囊线虫和秀丽隐杆线虫之间有 8 334 个同源基因，其中有 1 508 个是秀丽隐杆线虫的致死基因，选取其中之一的 Hg-rps-23 基因经 RNAi 沉默后可以导致大豆孢囊线虫死亡。

Taylor 等（2013）利用生物信息方法系统分析了 10 种线虫的基因组，确定了一些"阻塞点"酶（Chokepoint enzymes），阻塞点酶的反应（Chokepoint reaction）是代谢中必需的，没有旁路可通，该反应消耗一种特有的基质或产生一种特有的产物。利用秀丽隐杆线虫筛选了一些可能对阻塞点酶有结合作用的类药化合物，发现了 4 个对秀丽隐杆线虫有作用的新化合物，其中的派克昔林（Perhexiline）对动物线虫捻转血矛线虫（Haemonchus contortus）和盘尾丝虫（Onchocerca lienalis）有抑制作用。

8.15.2 利用秀丽隐杆线虫和动物线虫的研究成果

自 20 世纪 70 年代开始作为实验室模式动物的秀丽隐杆线虫，由于容易用大肠杆菌培养和观察，常用于高通量筛选有活性的化合物成分。Burn 等（2015）采用 60 μmol/L 或更低的浓度，从 67 012 个类药小分子（Small drug-like molecules）中筛选出 275 个分子对秀丽隐杆线虫有致死作用，其中 67 个分子对动物寄生线虫具瘤古柏线虫（Cooperia onchophora）和捻转血矛线虫有活性，但对两种脊椎动物发育安全模型即人胚胎肾细胞（293 HEK293 cells）和斑马鱼（Zebrafish）没有毒性，它们包括与新型杀线剂硫噁噻吩（Tioxazafen）结构一致的 wact-7，以及与新型杀线剂氟吡菌酰胺结构类似的 wact-11，这些安全且有活性的化合物是理想的驱虫剂（Anthelmintic）或杀线剂的先导化合物。另一项研究是 Mathew 等（2016）从 Chembridge 和 Maybridge 库的 26 000 个化合物中筛选获得了 14 个对秀丽隐杆线虫有活性的成分，其中有 2 个在结构上与氟吡菌酰胺相类似。病原体盒库（Pathogen box library）收集了 400 个多样性丰富的类药分子，它们对各种被忽视的病原菌（Neglected disease pathogens）有活性，Partridge 等（2017）利用秀丽隐杆线虫在 10 μmol/L 的浓度下对该库进行了筛选，发现有多个已知的驱虫剂和 14 个具有新颖结构的化合物对秀丽隐杆线虫具有致死作用。

秀丽隐杆线虫营腐生，食细菌，其生物学特性有别于植物线虫，利用秀丽隐杆线虫作为化合物生测靶标获得的结果可能并不适合于植物线虫，例如新型杀线剂三氟咪啶酰胺对秀丽隐杆线虫没有活性，但是对植物线虫却有致死作用（Lahm 等，2017）。全球有大量的研究经费来源支持着基于秀丽隐杆线虫的动物基础生物学研究，包括筛选可以治疗约 60 种动物和人类寄生性线虫的驱虫剂，而防治植物线虫的杀线剂研究资金投入则非常有限。据 2005 年世界卫生组织（World Health Organization，WHO）报告，全球约有 20

亿人感染了动物寄生线虫。迄今已有超过 10 万个小分子化合物在秀丽隐杆线虫和动物寄生线虫上进行过活性测试，获得的研究结果无疑对开发新型杀线剂具有非常重要的参考价值。

8.15.3　利用植物线虫筛选模型

目前大多数研究人员仍然聚焦于天然产物或已有的杀虫剂和药物，希望从中筛选到对植物线虫有活性的成分。随着农业生产对生物制剂需求的增长，许多公司建立了微生物菌株库和天然产物库，这些库里蕴藏着丰富多样的生物化学成分。在自然进化过程中，天然产物与其生物靶标已经形成了高度亲和的互作关系。纵观历史，大自然一直是药物的丰富来源，如阿维菌素（Avermectins）、多杀霉素（Spinosyns）、除虫菊素（Pyrethrins）杀虫剂，甲氧基丙烯酸酯类（Strobilurins）杀菌剂和三酮类（Triketones）除草剂等（Desaeger等，2020）。在 1979—2012 年间，天然产物几乎占据了 70% 登记注册的新型农药活性成分（Cantrell 等，2012）。

从大量的候选化合物中鉴定出具有杀线活性的成分，筛选方法需要有较高的效率和准确率。依据靶标线虫和待选化合物的数量，可以采用不同的筛选系统和模式线虫，包括离体测试（*in-vitro*），即直接测定药液中的线虫死亡率，以及植物活体测试（*in-planta*），即测定线虫接种于药物处理的植株根部的寄生情况。目前大多数杀线剂的筛选都以根结线虫（*Meloidogyne* spp.）为模型，根结线虫易于培养，能引起可见和可量化的根部症状，也是世界上最重要的植物线虫种类。

在离体测试中，通过观察药液处理中的线虫体态来判断死活从而确定化合物的活性，虽然省时和省钱，但观测的结果并不一定可靠，化合物作用机理的差异以及药剂处理时间的长短都会显著影响线虫的体态。处理时间短，可能会漏筛作用速度慢的化合物；处理时间长，线虫可能会恢复活力。植物活体测试能够真实地反映作用机理各异的药物对线虫寄生性的影响，但流程复杂烦琐，需要较长的测试时间和较多的人力。如果在有限的时间内要筛选大量的化合物，建议首先采用离体测试进行初筛，然后再用植物活体测试进行验证，这可能是最好的选择方案，但依然有漏筛活性化合物的风险。需要通过一系列预备试验，比较精准地把握有关有机溶剂使用、处理时间长度、线虫表型变化、药物处理后的可恢复性等信息，最大限度地降低假阴性出现的可能，达到效率和准确性之间的合理平衡。

在进行根结线虫的离体测试时，主要采用表面消毒的卵新鲜孵化出的 2 龄幼虫（J2），而 J2 在植物内建立取食位点之前是没有取食行为的（Storey 等，1984）。使用 50 mmol/L 的章鱼胺（Octopamine）处理大豆孢囊线虫（*H. glycines*）和马铃薯白线虫（*G. pallida*)的 J2（Urwin 等，2002），以及用 1% 的间苯二酚（Resorcinol）处理南方根结线虫 J2（*M. incognita*）（Rosso 等，2005），能够刺激 J2 在离体状态下进行取食。作者研究发现五羟色胺（Serotonin）也具有刺激大豆孢囊线虫 J2 取食的作用，这些药物能够刺激线虫的食道肌肉伸缩运动，迫使线虫吸取溶液进入肠道。例如，受药物刺激后的大豆孢囊线虫 J2 可以吸收导致特定基因沉默（RNAi）的双链核糖核酸（dsRNA）或可视荧光染料化合物 Cy3；如果没有神经药物刺激，Cy3 只能通过扩散作用进入线虫虫体有开口的器官或组织，包括头部的头感器（Amphid）、一些神经元（Neurones）、中部的排泄管（Excretory duct）以及尾部的肛门（Anus）等（图 8-5），作者使用 25 mM 五羟色胺能够刺激大豆孢囊线虫 J2 取食 Cy3（图 8-6）。

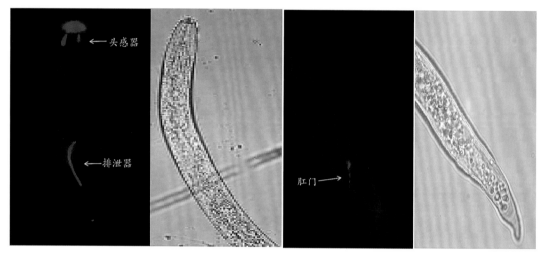

图 8-5　未受神经药物刺激的大豆孢囊线虫 2 龄幼虫不能取食

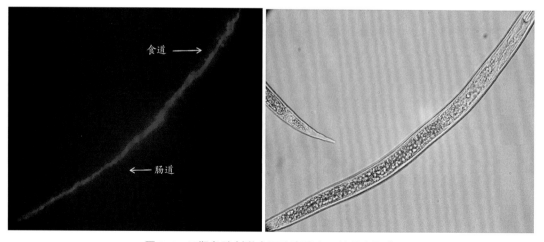

图 8-6　五羟色胺刺激大豆孢囊线虫 2 龄幼虫取食

　　作者观察到 J2 在纯净水中可以存活 10 天以上，在离体测试中，如果处理 J2 的时间超过 5 天，即使没有神经化合物的刺激，Cy3 也能够扩散进入线虫体内（图 8-7），产生这种现象的原因可能与线虫能量消耗过多而导致肌肉松弛有关，自然情况下的 J2 从卵中孵化后会快速侵入寄主植物，长时间游离在根外会消耗过多能量，从而导致侵染力下降。另外长时间浸泡导致线虫体弱，可能也会增加其对药物的敏感性。

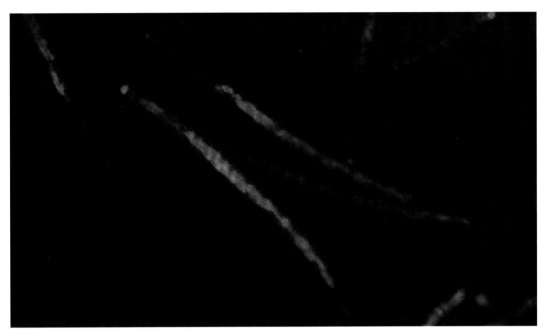

图 8-7　Cy3 经长时间浸泡后能够进入线虫体内

有机磷类和氨基甲酸酯类杀线剂的作用机理是抑制线虫的乙酰胆碱酯酶（AchE）活性，这类杀线剂在土壤中能够扩散到 2 龄幼虫表达乙酰胆碱酯酶基因的头感器（Piotte 等，1999），以及神经纤维（Nerve fibres）和神经肌肉接头（Neuromuscular junctions）（Kennedy 和 Harnett，2001），从而对 2 龄幼虫产生作用；阿维菌素的情况与此类似，作为 γ- 氨基丁酸的阻遏物可以抑制线虫的神经传导，致使线虫麻痹进而丧失寄生能力（Opperman 和 Chang，1990）。另外，在土壤或根内移动阶段的根结线虫和孢囊线虫 2 龄幼虫，与秀丽隐杆线虫对抗不良环境的滞育幼虫有相似之处，许多与线虫代谢相关的基因表达处于关闭或下调状态（Elling 等，2007），这种类似于休眠的 2 龄幼虫对药物可能会有很强的抗性，一些具有新型作用机理的化合物，由于不能进入线虫体内到达受体蛋白所表达的位置，或者其靶标基因处于关闭状态而不能发挥作用，这些问题都会导致化合物漏筛或假阴性情况的出现。

尽管植物活体测试相比离体测试耗时又耗力，但也有很多优点：①可以直接观察到化合物对植株的毒性；②检测化合物在根际环境中的稳定性；③真实地了解化合物对植物线虫从卵孵化到成虫产卵整个生命过程的影响。黄瓜 – 南方根结线虫测试系统是在温室和田间最常用的植物测试模型，选择这个系统的优势在于：①番茄和黄瓜等茄科植物对南方根结线虫高度敏感；②线虫引起的根部症状出现迅速又明显，易于进行根结指数体系分级；③可以检测不同 2 龄幼虫接种量对植株为害的严重程度。国际上常用的根结指数体系见表 8-12（编译自 Barker，1985）和图 8-8；杀线剂温室和大棚生物测试见图 8-9。

表 8-12　常用的 4 种根结指数分级标准

根结指数分级标准				有根结的根占比 (%)
0~4 级	0~5 级	1~6 级	0~10 级	
0	0	1	0	0
	1	2	1	10
	2	3	2	20
1				25
			3	30
			4	40
2	3	4	5	50
			6	60
			7	70
3				75
	4	5	8	80
			9	90
4	5	6	10	100

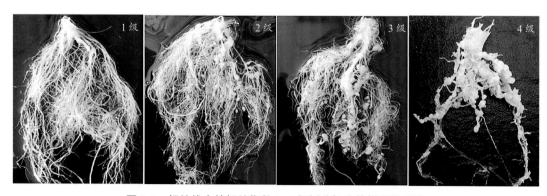

图 8-8　根结线虫的根结指数 0~4 级划分标准的根系展示图

注：依据有根结的根占总根系的比例（%）划分根结指数级别：0 级 = 根系完全健康，没有根结（未展示图片），1 级 = 1%~24%；2 级 = 25 %~49%；3 级 = 50%~74%；4 级 =75%~100%。

a-c—温室测试，其中 a 和 b 为南方根结线虫接种黄瓜试验，c 为大豆孢囊线虫接种大豆试验，试验周期
1 个月；d-f—南方根结线虫接种黄瓜的 Micro-plot 大棚试验，试验周期 3 个月。

图 8-9 温室和大棚生物测试图示

参考文献

Alkharouf N W, Klink V P, Matthews B F, 2007 . Identification of *Heterodera glycines* (soybean cyst nematode [SCN]) cDNA sequences with high identity to those of *Caenorhabditis elegans* having lethal mutant or RNAi phenotypes[J]. Experimental Parasitology, 115(3): 247–258.

Baker D R, Umetsu N K, 2001 . Agrochemical discovery: insect, weed and fungal control [M]. Washington, DC: American Chemical Society.

Barker K R. 1985. Nematode extraction and bioassays[M]//Barker K R, Carter C C, Sasser J N.An Advanced Treatise on *Meloidogyne* Vol II. Methodology.

Burns A R, Luciani G M, Musso G, et al, 2015 . *Caenorhabditis elegans* is a useful model for anthelmintic discovery[J]. Nature Communications, 25(6): 7485 .

Cantrell C L, Dayan F E, Duke S O, 2012. Natural products as sources for new pesticides[J]. Journal of Natural Products, 75: 1231–1242.

Chitwood D J, 2003 . Nematicides in the encyclopedia of agrochemicals[EB/OL]. https: //doi. org/10. 1002/047126363X. agr171.

Dash M, 2015 . Developement of nematicide resistance in nematodes[EB/OL]. https: //www.

slideshare. net/ManoranjanDash3/developement-of-nematicide-resistance-in-nematodes.

Desaeger J, 2016. New and upcoming nematode management opportunities for florida agriculture. PPT presentation[EB/OL]. https: //uflnematodes. files. wordpress. com/2018/06/floridaagexponov-2-2016_new-and-upcoming-nematode-management-opportunities-for-florida-agriculture. pdf.

Desaeger J, Wram C, Zasada I, 2020 . New reduced-risk agricultural nematicides - rationale and review[J]. Journal of Nematology, 52: 1–16.

Donley N, 2019. The USA lags behind other agricultural nations in banning harmful pesticides[J]. Donley Environmental Health, 18: 44.

Ebone L A, Kovaleski M, Deuner C C, 2019 . Nematicides: history, mode, and mechanism action[J]. Plant Science Today, 6(2): 91–97.

Elling A A, Mitreva M, Recknor J, et al, 2007. Divergent evolution of arrested development in the dauer stage of *Caenorhabditis elegans* and the infective stage of *Heterodera glycines*[J]. Genome Biology, 8(10): 1–19.

GrabauZ, 2019. Fumigant and nonfumigant nematicides labeled for agronomic crops in Florida[EB/OL]. https: //edis. ifas. ufl. edu/in1152.

Hague N G M, Gowen S R, 1987. Chemical control of nematodes[M]//Brown R H, Kerry B R. Principles and practices of nematode control in crops. Sydney: Academic Press: 131–178.

Hajihassani A, Davis R F, Timper P, 2019. Evaluation of selected nonfumigant nematicides on increasing inoculation densities of *Meloidogyne incognita* on cucumber[J/OL]. Plant Disease. DOI: 10. 1094/PDIS-04-19-0836-RE.

Holden-Dye L, Walker R J, 2011. Neurobiology of plant parasitic nematodes[J]. Invertebrate Neuroscience, 11(1): 9–19.

Jex A R, Liu S, Li B, et al, 2011. *Ascaris suum* draft genome[J]. Nature, 479(7374): 529–533.

Keating C D, Kriek N, Daniels M, et al. Whole-genome analysis of 60 G protein-coupled receptors in *Caenorhabditis* elegans by gene knockout with RNAi[J]. Current Biology, 2003, 13(19): 1715–1720.

Kennedy M W, Harnett W, 2001. Parasitic nematodes: molecular biology, biochemistry and immunology[M]. Oxon and New York: CABI Publishing: 496.

Lahm G P, De Saeger J, Smith B K, et al, 2017. The discovery of fluazaindolizine: A new product for the control of plant parasitic nematodes[J]. Bioorganic & Medicinal Chemistry Letters, 27(7): 1572–1575.

Lindell S D, Pattenden L C, Shannon J, 2009. Combinatorial chemistry in the agrosciences[J]. Bioorganic & Medicinal Chemistry, 17: 4035–4046.

Ludlow K, 2015a. Public release summary on the evaluation of the new active fluopyram in product Luna Privilege fungicide[EB/OL]. Australian Pesticides and Veterinary Medicines Authority. http://apvma. au/sites/default/files/publication/14166-prs-fluopyram. pdf.

Ludlow K, 2015b. Public release summary on the evaluation of the new active fluensulfone in product NIMITZ 480 EC Nematicide [EB/OL]. Australian Pesticides and Veterinary Medicines Authority. http://sk.sagepub.com/reference/nanoscience/n22.xml.

Mathew M D, Mathew N D, Miller A, et al, 2016. Using *C. elegans* forward and reverse genetics to identify new compounds with anthelmintic activity[J]. PloS Neglected Tropical Diseases, 10(10): e0005058.

Mckenry M, 1994. Nematicides[M]//Arntzen C J and Ritter, E M. Encyclopedia of Agricultural Science, Academic Press, Inc. Volume 3: 87-95.

Noling J W, 2011. Movement and toxicity of nematicides in the plant root zone[EB/OL]. EDIS website at http://edis.ifas.ufl.edu.

Nordmeyer D, 1992. The search for novel nematicidal com-pounds [M]// Gommers F J, Maas P W T. Nematology: From Molecule to Ecosystem, European Society of Nematologists, Invergowrie, Scotland: 281–293.

Oka Y, Shuker S, Tkachi N, 2013 . Influence of soil environments on nematicidal activity of fluensulfone against *Meloidogyne javanica*[J]. Pest Management Science, 69(11): 1225–1234.

Opperman C H, Bird D M. 2008. Sequence and genetic map of *Meloidogyne hapla,* a compact nematode genome for plant parasitism[J]. Proceedings of the National Academy of Sciences of the United States of America, 105: 1402–1407.

Opperman C H, Chang S, 1990 . Plant-parasitic nematode acetylcholinesterase inhibition by carbamate and organophosphate nematicides[J]. Journal of Nematology, 22(4): 481–488.

Partridge F A, Brown A E, Buckingham S D, et al, 2017. An automated high-throughput sys-tem for phenotypic screening of chemical libraries on *C. elegans* and parasitic nematodes[J]. International Journal for Parasitology Drugs & Drug Resistance, 8(1): 8–21.

Piotte C, Arthaud L, Abad P, et al, 1999. Molecular cloning of an acetylcholinesterase gene from the plant parasitic nematodes, *Meloidogyne incognita* and *Meloidogyne javanica*[J]. Mol Biochem Parasitol, 99(2): 247–256.

Rosso M N, Dubrana M P, Cimboli N, et al, 2005. Application of RNA interference to root-knot nematode genes encoding esophageal gland proteins[J]. Molecular Plant-Microbe Interaction, 18: 615–620.

Sequence and genetic map of *Meloidogyne hapla*: A compact nematode genome for plant parasit-ism[J]. Proceedings of the National Academy of Sciences of the United States of America, 2008.

Singha S, Singhb B, Singh A P, 2015. Nematodes: A threat to sustainability of agriculture[J]. Procedia Environmental Sciences, 29: 215–216.

Sparks, T C, Crossthwaite A J, Nauen R, et al, 2020. Insecticides, biologics and nematicides: updates to IRAC's mode of action classification-a tool for resistance management[J/OL]. Pesticide Biochemistry and Physiology, DOI: 10. 1016/j. pestbp. 2020. 104587.

Storey R, 1984 . The relationship between neutral lipid reserves and infectivity for hatched and dormant juveniles of *Globodera* spp.[J]. Annals of Applied Biology, 104(3): 511–520.

Takagi M, Goto M, Wari D, et al, 2020. Screening of nematicides against the lotus root nematode, *Hirschmanniella diversa* Sher (Tylenchida: Pratylenchidae) and the efficacy of a selected nematicide under lotus micro-field conditions[J]. Agronomy, 10: 373.

Taylor C M, Qi W, Rosa B A, et al, 2013. Discovery of anthelmintic drug targets and drugs using chokepoints in nematode metabolic pathways[J]. PLoS Pathogens, 9(8): e1003505.

Umetsu N, Shirai Y, 2020. Development of novel pesticides in the 21st century. Journal of Pesticide Science[EB/OL].DOI: 10. 1584/jpestics. D20–201.

Urwin P E, Lilley C J, Atkinson H J, 2002. Ingestion of double-stranded RNA by preparasitic juvenile cyst nematodes leads to RNA interference[J]. Molecular Plant-Microbe Interactions, 15(8): 747–752.

Wram C L, Zasada I A, 2019. Short-term effects of sublethal doses of nematicides on *Meloidogyne incognita*[J]. Phytopathology, 109(9): 1605–1613.

Yamashita T T, Viglierchio D R, 1986. In vitro testing for nonfumigant nematicide resistance in *Meloidogyne incognita* and *Pratylenchus vulnus*[J]. Revue de Nématologie, 9 (4): 385–390.

Yamashita T T, Viglierchio D R, 1987 . Field resistance to nonfumigant nematicides in *Xphinema index* and *Meloidogyne incognita*[J]. Revue de Nématologie, 10 (3): 327–332.

Yu J, Vallad G E, Boyd N S, 2019. Evaluation of allyl isothiocyanate as a soil fumigant for tomato (*Lycopersicon esculentum* Mill.) production[J].Plant Disease, DOI: 10. 1094/PDIS-11-18-2013-RE.

9 植物线虫综合治理的实施

9.1 绪论

由于植物线虫对作物的为害持续整个生长季节，对其实施全程综合治理非常重要。治理方案中实施技术和产品的选择取决于需要投入的成本、产生的潜在收益以及对农产品安全等级的要求。在经济收益许可的前提下，应该最大限度地使用环境友好型的方法，采取生物和化学措施相结合、靶向农产品质量安全标准的线虫治理方案。植物线虫治理方案的制订和实施要综合考虑土壤环境条件、植物线虫种类和密度、作物品种及农产品价值、作物从种苗到采收过程的生长特性、治理措施的短期和长期经济效益、安全性和有效性等。在作物生长的不同时期，合理使用土壤熏蒸剂、非熏蒸性杀线剂、生物杀线剂、生物刺激剂、对植物线虫有抑制作用的生物肥料以及其他物理和农业措施等。掌握植物线虫在田间的种类、密度和分布是制订方案和精准施药的必要条件，需要正确地采集样品和对样品进行科学的鉴定。要优先使用抗线虫品种和非感作物品种，同时兼顾防治其他有害生物对作物的为害，结合使用能够促进作物健康生长且能够保护土壤生物多样性的措施。在治理线虫为害的过程中，除了要遵循一些共性的原则，还要依据作物类型，采取有针对性地综合治理方案。本章对一些重要或具有代表性作物的线虫病害治理进行了概述，包括蔬菜和瓜类作物（番茄、黄瓜、辣椒、西瓜和甜瓜）和粮食作物（玉米、水稻和小麦），以及橘树、桃树、棉花、花生、大豆和草坪等。

9.2 实施植物线虫综合治理的流程

线虫对作物的为害贯穿作物的整个生长季节，当季作物的受害程度不仅受前季作物生长过程中各类生物或非生物遗留因素的影响，也会影响后季作物的生长。因此，治理线虫病害首先要清理前季作物的遗留隐患，采取有效方法控制线虫对当季作物的为害，还要着眼于未来的种植计划，减轻后续作物线虫病害发生的压力，改良作物生长的土壤环境和条件，达到可持续性控制线虫种群的长期目标。在田间开展植物线虫治理的流程如图 9-1 所示。

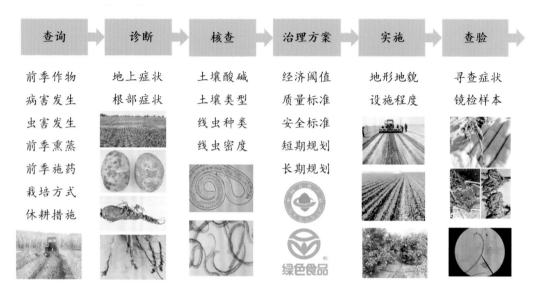

图 9-1　植物线虫综合治理的流程

9.3　田间植物线虫种群的测定

在土壤样本采集过程中遵守的原则包括：①样本要真实反映取样的区域，田间多点取样是确保真实性的唯一手段；②要分别采集受害（显示线虫为害症状如根结和病变）和健康的植物根系及根围土壤，用于实验室线虫的分离和种类鉴定；③在土壤潮湿（湿度约为60%）但不淋湿时采集样本，样本由 10~20 个小样本组成，样本采集点覆盖的面积不超过 60 亩，小样本充分混合后，取约 0.5 L 用于实验室检测；④将混合好的样品放入塑料袋中，使用永久性记号笔标注取样人姓名、取样日期、样地号和位置信息等；⑤在较冷的环境中保存土壤样本，如果条件许可，温度应低于 25 ℃，避免阳光直射，勿将样本放在非绝缘地板上，在直射光下或温度很高的汽车后备箱中，线虫会在短时间内大量死亡。应尽快将样本送至实验室进行检测。

最便利和有效的取样方法是使用直径约 2.5 cm 的土芯取样器（Core sampler）（图 9-2）。也可用铲子铲开土壤剖面，然后从开口边缘取 2.5~5 cm 的薄片来模拟土芯；对于大田作物，在田间以"之"字形在根区取样（图 9-3），深度为 15~20 cm（图 9-4）；对于草坪，在"之"字形图案中取样，深度为 8~12 cm，如果线虫为害症状明显，从健康区域和受害区域的交界处取样（图 9-5）；对于果树，在树冠下滴水线处呈锯齿形取样，深度为 30~38 cm（图 9-6）。

　　掌握植物线虫在田间的种类、密度和分布信息是制订线虫综合治理方案和精准施药的必要条件，而正确采集土壤或根系样本，并进行科学的鉴定和分析才能获得准确的信息。

图 9-2　用土芯取样器在田间取样

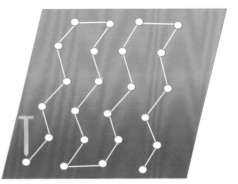

图 9-3　大田作物"之"字形取样

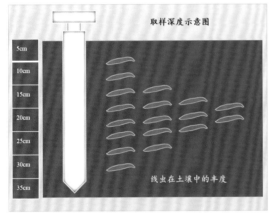

图 9-4　线虫在土壤中的垂直分布

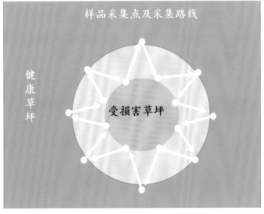

图 9-5　草坪取样

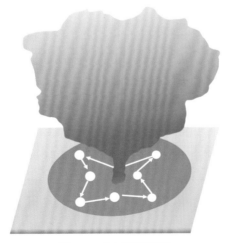

图 9-6　在树冠下取样

田间获取土壤样本是为了诊断分析（Diagnostic assay）和预测分析（Predictive assay）。

诊断分析的目的是确定当前作物生长不良的原因，包括潜在的植物线虫种类和种群密度以及其他可能存在的生物或非生物胁迫因素。当作物地上部分出现可能由线虫为害引起的症状时，例如田间出现成片的发育迟缓或发黄，应采集样本进行诊断分析。样本要从有为害症状的区域采集，勿从死亡植物或腐烂根处取样，因为线虫一般寄生在活的植物上，同时应该在植物生长良好的区域按相同的方法收集样本作为对照。

预测分析是为了确定下季作物受线虫为害的风险。由于采集样本的时间、作物的生长发育阶段以及诸多因素的不一致性或不稳定性，在作物生长过程中取样判断种群密度的可靠性较差。一年生植物，如行栽作物、床栽作物等，在作物成熟期或成熟时取样比较合适，此时线虫数量最多，也容易从根部症状预估线虫的种类和为害程度。对于草坪和多年生木本植物，应该在夏季和初秋时节采集样本。冬季和早春采集的样本可靠性较差，某些植物线虫包括根结线虫和刺线虫等可能会完全检测不到。也有特殊的情况，例如桃树根周围环线虫的数量在春季最多。研究表明，在冬末或早春采集到的根结线虫数量是作物成熟时检测到数量的1/20。对于少数种类如哥伦比亚纽带线虫，在作物成熟期和春季采集的土壤样本中数量基本保持一致（Dickerson等，2000）。

在实验室，从土壤和根样本中分离、计数和鉴定线虫种类的方法有多种，读者可以从已出版的植物线虫学各类书籍或网络上查询到相关的详细资料，本书不再赘述。为了获得精准的结果，样本的处理和线虫种类鉴定应该交由专业服务机构完成。

9.4 影响线虫综合治理方案制定的关键因素

9.4.1 为害作物的线虫种类和种群密度

样本中植物线虫种类鉴定和种群密度统计的结果是指导线虫综合治理的基础资料。经济阈值是指必须采取防治措施的植物线虫种群密度，以减轻线虫造成经济损失。经济阈值通过试验所得数据确定，例如，美国各州公立大学农业实验站科研人员通过温室研究和田间实地测试获得所在州的数据，由于样本采集方法、线虫检测方法、土壤类型、气候条件等不同，每个州针对特定作物得出的阈值可能会有差异。在条件许可的情况下，应该尽可能地明确线虫为害重要作物的经济阈值，在缺乏必要的数据时，可以参照其他条件相近地区的阈值。在初步判断土壤样本中植物线虫的种类时，要将其与腐生线虫区别，植物寄生线虫通常都有清晰可见的骨化口针。

在收获期通过查看线虫为害根部的症状，特别是根结线虫形成根结的情况，有经验的人员可以快速确定线虫的种群密度范围和在田间的发生区域。线虫病害在田间的发生往往呈点状分布，如果能够确定线虫种群的分布图，可以局部施用杀线剂而不用处理整个田块，达到精准实施，减少用药的目的。植物线虫的种类以及种群水平取决于上一季生长的农作物种类及其植物线虫的发生情况。因此，对下季作物线虫治理的建议通常基于上季作物生长结束时线虫的种群数量。

9.4.2　作物的经济价值和农产品安全等级要求

防治线虫病害的目的是为了获取合理的经济收益，既要考虑防治带来的潜在收益，又要考虑不防治带来的潜在损失。随着作物价值的提升，控制线虫为害有可能带来更高的经济效益，对投入防治的支出限制变小，可选择的防治措施变得更灵活多样。低价值作物的效益可能无法平衡防治措施的支出成本，防治线虫病害的成本和潜在收益将决定使用的防治措施。如果防治成本或作物价值发生显著变化，则可能需要重新评估防控方案。

除了作物本身的经济价值外，不同安全等级的农产品在消费市场的价值也有较大的差异，如有机农产品的价格就比其他等级农产品高。有机农产品市场有很大的成长空间，例如，2019 年美国有机农产品的销售额增长了近 5%，达到 180 亿美元，在 2020 年春季的新冠疫情期间，有机产品的销售增长了 20% 以上；2018 年我国获得认证的有机农业生产面积达到 410.8 万 hm^2，植物类总产量达 1 335.6 万 t，有机产品总值为 1 666 亿元（智研咨询）。因此，在制定植物线虫治理方案时，要结合市场对目标作物质量和农药残留的要求，合理调配生物和化学的防治方法，即制订"生物和化学相结合、靶向农产品质量安全标准的线虫病害治理"方案。对于低价值作物或以绿色标准种植的作物，使用低毒化学杀线剂，并通过农药复配实现化学杀线剂减量化和多功能覆盖，同时通过不断补充土壤改良元素如生物肥料等，改善土壤微生态并提高作物的免疫力；对于高价值作物或以有机标准种植的作物，通过投入多种对线虫种群有抑制作用以及对作物健康有促进作用的生物产品系列，提高功能覆盖面，实现生物源杀线产品完全替代传统化学杀线剂。

9.4.3　其他病虫害的发生情况

在复杂的土壤生物环境中，作物往往受到多种有害生物的联合攻击，在防治植物线虫为害的同时，还要积极应对其他病原微生物对作物的侵害：①线虫通常联合其他真菌、细菌和病毒共同作用，使作物缓慢衰弱至死亡，要充分了解植物线虫和其他病虫害之间的关系，确认其他病虫害是否造成明显的减产；②多茬种植导致线虫病害的多发性和线虫感染的反复性，在有其他病原菌存在的情况下，线虫及病原菌会同时快速增殖，导致作物难以存活，造成严重的经济损失；③防治线虫的措施可能会影响线虫与病原微生物之间的互作关系，使病原菌的为害程度降低，并改变作物对其他不利因素的敏感性；④线虫复合病害造成作物产量、质量、品相下降和成熟期延迟而使利润受损。基于新鲜蔬果的高价值及其对植物线虫的高度敏感性，种植前最大化降低植物线虫群体的数量，可以减缓其他病原微生物攻击作物的机会。

9.4.4 抗线虫作物和非线虫寄主作物的可利用性

应用抗线虫作物品种和非线虫寄主作物的原则包括：①应把优先使用抗性品种作为治理线虫病害最重要的手段，因为它比化学防治安全有效，但只能作为轮作的一部分而不是频繁种植，否则会使这种最有价值的方法失去功效；②如果经济条件允许，用非线虫寄主作物轮作，可以达到控制植物线虫种群的目的。在确定经济上是否可以接受时，应考虑多年的利润，而不是当年的年利润。与非寄主作物轮作后，主要作物产量可能会显著增加，即使轮作作物的利润不是很高，也能从主要作物获得的利润增加中获得补偿；③将杀线剂与抗线品种或非寄主作物轮作结合使用能够减少植物线虫的种群密度，提高化学防治的有效性，使化学杀线剂在低剂量下发挥有效的作用。

9.4.5 增加土壤的生物多样性和减轻非生物因素的胁迫

大多数土壤熏蒸剂是灭生性的，除了对土壤中的线虫和其他病虫害有作用外，也对土壤中的有益生物如非靶标微生物、各类有益动物以及土壤营养都有负面影响，因此要尽可能避免使用熏蒸剂。在特殊情况下必须使用时，要基于田间病虫害的多样性和为害水平，精准使用特定剂量和剂型的杀线虫熏蒸剂；在选择使用非熏蒸性杀线剂时也要考虑药剂对田间各类病虫害和有益生物的作用效果。要充分了解肥料、灌溉、耕作、有机物、各类农药对植物线虫种群密度的影响，尽量减少非生物因素对作物的胁迫有助于降低植物线虫的为害。同时，任何能够促进作物健康生长的因素，如使用生物肥料和生物刺激剂等都能减轻植物线虫的为害。

9.4.6 线虫治理方案要贯穿整个种植季节

制订线虫综合治理方案，要基于土壤环境条件、种植品种及价值、植物从种苗到采收过程的生长特性等，综合考虑防治措施的短期和长期经济效益、安全性和有效性。在作物生长季节的每个节点，可以选择的防治措施如表9-1所示。

表9-1 植物线虫全程综合治理措施的应用

种植前		移苗期	生长期	采后期	休耕期
土壤熏蒸	土壤处理	强化预防	发病区域治疗	检测及清残	减少潜在线虫
	化学杀线剂			检测根症状	翻地暴晒
熏蒸剂	生物杀线剂	化学杀线剂	化学杀线剂	清除病残体	高温闷棚
	生物刺激剂	生物杀线剂	生物杀线剂	施用除草剂	绿肥植物
	生物肥料				漫灌

任何一种杀线剂都不可能单一解决所有作物的线虫为害问题，采取多种防治方法的组合通常可以获得较为理想的效果。创新不是弃旧，正确地使用好传统杀线剂如阿维菌素、噻唑磷及其复配药，要充分了解新型技术和杀线剂新产品对作物、环境和其他病虫害的影响及性价比，制订合理的实施计划，产品推广要基于药物特性和作物生长规律进行准确切入。

不同类型的作物有其特殊的生物学特性和栽培管理方法，线虫病害的发生规律和对应的治理措施会有所不同。以下阐述的线虫病害治理方法主要基于一些典型的案例，旨在作为一般性的参考，而不是具体的执行标准。读者应该根据实际情况，针对特定作物合理设计符合自身条件的实施方案。

9.5 蔬菜类作物线虫病害的综合治理

蔬菜作为保健或健康营养成分的主要来源，已经成为现代人群日常大量消费的食物，消费者和批发商通常要求市场流通的蔬菜品质好，没有外观瑕疵，这就要求蔬菜种植者具备较高水准的管理技术。由于蔬菜类作物的经济价值相对高于大田作物，生活在亚热带、温带或较为寒冷地区的种植者，大多采用大棚栽培（保护地）的方式生产蔬菜。保护地栽培技术是指在植物生长过程中，对植株周围的微气候，包括温度、水分、矿物质、养分和光照强度等进行部分或全部调控的一种种植技术。由于蔬菜作物在保护地的连作现象普遍，线虫病害呈现日趋严重的趋势。同时，线虫侵入植物造成的伤口可以诱发其他土传病害严重发生，所形成的复合病害常引起毁灭性的损失。为害蔬菜作物的线虫种类很多，其中尤以根结线虫为甚。绿色环保且可持续的综合治理策略包括：种植轮作或覆盖作物、及时清除杂草或作物残体（对块茎类蔬菜作物尤为重要）、休耕期土壤的翻耕和暴晒、施用抑线功能的土壤改良剂和生物或化学的杀线剂等。

9.5.1 为害蔬菜的植物线虫及其经济阈值参考

为害各类蔬菜的植物线虫种类很多，作者参照美国北卡罗来纳州 Dickerson 等（2000）的资料整理了有关番茄、辣椒、茄子和秋葵等蔬菜作物，以及黄瓜、南瓜、甜瓜、哈密瓜和西瓜等葫芦科作物各种线虫的为害阈值。在表 9-2、表 9-3、表 9-4、表 9-5 中，防治方法选项 A 表示线虫种群数量可能不足以引起损害，B 表示该水平的线虫种群密度会引起损害，C 表示采用农业措施，D 表示使用已登记的杀线剂，E 表示定期进行线虫检测，NA 表示不适用或未提及。按沙土、壤土和黏土分类，表中的"沙壤土"表示沙土和壤土的中间状态，黏壤土表示壤土和黏土的中间状态。需要说明的是，种植前平整田块会使其中的植物线虫分散，相比从活的植物根部采集的样本，线虫数量会少很多。

表 9-2 列出为害番茄、辣椒、茄子和秋葵的主要线虫种类及其参考阈值，其中根结线虫和长尾刺线虫为害最为严重，有时较小拟毛刺线虫也会造成严重为害；根结线虫主要在沙质土壤和有机质含量高的滩涂地中发生，刺线虫在沙质土壤中发生，毛刺线虫在沙质和有机质含量高的土壤中都可能发生。冬季或早春采集的样本中线虫的数量可能较少，建议以作物生长季末的线虫种群数量为基础，制订合理的线虫治理方案。

表 9-2　防治番茄、辣椒、茄子和秋葵线虫为害的参考阈值

线虫种类	经济阈值（条数 /100 mL 土）			防治方法选项
	沙土 - 沙壤土	黏壤土 - 黏土	种植前平整土	
南方根结线虫和花生根结线虫	1~9	1~19	1~3	A，E
Meloidogyne incognita &	10~19	20~29	4~10	B，C
M. arenaria	20+	30+	11+	B，C，D
美洲剑线虫	1~199	1~249	1~64	B，C
Xiphinema americanum	200+	250+	65+	B，C，D
小环线虫	1~199	1~249	1~64	A，E
Criconemella spp.	200+	250+	65+	B，C，D
短体线虫	1~99	1~149	1~79	B，C
Pratylenchus spp.	100+	150+	80+	B，C，D
螺旋线虫和盾线虫	1~279	1~299	1~89	B，C
Helicotylenchus spp. &				
Scutellonema spp.	280+	300+	90+	B，C，D
长尾刺线虫	1~3			B，C
Belonolaimus longicaudatus	4+	NA	1+	B，C，D
较小拟毛刺线虫	1~199	1~225	1~32	B，C
Paratrichodorus minor	200+	226+	33+	B，C，D
矮化线虫	1~249	1~299	1~79	B，C
Tylenchorhynchus spp.	250+	300+	80+	B，C

表 9-3 列出为害黄瓜和南瓜的主要线虫种类及其参考阈值，其中南方根结线虫和长尾刺线虫为害最严重，尚无商品化的黄瓜或南瓜抗线虫品种。根结线虫和刺线虫以卵越冬，用常规的土壤分离方法难以收集到卵，在冬季采集的样本中没有检测到线虫，并不能说明土壤中没有线虫存在，如果在春季的土壤样本中能检测到根结线虫和刺线虫，就要进行重点防治，否则会造成经济损失。

表 9-3　防治黄瓜和南瓜类线虫为害的参考阈值

线虫种类	经济阈值（条数 /100 mL 土）			防治方法选项
	沙土 - 沙壤土	黏壤土 - 黏土	种植前平整土	
南方根结线虫	1~9	1~12	1~3	A，E
Meloidogyne incognita	10+	13+	4+	B，C，D
长尾刺线虫	1~7	NA	1~3	B，C
Belonolaimus longicaudatus	8+		4+	B，D
哥伦比亚纽带线虫	1~49	1~99	1~16	A，E
Hoplolaimus columbus	50+	100+	17+	B，C，D
美洲剑线虫	1~199	1~249	1~59	B，C
Xiphinema americanum	200+	250+	60+	B，C，D
小环线虫	1~199	1~224	1~69	A，E
Criconemella spp.	200+	225+	70+	B，C
短体线虫	1~49	1~79	1~8	A，E
	50~129	80~149	9~16	B，C
Pratylenchus spp.	130+	150+	17+	B，C，D
螺旋线虫和盾线虫	1~199	1~225	1~64	A，E
Helicotylenchus spp. & *Scutellonema* spp.	200+	226+	65+	B，C
矮化线虫	1~79	1~99	1~19	A，E
Tylenchorhynchus spp.	80+	100+	20+	B，C

　　表 9-4 列出为害甜瓜和哈密瓜的主要线虫种类及其参考阈值，其中南方根结线虫和长尾刺线虫为害最为严重。目前市场上尚无商品化甜瓜抗线虫品种。建议的土壤取样时机是夏末或早秋作物生长季结束时节。

表 9-4　防治甜瓜和哈密瓜线虫为害的参考阈值

线虫种类	经济阈值（条数 /100 mL 土）			防治方法选项
	沙土 - 沙壤土	黏壤土 - 黏土	种植前平整土	
南方根结线虫	1~9	1~13	1~3	A，E
	10~19	14~24	4~8	B，C
Meloidogyne incognita	20+	25+	9+	B，C，D
长尾刺线虫 *Belonolaimus longicaudatus*	1+	NA	1+	B，D
美洲剑线虫	1~199	1~249	1~69	A，B，E
Xiphinema americanum	200+	250+	70+	B，C，D
小环线虫	1~199	1~239	1~69	A，E
Criconemella spp.	200+	240+	70+	B，C

（续表）

线虫种类	经济阈值（条数/100 mL 土）			防治方法选项
	沙土 - 沙壤土	黏壤土 - 黏土	种植前平整土	
短体线虫	1~49	1~89	1~16	A, E
Pratylenchus spp.	50~119	90~199	17~39	B, C
	120+	200+	40+	B, C, D
螺旋线虫和盾线虫	1~199	1~224	1~69	A, E
Helicotylenchus spp. &				
Scutellonema spp.	200+	225+	70+	B, C
矮化线虫	1~249	1~299	1~79	B, C
Tylenchorhynchus spp.	250+	300+	80+	B, C, D

表 9-5 列出为害西瓜的主要线虫种类及其参考阈值，其中根结线虫为害最为严重。迄今尚无商品化西瓜抗线虫品种。

表 9-5　防治西瓜线虫为害的参考阈值

线虫种类	经济阈值（条数/100 mL 土）			防治方法选项
	沙土 - 沙壤土	黏壤土 - 黏土	种植前平整土	
根结线虫	1~9	1~16	1~3	A, E
Meloidogyne spp.	10~19	17~32	4~5	B, C
	20+	33+	6+	B, C, D
美洲剑线虫	1~299	1~349	1~89	A, E
Xiphinema				
americanum	300+	350+	90+	B, C
哥伦比亚纽带线虫	1~89	1~149	1~32	A, E
Hoplolaimus columbus	90+	150+	33+	B, C, D
小环线虫	1~299	1~299	1~69	A, E
Criconemella spp.	300+	300+	70+	B, C
短体线虫	1~49	1~79	1~16	A, E
Pratylenchus spp.	50~119	80~199	17~32	B, C
	120+	200+	33+	B, C, D
较小拟毛刺线虫	1~99	1~149	1~32	B, C
Paratrichodorus minor	100+	150+	33+	B, C
矮化线虫	1~249	1~299	1~79	B, C
Tylenchorhynchus spp.	250+	300+	80+	B, C

9.5.2　蔬菜根结线虫的生态特性

满足作物健康生长所需要的土壤环境和水肥供应，是抑制蔬菜类作物根结线虫种群暴发的基本条件。覆盖植物和轮作作物、堆肥、翻耕等栽培措施能提升土壤的质量和健康，同时也能直接或间接地影响土壤中的线虫种群密度以及对作物生长的为害程度。土壤微生物群落组成是决定土壤质量和土壤生产力的重要因素，它们可以分解有机质、矿化养分和固氮、抑制作物病虫害和保护根系，也能侵染植物造成伤害。实施土壤治理的目的就是要改善土壤的质量，营造一个健康的土壤环境，包括增加土壤有益微生物的丰富性和多样性，提高土壤中其他有益生物的种群密度，以及减少作物病原物和害虫的种群密度和活动性等。

除了线虫的为害，蔬菜作物普遍受到土传病害的严重影响。植物根系被根结线虫侵染后产生的分泌物和伤口有利于土传病原菌的侵染，导致复合病害的发生。植物线虫作为先锋入侵者，与其他病原菌协同作用，会严重影响植株的生长并造成极大的产量损失。例如，植物线虫复合病害可造成印度全国蔬菜作物 40%~70% 的经济损失，此外，根结线虫还破坏了蔬菜作物对土传病原真菌和细菌的抗性（Gowda 等，2017）。选择能够同时防治植物线虫和其他病原物为害的措施具有更实际的应用价值。表 9-6（引自 Gowda 等，2017）列出了与根结线虫相关的主要蔬菜作物复合病害。根结线虫和尖孢镰刀菌共同引起的番茄枯萎病症状如图 9-7 所示（图片源自 Noling，2019a）。

表 9-6   与根结线虫相关的主要蔬菜作物复合病害

蔬菜作物	复合病害	根结线虫种类	相关病原菌
番茄	立枯病 Damping off	南方根结线虫 *Meloidogyne incognita*	茄丝核菌 *Rhizoctonia solani*
	青枯病 Bacterial wilt	南方根结线虫 *Meloidogyne incognita*	茄科劳尔氏菌 *Ralstonia solanacearum*
	枯萎病 Fusarium wilt	南方根结线虫 *Meloidogyne incognita*	尖孢镰刀菌番茄专化型 *Fusarium oxysporum* f. sp. *lycopersici*
	猝倒病 Damping- off	爪哇根结线虫 *Meloidogyne javanica*	德巴利腐霉 *Pythium debaryanum*
茄子	颈腐病 Collar rot	南方根结线虫 *Meloidogyne incognita*	齐整小核菌 *Sclerotium rolfsii*
胡萝卜	软腐病 Soft rot	南方根结线虫 *Meloidogyne incognita*	胡萝卜果胶杆菌胡萝卜亚种 *Pectobacterium carotovorum* subsp. *carotovorum*
花椰菜	枯萎病 Fusarium wilt	南方根结线虫 *Meloidogyne incognita*	尖孢镰刀菌翠菊黏团专化型 *Fusarium oxysporum* f. sp. *conglutinans*

图 9-7 根结线虫和尖孢镰刀菌共同引起的番茄枯萎病症状

保护地栽培技术有助于缓解市场对全年优质新鲜蔬菜的需求，可以提高资源利用和单位面积的生产率。常用的种植设施包括温室、塑料薄膜覆盖的大棚、荫蔽网、植物保护网等，这些设施容易形成高温和高湿的小气候环境，更容易滋生和促进微生物病原菌的繁殖。根结线虫是保护地栽培条件下为害最大、问题最严重的植物寄生线虫。由于单一种植蔬菜、使用线虫感染的种植材料、在线虫污染的土壤里种植以及适宜线虫繁殖的温度条件等，根结线虫的发病率不断增加。与露地栽培相比，保护地栽培的根结线虫增殖率高达10~30倍，引起主要蔬菜作物的年平均产量损失有时高达60%，给经营者带来严重的经济损失。根结线虫引起的蔬菜根部症状如图9-8和图9-9所示。

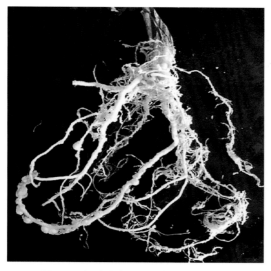

图 9-8 根结线虫为害西葫芦根系症状

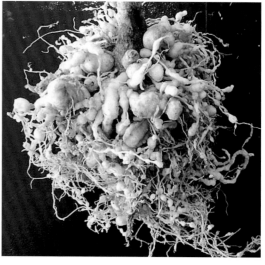

图 9-9 根结线虫为害黄瓜根系症状

一般情况下，南方根结线虫、花生根结线虫和爪哇根结线虫繁殖和存活所需的温度通常高于北方根结线虫。前三者的生长发育需要 25~30℃ 的温度，在热带和亚热带地区占优势，但在温带和亚温带地区，当温度为 0~15℃ 时，最常见的是北方根结线虫。含沙量大于或等于 50% 的沙壤土有利于根结线虫的移动和侵入寄主根系，线虫病害发生严重，而黏土则发病相对较轻。根结线虫在田间土壤中的垂直分布受温度和湿度变化的影响较大，一般在 15~20 cm 的土层中虫量大。线虫的生存和运动需要水膜，40%~60% 土壤湿度有利于根结线虫保持活力。

9.5.3　蔬菜线虫病害治理的常规策略

用于防治蔬菜线虫病害的治理措施主要包括农业措施、种植抗性植物、施用生物或化学杀线剂等。在同一地块连续多年种植单一蔬菜品种，会加重土壤中非生物和生物胁迫因子的负面影响，应该重视非寄主作物轮作措施的实施，尽可能地降低田间线虫的种群密度。了解田间发生的线虫种类才能合理安排使用寄主作物和非寄主作物之间的轮作，例如，孢囊线虫的寄主范围通常很窄，可以通过与非寄主作物轮作进行控制，而对于寄主范围广的根结线虫、刺线虫和肾状线虫，通常必须使用杀线剂进行控制。

虽然有少数的抗线虫蔬菜品种在个别区域流通，但就抗性涉及的蔬菜种类和种植范围而言，市场上仍然非常缺乏商业化的抗线虫蔬菜品种。在美国和欧洲一些国家的种苗市场上有抗根结线虫的蔬菜品种出售，这些抗性品种通常对南方根结线虫、花生根结线虫、爪哇根结线虫有很好的抵抗能力。除了极少的个例外，基本上所有未经遗传改造的蔬菜品种对根结线虫所有种类都敏感，甜玉米对南方根结线虫和爪哇根结线虫敏感，而甘薯则对南方根结线虫和北方根结线虫敏感。

化学杀线剂可以在短时间内将土壤中的线虫种群密度降低到经济阈值以下，可以单独使用或与其他防治措施结合使用。全球当前的杀线剂市场价值约为每年 13 亿美元，其中 48% 的市场用于根结线虫防治。通常情况下，使用杀线剂防治蔬菜线虫病在经济上是合理的。市场上已有的非熏蒸性杀线剂可以有效地防治根结线虫。熏蒸剂对花生根结线虫、爪哇根结线虫和南方根结线虫均有较好的控制效果。

由于有机农业种植不能使用化学杀线剂，应该尽可能地采用与非寄主植物轮作的方法，线虫不能取食非寄主作物。在一个特定地区，采取整个生长季节休耕的办法也可以有效地减少线虫的数量。每月对休耕区域进行一次翻耕，防止杂草生长，因为杂草也可作为线虫寄主供其繁殖，会冲抵休耕所带来的益处；休耕时也可以采用塑料薄膜覆盖土壤并进行阳光暴晒以杀死土壤中的大多数线虫，暴晒需要几周强烈的太阳辐射才能有效，在美国南方的佐治亚州，6 月和 7 月是最有效的暴晒期，当地的气温和太阳辐射都很高，也是种植的休闲期。

任何能够改善土壤成分、保湿特性或物理特性的土壤改良剂，都有助于蔬菜的生长，促进蔬菜的健康和活力，应该在播种或移栽前充分施入土壤。堆肥和松树皮是两种常见的改良剂，能改善蔬菜的健康和土壤条件。据报道，松树皮有助于抑制根结线虫的为害，新鲜松树皮磨成小块效果会更好。

9.5.4　蔬菜根结线虫的综合治理

根结线虫一旦在菜地内定殖，几乎是不可能根除的。为了有效地治理线虫病害，必须通过土壤生态系统的改变来破坏线虫与寄主植物之间的关系。根结线虫的治理技术和产品在实际的应用中会受到多种生物和非生物因素的高度影响，因此需要运用线虫综合治理（INM）的概念进行有效治理。目前对蔬菜线虫治理的主要策略包括使用轮作、嫁接移植以及施用生物或化学杀线剂等。在实际操作中，并非所有的土壤治理和栽培措施都能够达到预期的指标，田间的土壤类型、温度和湿度等条件往往对线虫控制效果起着至关重要的作用，防治效果出现波动是常见的情况。在可行的情况下，最好安排在夏季或冬季的"淡季"实施植物轮作。与化学杀线剂处理后的线虫数量快速减少不同，栽培措施和生物防治是持续缓慢地减少线虫的数量。在多数情况下，虽然采取土壤处理和栽培措施能够在很大程度上减少线虫的种群密度，但很难达到经济阈值水平所要求的防治指标，特别是在连续种植易感作物品种的情况下。在土壤处理和栽培治理措施的基础上，结合使用生物和化学杀线剂是有效治理线虫病害的合理方案。

9.5.4.1　夏季闷棚

薄膜覆盖可以起到保温和高温作用，在炎热的夏季，2~3次深耕土壤和闭棚暴晒，根结线虫种群密度可以降低50%左右（Gowda等，2017），同时也能减少土壤中的杂草、土传病原真菌和细菌等土壤有害生物的数量。覆膜日晒是一种热处理技术，在一年中最热的季节或夏季用透明塑料布覆盖潮湿土壤，吸收太阳辐射产生高温。线性低密度聚乙烯透明薄膜能有效地控制根结线虫的发生，其作用原理包括：①积累太阳短波辐射传递的热量，防止长波辐射热量散失；②温室效应引起的土壤温度升高；③土壤水分通过传导热能提高热杀死线虫的效果；④土壤中的微生物和物理化学反应增加，导致气体积聚，同时产生新的营养源或产生可以诱导随后种植作物抗性的成分；⑤长期的高温暴露可导致线虫死亡率增加，也增加了活力减弱的线虫对杀线剂的敏感性。

9.5.4.2　清除杂草和植物残体

遗留在土壤中的植物病残体不仅干枯速度缓慢，且对根结线虫有保护作用，是重要的初侵染源。因此，作物收获后应尽快清除植物病残体和田间杂草（根结线虫的中间寄主），有助于减少根结线虫在田间的初始密度。如果经济条件容许和栽培品种适合，可以考虑运用轮作、种植覆盖作物和拮抗作物的方法来降低土壤中根结线虫的种群密度，同时也能提升土壤的质地和土壤的生物活力。

9.5.4.3 应用土壤有机改良剂

施用土壤有机改良剂是传统的农业耕作方法，如果科学地加以应用，不仅可以提高土壤肥力，也能抑制根结线虫的为害。有机改良剂包括植物源产品和有机肥料，如家禽、农场庭院肥料和蚯蚓堆肥等。它们对植物线虫的作用机理包括：①有机质在分解过程中产生的营养源增进了有益微生物的活性，这些微生物能够捕食和寄生植物线虫，也能分泌对线虫有毒杀作用的次级代谢产物，同时对其他病原菌也有一定的抑制能力；②植物有机质分解后释放的特定化合物可能有直接毒杀线虫的活性；③增强了土壤保持养分和水分的能力，以及离子交换的能力，从而提高了植物的活力以及植物对线虫为害的耐受力。有机改良剂对线虫的抑制潜力直接与氮（N）含量有关，碳氮比在 12~20 之间的改良剂具有很高的杀线虫活性（Gowda 等，2017）。堆肥防治土壤病虫害的效果不仅与其组成的基质材料相关，而且与堆肥处理的年限有关。许多研究证明，用含有大量树皮的废料制成的堆肥对植物线虫和其他土壤病害有较好的抑制作用。没有腐熟的堆肥不仅具有难闻的气味，而且可能含有对植物有毒的盐和代谢物。

9.5.4.4 应用土壤有益微生物

植物根际促生菌（Plant growth promoting rhizobacteria，PGPR）是一类在农业生产中具有广阔应用前景的微生物菌群。PGPR 通过多种作用机理发挥功能，包括生态位竞争、抗生性、促进植物生长以及诱导植物的系统抗性来抵御植物线虫、病原真菌和细菌等的侵染。已发现 PGPR 中有多种对线虫有拮抗作用的菌株，如产生抗生素 2,4- 二乙酰氯葡萄糖醇的荧光假单胞菌菌株具有很强的杀线虫活性，已广泛用于蔬菜和其他作物的根结线虫防治，其他对线虫有生防作用的细菌还包括坚强芽孢杆菌和蜡质芽孢杆菌等。

9.5.4.5 种植抗线虫作物品种

种植抗性品种是有效治理线虫为害的基础。为此世界各国开展了大量的工作，通过常规的杂交育种方法或转基因技术已成功培育出一批抗线虫的作物品种。目前进入市场的抗线虫品种有番茄、辣椒、豌豆和甘薯等。植物线虫虽然能够侵入抗性品种的根组织里，但却不能正常发育和繁殖，不会显著地影响植物的生长。有些情况下，抗性作物仍然会受到线虫的为害而造成产量损失，但比易感品种受害的程度要低很多，表明抗性作物对根结线虫感染的耐受性有显著的提高。

番茄的 *Mi* 基因是单一的显性基因，已被广泛地应用于抗根结线虫的植物育种和品种开发中。*Mi* 转基因品种对南方根结线虫、花生根结线虫和爪哇根结线虫都有抗性。然而，由于 *Mi* 抗性基因产物具有热不稳定性或明显的温度敏感性，种植在温度较高的地区会丧失抗性功能。例如，美国佛罗里达州的研究人员发现，当土壤温度高于 26℃时，随着温度梯度的上升，*Mi* 转基因作物对根结线虫的抗性会逐渐降低，到 33℃时，抗性番茄植株对根结线虫已经完全敏感（图 9-10，源自 Noling，2019b）。在美国佛罗里达州，春季土壤温度较低时种植的抗性品种会有良好的表现。

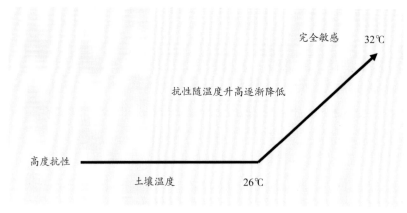

图 9-10　根结线虫 *Mi* 抗性的温度敏感型

此外，随着 *Mi* 转基因品种在世界许多地区种植，长期连续或重复种植抗性品种会导致根结线虫在选择压力下能够克服 *Mi* 基因抗性而成为毒力群体，这些发生毒力变异的根结线虫群体能够在 *Mi* 抗性植物上繁殖，并在土壤中逐渐占据种群优势，造成产量损失。研究发现，能够突破 *Mi* 基因抗性的根结线虫毒力群体在 1~3 年的时间内就能够产生，因此对抗性品种的使用时间要进行限制。由于根结线虫毒力群体的发展如此迅速，在植物线虫综合治理系统中通常要求抗性品种和非抗性品种之间进行轮作，以延长产生新毒力群体的选择时间（Noling，2019b）。

将种植抗性品种与施用杀线剂相结合，是减缓新毒力群体形成和避免产量损失的有效方法。市场往往对蔬菜品质如果形、大小、风味或产量等有较高的要求，可将受市场欢迎但对根结线虫敏感的品种嫁接到抗线虫砧木上。嫁接技术常用于蔬菜生产中，用来减轻生理和病理胁迫，减轻根结线虫对蔬菜作物的侵染，尤其是葫芦科和茄科蔬菜作物。印度科学家以抗根结线虫的野生龙葵种质资源为砧木，与番茄优良品种接穗嫁接后，长势良好的植株表现出了明显的抗根结线虫能力，降低了土壤中根结线虫的种群数量、繁殖系数和根结指数（Gowda 等，2017）。Okorley 等（2018）研究表明，在加纳利用大果茄（*Solanum macrocarpon*）、埃塞俄比亚茄子（*S. aethiopicum*）和番茄 Mongal F$_1$ 作为砧木，嫁接产量性状优良的番茄 Pectomech F$_1$，可以显著降低根结线虫的为害。因此，从蔬菜种质资源中筛选出抗根结线虫的砧木，开发嫁接育苗技术是植物线虫治理一个新的研究领域。

9.5.4.6　应用化学杀线剂

应用化学杀线剂仍然是当前治理蔬菜作物线虫病害最有效的方法。除了极少数具有中等毒性的有机磷类或氨基甲酸酯类化学杀线剂仍然在使用外，传统的高毒杀线剂几乎全部退出了市场。近年来，一些具有新型作用机理的化学杀线剂开始陆续进入市场，其价格、应用方式和杀线效果正在接受市场的考验。

使用非熏蒸性杀线剂时应注意的事项包括：①均匀施撒，与土壤充分混合，药剂需要与土壤颗粒紧密结合或者由水带入土壤中才能发挥作用；②应该在植物的生根区施药，使药剂能够充分地接触到线虫或使内吸性杀线剂容易被植物快速地吸收，以便有效地杀死根内的线虫；③要尽量保持药物分散和持留在8~15 cm的土层，可以更有效地保护种子萌发和移栽的幼苗，使初始新根免受线虫的为害；④在沙质和有机质含量低的土壤中施用杀线剂时，要特别考虑灌溉的操作技术，避免药物的淋溶。例如，在一定的流速下，如果30min的灌溉时间可以满足供水需求，则在前25min只灌水不加药，仅在后5min加灌药水。

与非熏蒸杀线剂相比，广谱性熏蒸剂能够更加有效地减少线虫数量，提高蔬菜作物的产量。由于熏蒸剂以气体的形式扩散到土壤中才能发挥作用，因此在土壤排水良好、温度高于15℃的条件下采用覆膜熏蒸能够获得最佳的熏蒸效果（图9-11）。土壤中没有被彻底清除或充分腐烂的植物病残体对熏蒸效果的影响很大。在美国佛罗里达州，使用土壤熏蒸剂相比非熏蒸杀线虫剂更能有效地控制根结线虫和刺线虫，滩涂干燥的沙质土壤有利于熏蒸剂发挥药效。几乎所有的土壤熏蒸剂对植物都有毒性，应在作物种前至少3周施用。在土壤温度较低的春季使用时，熏蒸剂的有效成分在土壤中停留的时间会长一些。如果施用熏蒸剂后土壤因降雨或灌溉而饱和，毒性残留物往往会在土壤特别是深层土中保留较长时间，容易造成植物毒害（图9-12）（Noling，2019b），熏蒸处理后需要有充分时间释放土壤中的毒气，避免对新栽种蔬菜造成药害。

图 9-11　覆膜熏蒸

图 9-12　威百亩残毒对甜玉米的毒害作用

9.6　玉米线虫病害的综合治理

9.6.1　植物线虫对玉米的为害

根据中商情报网（http://www.askci.com）统计，2019 年我国玉米的播种面积为 6.19 亿亩，水稻为 4.45 亿亩，小麦为 3.56 亿亩，玉米是我国种植面积最大、产量最高的作物。2019 年全球玉米产量达 11.24 亿 t，其中美国、中国和巴西排名前 3 位。在世界各地，已经发现了 60 多种与玉米有关的线虫，大多数种类是从玉米根或玉米根围土壤样本中分离并鉴定的，其中为害严重的种类包括根结线虫、短体线虫和孢囊线虫等。南非农业研究机构的一项问卷调查显示，短体线虫是继根结线虫之后第 2 严重为害玉米的线虫种类（Keetch，1989）。在美国玉米田里最常见的线虫种类是短体线虫、根结线虫和纽带线虫（Koenning 等，1999）。线虫为害玉米的地上部和地下部症状如图 9-13、图 9-14、图 9-15、图 9-16、图 9-17 和图 9-18 所示（图片源自 Grabau 和 Vann，2017，https://edis.ifas.ufl.edu/ng014）。

图 9-13　刺线虫为害的玉米田呈斑块状矮化或死亡

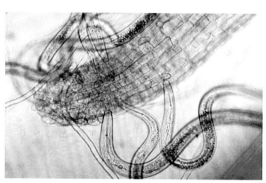

图 9-14　刺线虫正在取食玉米根系

图 9-15　短体线虫为害玉米根系呈现腐烂坏死症状

图 9-16　线虫侵染引起的玉米侧根增生呈胡须状

图 9-17　根结线虫为害玉米根系形成根结

图 9-18　线虫侵染引起玉米侧根发育迟缓和肿胀呈现短枝症状

寄生性强的植物线虫侵染玉米根系后，引起各种病害症状进而影响玉米的产量，大多数情况下玉米地上部不会有明显的受害症状，表现为植株略微矮小，叶片有不同程度的黄化，但是为害严重时植株也可能会死亡。植物线虫侵染也会增加真菌病害的发病率。线虫对玉米造成的为害程度与其种群密度呈正相关，密度越大，损害越大。在美国佛罗里达州，刺线虫对玉米的为害最大，只要检测到就应该重点防治；长针线虫在沙地（含90%的沙）特别是在海滨滩涂地发生，只要存在即可造成损害。植物线虫在玉米的整个生长季中能够繁殖4代或更多的世代，一个雌虫可以生产大量的后代，例如一个根结线虫雌虫可产几百个卵，因此玉米地里的植物线虫种群增长很快。

9.6.2　为害玉米的线虫种类及其参考阈值

为害玉米的线虫种类很多，包括多种外寄生和内寄生线虫。南方根结线虫和爪哇根结线虫可以为害世界各地的玉米。Shi 等（2020）首次报道了南方根结线虫在我国山东玉米地里发生（图 9-19 和图 9-20）。非洲根结线虫（*M. africana*）和花生根结线虫为害印度和巴基斯坦的玉米，花生根结线虫也为害美国的玉米（McDonald 和 Nicol，2005）。根结线虫为害的玉米地上部症状包括植株长势矮小、叶片失绿变黄，发病田呈现斑片状生长不良；在玉米根系上形成的根结大小不一，根结常位于根末端或末端靠后。有时在玉米根系上很难看到根结，常误认为玉米是根结线虫的弱寄主甚至非寄主植物。虽然目前缺乏有关根结线虫为害玉米的经济损失资料，但根结线虫在玉米田里频繁发生，应该引起种植者警惕根结线虫为害的可能性。

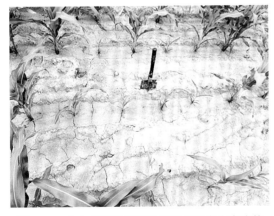 

图 9-19　山东省玉米田的南方根结线虫为害症状　　图 9-20　南方根结线虫为害山东玉米根系的症状
（赵洪海　摄）　　　　　　　　　　　　　（赵洪海　摄）

在生长不良和有减产情况发生的热带或亚热带地区的玉米地里，常常会发现短尾短体线虫（*Pratylenchus brachyurus*）、玉米短体线虫（*P. zeae*）和穿刺短体线虫（*P. penetrans*）等种类。短体线虫有相对较广的寄主范围，极大地限制了轮作方法的使用。田间杂草寄主的存在也会严重影响短体线虫甚至根结线虫的种群密度。短体线虫的侵染能够破坏玉米根部皮层薄壁组织和表皮，导致组织脱落和严重坏死。Smolik 和 Evenson（1987）发现，六裂短体线虫（*P. hexincisus*）和斯克里布纳短体线虫（*P. scribneri*）与玉米产量损失之间存在直接的关系，其对干旱地玉米的为害大于对灌溉地玉米的为害。在尼日利亚，短尾短体线虫虫口密度增加 50% 可导致玉米减产 28.5%（Egunjobi，1974）。施用杀线剂获得的间接证据表明，短体线虫是玉米种植的重要限制因素，防治短体线虫会增加玉米的产量，南非的增产率为 33%~128%，美国为 10%~54%（McDonald 和 Nicol，2005）。

孢囊线虫是第 3 类为害玉米的重要线虫，其中玉米孢囊线虫（*Heterodera zeae*）、禾谷孢囊线虫（*H. avenae*）和查尔科刻点孢囊线虫（*Punctodera chalcoensis*）能够对热带和亚热带地区的玉米造成比较明显的损失，其他有记录的 6 种孢囊线虫对玉米的为害情况不十分清楚，包括木豆孢囊线虫（*H. cajani*）、代尔维孢囊线虫（*H. delvii*）、冈比亚孢囊线虫（*H. gambiensis*）、草本孢囊线虫（*H. graminis*）、水稻孢囊线虫（*H. oryzae*）和高粱孢囊线虫（*H. sorghi*）。查尔科刻点孢囊线虫主要分布在墨西哥，也被称作墨西哥玉米孢囊线虫，能够引起严重的产量损失，受害玉米叶片呈苍白色斑纹。玉米生长量的减少与土壤中玉米孢囊线虫的初始种群密度直接相关，玉米的生长和产量可减少 13%~73%，在炎热干燥的条件下，损害更为严重（McDonald 和 Nicol，2005）。禾谷孢囊线虫是为害小麦的重要线虫，关于该线虫为害玉米的信息有限，但在小麦和玉米轮作的种植系统中应该作为参考因素。

当两种或两种以上的线虫群体密度接近其经济阈值时，表明作物正在遭受重大为害。收益率越高，损失的可能性就越大。应该基于玉米生长季节结束时采集的线虫种群数据制定综合治理方案。表 9-7 所列为害美国玉米的线虫种类，都可能造成经济损失，特别是在沙质土壤中，但在北卡罗来纳州、弗吉尼亚州、佐治亚州、佛罗里达州的发生状况各有差异。

表 9-7　防治玉米线虫为害的参考阈值

| 线虫种类 | 经济阈值（线虫数 /100 mL 土） | | | 防治方法选项 | NC | VI | GA | FL |
	沙土 - 沙壤土	黏壤土 - 黏土	种植前平整土					
哥伦比亚纽带线虫	1~55	1~149	1~32	A, E				
Hoplolaimus columbus	56~99	150~199	33~49	B, C	√	√	√	√
	100+	200+	50+	B, C, D				
美洲剑线虫	1~199	1~399	1~79	A, E				
Xiphinema americanum	200+	400+	80+	B, C, D	√	NA	NA	NA
小环线虫	1~199	1~599	1~199	A, E				
Criconemella spp.	200+	600+	200+	B, C, D	√	√	NA	NA
根结线虫	1~149	1~199	1~49	A, E				
Meloidogyne spp.	150~299	200~399	50~149	B, C	√	√	√	√
	300+	400+	150+	B, C, D				

（续表）

线虫种类	经济阈值（线虫数/100 mL 土）			防治方法选项	NC	VI	GA	FL
	沙土 - 沙壤土	黏壤土 - 黏土	种植前平整土					
短体线虫	1~199	1~199	1~49	A，E				
Pratylenchus spp.	200~499	200~499	50~89	B，C	√	√	√	√
	500+	500+	90+	B，C，D				
螺旋线虫	1~499	1~699	1~199	A，E	√	NA	NA	NA
Helicotylenchus spp.	500+	700+	200+	B，C，D				
长尾刺线虫								
Belonolaimus	4+	NA	1+	B，D	√	√	√	√
longicaudatus								
较小拟毛刺线虫	1~9	1~49	1~3	A，E				
Paratrichodorus minor	10~39	50~79	4~13	B，C	√	√	√	√
毛刺线虫								
Trichodorus spp.	40+	80+	14+	B，C，D				
矮化线虫	1~499	1~999	1~249	A，E	√	NA	√	√
Tylenchorhynchus spp.	500+	1 000+	250+	B，C，D				
短环长针线虫								
Longidorus breviannulatus	NA	NA	NA	NA	NA	NA	NA	√

注：A. 线虫种群数量可能不足以引起损害；B. 该水平的线虫种群密度会引起损害；C. 采用栽培措施进行控制；D. 可以使用已登记的杀线剂；E. 定期进行线虫检测。√. 在该州发生；NA. 不适用或未提及；NC. 北卡罗来纳州（Dickerson，2000）；VI. 弗吉尼亚州（Mehl，2018）；GA. 佐治亚州（Jagdale，2013）；FL. 佛罗里达州（Grabau 等，2017）。

9.6.3　玉米线虫的综合治理

　　大多数寄生玉米的线虫种类都有广泛的寄主范围，例如长尾刺线虫可以寄生玉米、花生、棉花和大豆等作物，该线虫很难用轮作的方法来治理。当植物线虫成为玉米地的问题时，应该避免下茬种植高粱、甘蔗或牧草等植物，它们与玉米的生物学特性类似，容易成为相同线虫种类的合适寄主。南方根结线虫不能寄生花生，在南方根结线虫为害的玉米田，可以选用花生作为下茬的轮作作物，同理，在花生根结线虫和爪哇根结线虫为害的玉米田可以选用棉花进行轮作。此外，作物轮作时要重视杂草防除，线虫在杂草寄主上可以保持或增加种群密度。休耕也被视为作物轮作策略的一部分，休耕有助于减少线虫的密度，但前提是要控制杂草。土壤侵蚀是休耕时的主要问题，特别是沙质土壤，可以种植适当的覆盖作物。选择非寄主或不良寄主的覆盖作物是植物线虫治理的关键。目前还没有商业化的抗线虫玉米品种。

　　种植玉米等大宗粮食作物的利润一般相对较低，成本因素可能会妨碍杀线剂在线虫治理中的应用。施用杀线剂是一种相对昂贵的治理技术，种植者在选择使用前，应考虑以当前的价格是否具有成本效益。确定田间线虫侵染的严重程度，可以考虑只对线虫侵染严重的地区施用杀线剂，可能是提高经济效益的一个途径。应用种衣剂，或有杀线作用的杀虫剂或杀菌剂，可以同时控制多种病虫害，能够降低投入的成本。杀线剂的使用量由使用方法和重复次数决定，如果对杀线剂的使用效果有疑问，应该做小区试验验证。

良好的土壤条件以及任何能够增强玉米健康生长的措施都可以提高玉米的抗线虫能力，这些措施包括保持土壤肥力和质量、提供充足的水肥、治理害虫和其他病害等。土壤类型和质地会影响线虫的为害程度，在一些肥沃的抑制性土壤里种植易感作物，如果在没有任何针对性的治理措施下，土壤中的线虫数量仍然很低，可以推测这些抑制性土壤中含有丰富的拮抗线虫的微生物。

9.7 水稻线虫病害的综合治理

9.7.1 为害水稻的主要线虫种类

水稻在热带和亚热带的所有国家几乎都有种植。2019 年全球脱粒大米产量约为 493.79×10^6 t，其中中国产量最高，为 148.5×10^6 t，其次是印度为 116.42×10^6 t 和印度尼西亚为 36.7×10^6 t。大约有 100 多种植物线虫能够寄生水稻，可分为地上部寄生和根部寄生两类。寄生地上部的主要是贝西滑刃线虫（*Aphelenchoides besseyi*）和水稻茎线虫（*Ditylenchus angustus*）。贝西滑刃线虫广泛分布于世界水稻产区，引起水稻干尖病（White-tip disease），也称水稻干尖线虫病。水稻干尖线虫病的经济阈值为每 100 粒种子 300 条活线虫，如果不处理携带了线虫的水稻种子，贝西滑刃线虫就可能造成 60% 的产量损失（Bridge 等，2005）；水稻茎线虫主要分布在亚洲南部和东南部国家，受侵染水稻突出的症状表现是植株黄化、叶片扭曲和下茎节肿大，穗部通常是空的并且颖片皱缩，尤其是穗基部、穗头和旗叶扭曲变形。水稻茎线虫在孟加拉国造成的年产量损失估计为 4%（Catling 等，1979），在印度阿萨姆邦（Assam）和西孟加拉邦（West Bengal）为 10%~30%（Rao 等，1986）。过去一直认为水稻茎线虫无法在严重干燥的条件下存活，但研究表明，可以从收获 3 个月后的种子中分离到活的水稻茎线虫，这些线虫主要存活于种子的胚芽部分（Nicol 等，2011）。

寄生水稻根部的线虫种类很多，包括潜根线虫（*Hirschmanniella* spp.）、孢囊线虫（*Heterodera* spp.）和根结线虫等。在大部分灌溉、低地和深水水稻种植区，潜根线虫是为害水稻根系部的主要植物线虫，共有 7 种潜根线虫对水稻造成为害，其中最常见的是水稻潜根线虫（*Hirschmanniella oryzae*）。潜根线虫引起的症状包括植株生长不良、叶片失绿、分蘖减少和倒伏。潜根线虫侵入根部并在皮层组织迁移，导致细胞坏死变褐腐烂。据估计，潜根线虫侵染水稻造成的产量损失可达 25%（Hollis 和 Keobonrueng，1984）。为害旱栽稻或水栽稻的孢囊线虫种类有稻生孢囊线虫（*Heterodera oryzicola*）、旱稻孢囊线虫

（*H. elachista*）、水稻孢囊线虫（*H. oryzae*）和甘蔗孢囊线虫（*H. sacchari*）等。研究表明，旱稻孢囊线虫可造成水稻 7%~19% 的产量损失，稻生孢囊线虫造成的损失还要高于这个数字，甘蔗孢囊线虫在科特迪瓦引起的水稻产量损失可达 50%（Bridge 等，2005）。

为害水稻的根结线虫种类有多个，在我国、南亚和东南亚主要分布的种类是拟禾本科根结线虫（*M. graminicola*），该线虫在美国和南美洲的一些地方也有报道。拟禾本科根结线虫对旱地、低地、深水和灌溉田的水稻都能够造成损害，表现为植株矮小、叶片黄化、分蘖减少，产量下降，而根尖肿大和钩状根尖是拟禾本科根结线虫和水稻根结线虫（*M. oryzae*）为害的主要特征（Bridge 等，2005 年）（图 9-21 和图 9-22）。据估计，在水稻幼苗根围的拟禾本科根结线虫群体密度，每 1 000 条 2 龄幼虫影响旱稻产量下降 2.6%。水淹状态下的水稻幼苗的耐受值为 1 条 2 龄幼虫 /mL 土壤（Plowright 和 Bridge，1990）。

图 9-21　根结线虫为害水稻的地上症状（彭德良　摄）

图 9-22　根结线虫为害水稻的根部症状（彭德良　摄）

9.7.2　水稻线虫病害的主要防治方法

预防水稻干尖线虫病的最有效方法是选用没有线虫的健康种子，其次是对水稻种子进行处理，常用方法包括用熏蒸剂熏蒸种子、γ 射线照射、杀线种衣剂处理、热水或化学药剂处理等，其中最简单有效的方法是在冷水中预先浸种 18~24 h，然后在 51~53℃ 水中浸泡 15 min（Bridge 等，2005）。此外，使用对线虫有抗性或耐性的品种，以及采用低密度的播种，都可以降低水稻干尖线虫病的发生。

控制水稻茎线虫为害的措施包括销毁或清除受感染的残茬或稻草，与水稻轮作种植黄麻或芥菜等非寄主作物，种植早熟品种，为防止线虫在后季作物中的累积及时清除杂草寄主和野生稻，改善水资源管理和防止线虫蔓延等。同时，充分利用对水稻茎线虫有良好抗性的育种材料，培育适合低地和深水环境种植的抗性品种。

防治水稻潜根线虫和水稻根结线虫的措施包括土壤暴晒、休耕、杂草控制、使用抗性品种以及与非寄主植物轮作等。对甘蔗孢囊线虫来说，非洲水稻（*Oryza glaberima*）是很好的抗性来源，土壤淹水也是降低孢囊线虫种群密度的方法（Nicol 等，2011），在水稻旱地栽培模式下，使用杀线种衣剂比较经济有效。

9.8　小麦线虫病害的综合治理

9.8.1　为害小麦的主要线虫种类

小麦是世界第 3 大谷类作物，2019 年全球产量为 764.32×10⁶t，其中欧盟 153.50×10⁶t，中国 133.59×10⁶t，印度 102.19×10⁶t。在西亚和北非国家，小麦被视为重要的粮食安全作物。引起小麦产量损失的重要线虫种类是孢囊线虫和短体线虫，其他的种类还包括根结线虫、茎线虫和粒线虫（*Anguina* spp.）等。

禾谷类作物孢囊线虫（Cereal cyst nematodes, CCN）造成小麦的产量损失最严重，CCN 主要由 11 个孢囊线虫种组成，其中最具经济影响、为害最严重的 3 个种类是禾谷孢囊线虫（*Heterodera avenae*）、菲利普孢囊线虫（*H. filipjevi*）和麦类孢囊线虫（*H. latipons*）（Subbotin 等，2003；Nicol 和 Rivoal，2008），目前在我国发生的 CCN 种类只有禾谷孢囊线虫和菲利普孢囊线虫。

在小麦苗期，CCN 为害的田间整体症状表现为面积不等的淡绿色斑块，植株下部叶片变黄、植株矮小、很少分蘖，生长稀疏，病株较健株抽穗早、出穗少、瘪粒多等，这些症状很容易与土壤氮缺乏或贫瘠相混淆。其他非生物因素如水分或养分等的胁迫可加剧 CCN 引起的根系损伤。CCN 侵染小麦根系后，在侵染点附近出现分叉，侧根呈二叉状分支，次生根增多形成大量须根并扭结成团；在小麦抽穗到扬花期，根部能够见到大量亮白色的雌虫，成熟时呈深褐色脱落于土壤中（图 9-23 和图 9-24）。在地中海气候下，播种

图 9-23　孢囊线虫为害小麦的根部症状

（王燕　摄）

图 9-24　小麦根系上的孢囊线虫白色雌虫

（彭德良　摄）

1~2 个月内即可观察到小麦根系受害的症状（Nicol 等，2011）。

禾谷孢囊线虫（*H. avenae*）是全球禾谷类作物区域分布最广、为害最为严重的种类，在大多数欧洲国家，澳大利亚、加拿大、南非、日本、印度、中国（16 个省、自治区、直辖市），以及北非和西亚的摩洛哥、突尼斯、利比亚、巴基斯坦、伊朗、土耳其、阿尔及利亚、沙特阿拉伯和以色列等国家发生。菲利普孢囊线虫也是一个分布广泛的种类，在大陆性气候区域的俄罗斯、塔吉克斯坦、瑞典、挪威、土耳其、伊朗、印度、希腊都有发生，在中国的河南、安徽、山东、宁夏、青海和新疆等地有发现。麦类孢囊线虫（*H. latipons*）主要分布在地中海地区，在叙利亚、塞浦路斯、土耳其、伊朗、意大利和利比亚都有发现，在北欧国家和保加利亚也有发生。在小麦上还有其他几种孢囊线虫，但是它们的经济重要性并不是很明显（Nicol 和 Rivoal，2007）。

禾谷孢囊线虫在美国小麦主产区爱达荷州、俄勒冈州和华盛顿州的为害可造成每年大约 3.4×10^6 t 的产量损失（Smiley 等，2010）。禾谷孢囊线虫在巴基斯坦造成的小麦产量损失为 15%~20%，沙特阿拉伯为 40%~92%，澳大利亚为 23%~50%，美国西北太平洋地区为 24%，突尼斯为 26%~96%。据计算，禾谷孢囊线虫造成的年经济损失在欧洲为 300 万英镑，在澳大利亚为 7 200 万澳元（Wallace 1965；Brown 1981）。由于种植了抗性和耐受性品种，澳大利亚禾谷孢囊线虫引起的损失现在大为减少。菲利普孢囊线虫也是一种分布广泛且具有经济重要性的种类，可造成土耳其一些旱地冬小麦产量损失约 42%，对伊朗冬小麦的产量损失可达 48%，在干旱条件下菲利普孢囊线虫能造成更大的经济损失。麦类孢囊线虫可引起塞浦路斯大麦 50% 的产量损失，在伊朗造成冬小麦的产量损失可高达 55%。随着菲利普孢囊线虫和麦类孢囊线虫的发生日益严重，人们对它们的认识也在不断提高，认为它们现在是禾谷类作物生产的重要制约因素（Nicol 等，2011）。

短体线虫（*Pratylenchus* spp.）也是小麦的重要迁移性内寄生线虫，至少有 8 个种侵染小麦，其中最重要的 4 个种分别是桑尼短体线虫（*P. thornei*）、落选短体线虫（*P. neglectus*）、穿刺短体线虫（*P. penetrans*）和刻痕短体线虫（*P. crenatus*），它们的寄主范围很广，在世界各地都有分布。桑尼短体线虫在中国、叙利亚、墨西哥、澳大利亚、加拿大、以色列、伊朗、摩洛哥、突尼斯、土耳其、巴基斯坦、印度、阿尔及利亚、意大利和美国等地都有发现。落选短体线虫在中国、澳大利亚、北美、欧洲、伊朗和土耳其有报道，而其他几个种类只有少数研究报道（Nicol 等，2011）。

短体线虫在小麦根系里取食和迁移导致根组织损伤、坏死，根表面出现典型的暗褐色或黑色病斑，随后真菌的侵染常引起根的腐烂。短体线虫侵染小麦后，植株常呈现矮小，下部叶变黄，分蘖数减少。桑尼短体线虫在澳大利亚可造成小麦产量 38%~85% 的损失，墨西哥为 12%~37%，以色列高达 70%，在美国西北太平洋地区也可造成小麦的损失。与桑尼短体线虫相比，落选短体线虫和穿刺短体线虫的分布似乎不广，对小麦的危害也相对较轻。在澳大利亚南部，由落选短体线虫引起的小麦损失为 16%~23%，而在同时受到桑尼短体线虫和落选短体线虫侵染的地区，小麦产量损失可达 56%~74%。在北美和德国，落选短体线虫被证明是禾谷类作物的弱致病线虫（Nicol 等，2011）。

9.8.2　小麦线虫病害的主要防治方法

利用非寄主与小麦轮作或利用寄主的遗传抗性是防治禾谷孢囊线虫和短体线虫的主要方法。CCN 具有寄主特异性，与非禾谷类作物轮作可以很好地降低线虫的种群密度。由于短体线虫是多食性的，防治这类线虫的轮作植物可选择性很少。作物的遗传抗性有利于增加遗传耐受性（受线虫侵染的情况下仍能保持产量）。在了解和定位禾谷类作物中的抗性来源方面，孢囊线虫比短体线虫更有优势，部分原因是孢囊线虫与其寄主植物之间形成了特定的互作关系。相比之下，迁移性植物线虫与其寄主关系的特异性不强，遵循基因对基因的互作模式的可能性较小。已鉴定出了抵抗禾谷孢囊线虫的抗源，主要来自山羊草属（*Aegilops* spp.）小麦的野生近缘种，并且已经成功地将抗性基因导入六倍体的小麦中。在澳大利亚北部的小麦农场，对桑尼短体线虫有耐受性的小麦资源已经使用多年，但目前还没有商业化的抗短体线虫的小麦品种（Nicol 等，2011）。

9.9　橘树线虫病害的综合治理

本节内容旨在以柑橘线虫病害的治理为范本，阐述果树线虫病害发生的普遍规律和主要的防治方法，对葡萄、猕猴桃、坚果类果树等线虫病害治理有参考价值。

9.9.1　为害柑橘的线虫种类

根据 2017/2018 年世界主要柑橘生产国统计数据（Omar 和 Tate，2018），巴西产量列居第一，我国产量排在第二，但我国柑橘鲜果消费排全球第一。在世界柑橘的主产国如巴西、中国、埃及和美国，线虫对柑橘产量和品质的为害呈现加剧的趋势，特别是在沙土地区，如在埃及广袤的沙漠地区和美国佛罗里达州的滩涂区柑橘种植园。线虫通过感染的幼苗、有机肥料、植物材料、灌溉和机械等方式传入新种植园（Abd-Elgawad 等，2016）。

在不同的土壤条件下，柑橘的受损程度都与线虫的种类、虫口密度和线虫繁殖的条件有关。通常情况下，半内固定寄生型的半穿刺线虫（*Tylenchulus semipenetrans*）是最重要的柑橘线虫。迁移内寄生型的短体线虫和穿孔线虫、定居内寄生型的根结线虫，以及外寄生型的刺线虫、剑线虫、鞘线虫、环线虫、纽带线虫、螺旋线虫、矮化线虫、毛刺线虫和长针线虫等也可以损害柑橘，其中咖啡短体线虫（*Pratylenchus coffeae*）的为害仅次于半穿刺线虫，紧随其后的是根结线虫和剑线虫。高温、干旱和风等非生物因子可以影响柑橘的花序和果实，多种生物因素也影响柑橘的生长，包括柑橘衰退病毒（*Citrus tristeza virus*）、柑橘鳞皮病毒（*Citrus psorosis virus*）、烟草疫霉菌（*Phytophthora nicotianae*）、茄镰孢菌（*Fusarium solani*）和半裸镰刀菌（*F. semitectum*）等。

　　柑橘半穿刺线虫可以寄生 75 种芸香科植物，特别是柑橘及遗传性状相近的植物种类，也能寄生橄榄、葡萄、丁香和柿子等非芸香科植物。柑橘半穿刺线虫的 2 龄幼虫（J2）（图 9-25，引自 Inserra 等 1988）从卵中孵化后不立即侵入寄主根系，而是在根外取食外皮层细胞达两个星期之久，接着 J2 蜕皮 3 次从 J3、J4 发育至成虫（图 9-25，引自 Inserra，1988），其间不取食；不同种类的半穿刺线虫雌成虫在形态上有较大区别（图 9-26，引自 Inserra 等，2005）。幼龄雌虫将头部侵入根的中柱组织周围，选择几个细胞作为永久性的取食位点即营养细胞（Nurse cells），并通过口针取食营养，暴露在根外部的虫体后半部分逐渐肿大成各种形状（图 9-27，引自 Duncan，2005；图 9-28，源自 Bugwood）。在 25 C 条件下，半穿刺线虫可在 6 个星期内完成生活史，雌虫将卵产在根表的胶质中。雌虫在没有食源的情况下在土壤中可存活 2 年。

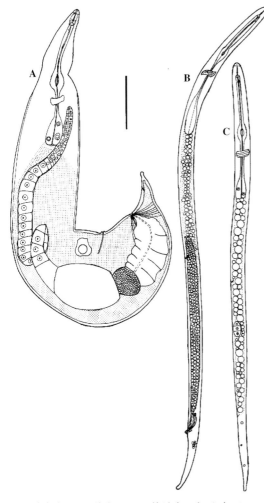

A—雌成虫；B—雄虫；C—2 龄幼虫；标尺为 50 μm。

图 9-25　半穿刺线虫形态

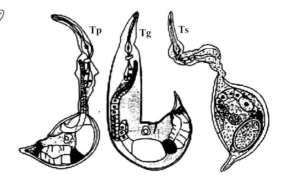

Tp —沼泽半穿刺线虫（*Tylenchulus palustris*）；Tg—草本半穿刺线虫（*T. graminis*）；Ts—柑橘半穿刺线虫（*T. semipenetns*）（Inserra 等，2005）。

图 9-26　主要半穿刺线虫种类成熟雌虫的形态差别

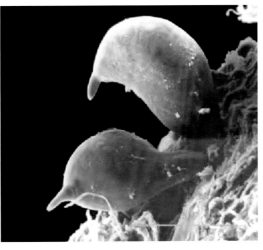

图 9-27　半穿刺线虫雌成虫后半部肿大暴露在根外

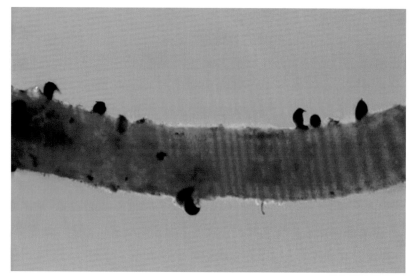

图 9-28　半穿刺线虫雌成虫为害柑橘根部

　　半穿刺线虫在埃及柑橘园的线虫种群中占到了 81.2%~99.1%，在美国的加利福尼亚州和佛罗里达州占 24%~60%、在巴西和西班牙占 70%~90%。半穿刺线虫在世界各地的柑橘园有如此高的群体密度，表明其可以在广泛的环境和土壤条件下损害柑橘的产量。半穿刺线虫引起的柑橘慢衰病导致树体长势逐渐衰弱，叶片和果实较小，有时会呈现黄化，在中国常被误认为柑橘黄龙病的症状（图 9-29）；如果存在水分胁迫或其他不利的条件时，叶片会发生严重的脱落，而严重受害柑橘的嫩枝会枯死以及树冠变稀疏（图 9-30）。

图 9-29　柑橘半穿刺线虫引起芦柑慢衰病
（刘国坤　摄）

图 9-30　半穿刺线虫引起严重的金橘慢衰病
（刘国坤　摄）

受害根系症状常表现为根毛稀疏，在根表可以看到虫体后半部裸露的成虫（图 9-28），根系会很快腐烂而导致其他病原菌的侵入。此外，受感染的柑橘树在显现症状前通常可以耐受半穿刺线虫非常高的群体密度，即使柑橘树外观看起来很健康，其挂果量还是会受到影响。由于轻度感染的植株不会出现明显的症状，这会造成携带线虫的柑橘苗木漏检而用于新果园种植，进而导致线虫的传播蔓延（Abd-Elgawad，2020）。

9.9.2 植物线虫为害柑橘的阈值

在埃及的 2 月和 8 月，橘树（Navel 品种）的植物线虫虫口密度较低，经济阈值为 13 000 条 /1 kg 土壤或 15 000 条 /5 g 根；在种群密度高峰期的 3 月，经济阈值为 36 000 条 /1 kg 土（Korayem 和 Hassabo，2005）。对于埃及的柠檬，施用杀线剂硫线磷（Cadusafos）和杀线威（Oxamyl）的经济阈值分别为 1 810 条和 141 条 J2s/150 mL 土。在美国加利福尼亚州，当线虫的虫口密度低于 800 J2s /100 g 土时，不需要采取防治措施，大于 1 600 J2s /100 g 土时，可以考虑施用杀线剂，而大于 3 600 J2s /100 g 土时，必须施用杀线剂以增加产量（Garabedian 等，1984）。半穿刺线虫种群密度与埃及柠檬产量的关系见表 9-10，引自 Abd Elgawad 等，2016 年。

表 9-10　半穿刺线虫种群密度与埃及柠檬产量的关系

线虫种群 （J2/150mL 土壤）	果实重量（kg/ 株）	果实损失量（kg/ 株）	损失率（%）
110	103	23.8	18.8
500	95	31.5	24.9
900	92	34.5	27.3
1 200	91	35.9	28.4
1 500	90	37.1	29.3
2 000	88	38.5	30.5
2 300	87	39.2	31.0

9.9.3 柑橘线虫病害的综合治理

减轻植物线虫侵染引起的柑橘损失需要建立一个促进柑橘健康生长的生产管理体系。通过正确灌溉、杂草控制、病虫害综合治理、充分施肥和修剪等有关栽培、化学和农艺措施等来提高柑橘的产量。建立苗圃地认证、苗木溯源及严格的生产和管理制度，杜绝任何线虫感染的柑橘苗木出圃，从源头预防线虫病害的发生，例如使用无植物线虫和其他病虫害污染的土壤、生物材料、生产工具、肥料和水等。在美国佛罗里达州，通过设立检疫制度并严格执行，成功地保护了柑橘树免受植物线虫的严重为害（Inserra 等，2005）；在

1994 年，佛罗里达州的苗圃认证项目有效地阻止了半穿刺线虫的扩散，为种植户挽回了约 3 300 万美元的经济损失（Lehman，1996）。

在全球范围内，直接防治柑橘线虫病的策略包括利用抗性砧木、杀线剂或功能性肥料等。例如在美国佛罗里达，通常用施文格枳柚（Swingle citrumelo）作为抗性砧木，西班牙用 Forner-Alcaide no.5 作为抗性砧木。抗性砧木并不能完全解决线虫为害的问题，如果植物线虫持续存在，有可能突破抗性而产生新的毒力群体，对柑橘造成为害。在建立柑橘园之前可以使用棉隆或氯化苦等熏蒸剂处理土壤。检测到植物线虫后，参考经济阈值，必要时使用化学杀线剂，可以借助灌溉系统施用水溶性杀线剂，或结合施肥拌入杀线颗粒剂，最好设置几株未处理的树作为对照，用于评估杀线剂的防治效果。

亚致死剂量的杀线剂能够影响线虫的行为，例如雄虫不能与雌性交配，卵的孵化受抑制，或者线虫不能完成生活史等；如果把一年中允许的杀线剂最大用量分成多次的亚致死剂量使用，可显著提高杀线剂的效果，如果同时兼有杀虫效果，则在经济上会更有优势。柑橘的大部分细根生长在树冠下土层 60~75 cm 处，也是线虫虫口密度最大的地方，因此施用杀线剂时，应该最大限度地覆盖树冠下的土壤；选择土壤温度相对较高的时期施药，此时的线虫最为活跃，内吸性的药剂也容易被根系快速吸收。杀线剂使用的重复率、用药的位置和时期对其防治效果至关重要。重复使用杀线剂会由于微生物降解加速而导致药效降低，大量灌溉会迅速将杀线剂冲施到主要根区以外而失去作用，特别是在有机质含量低的沙质土壤中，正确的灌溉方式可以保持杀线剂的毒性浓度，进而有效控制线虫的为害（Abd-Elgawad，2020）。

可以利用微生物或植物源杀线剂防治柑橘线虫病害。一些有机和无机肥料已被证明能抑制植物线虫的种群数量，具有杀线功能的主要有机质是植物油饼或含氮 2%~7%（W/W）的动物粪便，硝酸铵、硫酸铵和尿素均能减少土壤和柑橘幼苗根系中半穿刺线虫的数量（Badra 和 Elgindi，1979）。穿刺芽孢杆菌、荧光假单胞杆菌、厚垣普奇尼亚菌、淡紫紫孢菌和木霉菌等微生物菌剂对柑橘半穿刺线虫都有一定的抑制效果。生物源杀线剂可以作为辅助措施与化学杀线剂联合使用，一方面可以减少化学杀线剂的使用量，另一方面也能够发挥它们对线虫种群的持续抑制作用。

9.10 其他作物线虫病害的综合治理

9.10.1 棉花线虫病害的综合治理

为害棉花的线虫种类及其参考阈值见表 9-11。由于花生根结线虫和爪哇根结线虫不寄生棉花根系，棉田里无须控制。在美国佐治亚州有两种常见的纽带线虫，但只有哥伦比亚纽带线虫造成为害。可以种植对南方根结线虫有耐受性的棉花品种，以及施用低剂量的杀线剂。

纽带线虫、肾状线虫（图9-31，图片源自Charles Overstreet）和根结线虫的种群密度超出阈值时必须使用杀线剂控制。如果在一个生长季内不采取措施，根结线虫和肾状线虫的种群密度会增加到非常高的水平，对来年作物会造成严重为害。棉花与花生轮作是控制肾状线虫、南方根结线虫和哥伦比亚纽带线虫的有效方法。拟毛刺线虫能寄生棉花，但尚缺乏其经济阈值的数据，如果拟毛刺线虫的种群密度很高，会造成产量损失，应该用杀线剂进行防治。

表 9-11　防治棉花线虫为害的参考阈值

线虫种类	经济阈值（线虫数/100 mL 土）			防治方法选项
	沙土 - 沙壤土	黏壤土 - 黏土	种植前平整土	
哥伦比亚纽带线虫 *Hoplolaimus columbus*	1~49	1~99	1~16	A,E
	50~99	100~149	17~33	B,C
	100+	150+	34+	B,C,D
帽状纽带线虫 *Hoplolaimus galeatus*	1~199	1~249	1~69	A,E
	200~24	250~349	70~89	B,C
	250+	350+	90+	B,C,D
肾形肾状线虫 *Rotylenchulus reniformis*	1~49	1~49	1~15	A,E
	50-749	50-749	16-149	B,C
	750+	750+	150+	B,C,D
小环线虫 *Criconemella* spp.	1~399	1~599	1~139	A,E
	400+	600+	140+	B,C,D
南方根结线虫 *Meloidogyne incognita*	1~49	1~99	1~16	A,E
	50~99	100~129	17~39	B,C
	100+	130+	40+	B,C,D
短体线虫 *Pratylenchus* spp.	1~49	1~79	1~16	A,E
	50~99	80~149	17~32	B,C
	100+	150+	33+	B,C,D
盾线虫和螺旋线虫 *Scutellonema* spp. & *Helicotylenchus* spp.	1~799	1~999	1~264	A,E
	800+	1 000+	265+	B,C,D
长尾刺线虫 *Belonolaimus longicaudatus*	10+	NA	1+	B,D
矮化线虫 *Tylenchorhynchus* spp.	1~599	1~799	1~199	A,E
	600+	800+	200+	B,C,D

图 9-31　肾状线虫为害棉花根部

9.10.2　花生线虫病害的综合治理

　　广泛分布的花生根结线虫、北方根结线虫和爪哇根结线虫对花生的为害最为严重，而南方根结线虫不能寄生花生。明确花生地里的根结线虫种类对于制定防治策略很重要。采收时可依据根部症状判断根结线虫的种类。一般情况下，棉花田里的根结线虫通常是南方根结线虫。目前还没有对花生根结线虫有抗性的花生品种。花生主要线虫种类的参考阈值和防治措施见表 9-12（参照美国佐治亚州，Jagdale, 2013）。北方根结线虫为害花生的症状如图 9-32 和图 9-33 所示。

表 9-12　花生主要线虫种类的参考阈值和防治措施

线虫种类	阈值	建议措施
花生根结线虫 *Meloidogyne arenaria*	1~9	开始造成为害，调节土壤 pH 值，使用土壤改良剂如有机肥料，使用杀线剂
	>10	对产量影响大。使用杀线剂或与非寄主植物轮作
南方根结线虫 *Meloidogyne incognita*	>1	无须防治
短尾短体线虫 *Pratylenchus brachyurus*	>300	开始造成为害，调节土壤 pH 值，使用土壤改良剂如有机肥料，使用杀线剂

图 9-32　北方根结线虫为害花生地上部症状　　　图 9-33　北方根结线虫为害花生
（董炜博　摄）　　　　　　　　　　　　　　地下部症状（董炜博　摄）

9.10.3　大豆线虫病害的综合治理

在为害大豆的病虫害中大豆孢囊线虫（Soybean cyst nematode，SCN）最为重要，严重时可造成绝收。收获后及时取样检测土壤中 SCN 的种群密度，土壤中 SCN 卵密度与潜在大豆产量损失的相关性，参考表 9-13（Hershman，2015）。

表 9-13　SCN 卵密度与潜在大豆产量损失的相关性

SCN 卵数 /237mL 土壤	潜在产量损失（SCN 敏感品种）
0	0
0~500	0~5%
501~1 000	5%~15%
1 001~3 000	15%~20%
3 001~5 000	20%~40%
5 000+	25%~60%

治理大豆孢囊线虫的主要手段包括轮作、种植抗性品种和施用杀线剂等。建议不要连续两年种植大豆，可以与大豆孢囊线虫的非寄主作物如玉米等轮作；也不要连续种植大豆孢囊线虫抗性品种，否则将产生能够在抗性品种上繁殖的生理小种。可以参考美国艾奥瓦州立大学推荐的方案（图 9-34）设计符合自身条件的轮作计划。

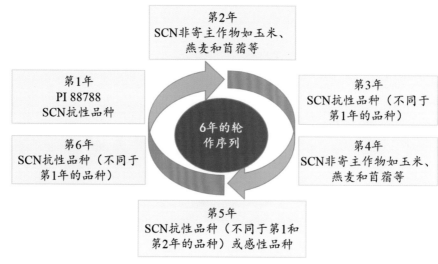

图 9-34　美国艾奥瓦州立大学建议的大豆轮作方案

花生根结线虫和肾状线虫等种类也为害大豆。对根结线虫种类的鉴定至关重要，不同的大豆品种对不同的根结线虫种类有不同程度的抗性。大豆是一种利润相对较低的作物，成本问题可能会限制杀线虫剂的应用。使用种衣剂是一种经济有效的防治方案。大豆主要线虫种类的参考阈值和防治措施见表 9-14（参照美国佐治亚州，Jagdale，2013）。大豆孢囊线虫为害大豆的田间症状如图 9-35 所示，从大豆根上分离到的大豆孢囊线虫各虫态如图 9-36 所示。美国南卡罗来纳州用于大豆线虫防治的杀线剂名录如表 9-15 所示（引自 Mueller，2017）。

表 9-14　大豆主要线虫种类的参考阈值和防治措施

线虫种类	阈值	建议措施
大豆孢囊线虫 *Heterodera glycines*	>1	造成为害，与非寄主植物、抗性品种轮作
南方根结线虫 *Meloidogyne incognita*	1~59 >60	开始造成为害，调节土壤pH值，使用肥料改良土壤，使用抗性品种。 造成为害，使用抗性品种
花生根结线虫 *Meloidogyne arenaria*	1~9 >10	开始造成为害。调节土壤pH值，使用肥料改良土壤，使用抗性品种。 造成为害，使用抗性品种
爪哇根结线虫 *Meloidogyne javanica*	1~9 >10	开始造成为害。调节土壤pH值，使用肥料改良土壤，使用抗性品种。 造成为害，与非寄主植物轮作
哥伦比亚纽带线虫 *Helicotylenchus columbus*	>1	造成为害，与非寄主植物轮作
长尾刺线虫 *Belonolaimus longicaudatus*	>1	造成为害，与非寄主植物轮作
肾形肾状线虫 *Rotylenchulus reniformis*	>1	造成为害，与非寄主植物轮作

图 9-35　大豆孢囊线虫田间为害症状（黄文坤　摄）　　图 9-36　大豆孢囊线虫的不同龄期虫态

表 9-15　美国南卡罗来纳州用于大豆线虫防治的杀线剂

商品名	有效成分	类别
Telone II	二氯丙烯（1,3 - dichloropropene）	熏蒸剂
K-Pam 或 Vapam	威百亩（Metam potassium 或 Metam sodium）	熏蒸剂
Temik	涕灭威（Aldicarb）	颗粒剂
AVICTA	阿维菌素（Abamectin）	种衣剂
Avicta Complete	阿维菌素（Abamectin）、噻虫嗪（Thiamethoxam）、精甲霜灵（Mefenoxam）、咯菌腈（Fludioxonil）	种衣剂
Poncho/Votivo	噻虫胺（Clothiandin）、坚强芽孢杆菌（*Bacillus firmus* I1582）	种衣剂
Clariva pn	西泽巴氏杆菌（*Pasteuria nishizawae* – Pn1）	种衣剂
Clariva Complete	西泽巴氏杆菌（*Pasteuria nishizawae* –PN1）、氟唑环菌胺（Sedaxane）、噻虫嗪（Thiamethoxam）、咯菌腈（Fludioxonil）、精甲霜灵（Mefenoxam）	种衣剂
ILeVO	氟吡菌酰胺（Fluopyram）	种衣剂

9.10.4　桃树线虫病害的综合治理

　　建立果园时必须重视根结线虫的潜在为害。种植前轮作可降低根结线虫的种群水平。在种植前采集土壤样本，以确定是否存在根结线虫，如果存在则必须确定到种。对发现根结线虫的区域，在移栽前种植冬季覆盖作物黑麦，随后进行夏季休耕，休耕地要保持无杂草的状态，再次使用冬季覆盖作物黑麦，以减少熏蒸前园区土壤中的线虫种群密度，也可以使用抗性砧木。桃树主要线虫种类的参考阈值和防治措施见表 9-16（参照美国佐治亚州，Jagdale，2013）。

表 9-16　桃树主要线虫种类的参考阈值和防治措施

线虫种类	阈值	建议措施
异盘中环线虫 *Mesocriconema xenoplax*	>1	不使用该地块，或采取土壤熏蒸的方法
南方根结线虫 *Meloidogyne incognita*	>1	不使用该地块，或采取土壤熏蒸的方法
花生根结线虫 *Meloidogyne arenaria*	>1	
北方根结线虫 *Meloidogyne hapla*	>1	
爪哇根结线虫 *Meloidogyne javanica*	>1	
伤残短体线虫 *Pratylenchus vulnus*	>1	不使用该地块，或采取土壤熏蒸的方法

9.10.5　草坪线虫病害的综合治理

施用杀线剂是草坪线虫治理的主要方法，与恰当的草坪生长管理方法结合使用会更加有效。线虫可对草坪根系造成严重的损害，同时受到其他逆境压力时更容易出现受害症状，割草是高尔夫草坪重要的逆境压力；调节 pH 值、增加肥力、控制害虫和加强水分管理等措施，可以使草坪更好地抵御线虫的侵害。当草坪受到极端环境压力时，避免使用杀线剂，最好在凉爽或温暖的季节施用；播种 6 周内不要使用杀线剂；反复施用会加剧微生物的降解作用，使杀线剂效率降低。过多的有机物（如厚厚的茅草层）会增强对药物的吸附量，降低杀线剂的效果；在含沙量很高的草地上，过多的雨水或灌溉也会降低杀线剂的效果。在施用杀线剂 6~8 周后，应该重新检测土壤，确认线虫数量的减少，最佳取样时间在草坪的最佳生长期，即春季（4 月）和秋季（9 月、10 月）。土壤改良剂可以改善草坪的质量和生长健康状况，能产生短期效果，但不是持久的解决方案，必须在播种前混入土壤中。目前还没有效果稳定和令人满意的生物防治制剂能够控制草坪线虫的为害。草坪主要线虫种类的参考阈值和防治措施见表 9-17（参照美国佐治亚州，Jagdale，2013）。线虫为害草坪症状见图 9-37（图片源自密西根州立大学）。

表 9-17　草坪主要线虫种类的参考阈值和防治措施

线虫种类	阈值	建议措施
长尾刺线虫 *Belonolaimus longicaudatus*	>10	生长受影响大，使用杀线剂
帽状纽带线虫 *Hoplolaimus galeatus*	>60	生长受影响大，使用杀线剂
根结线虫 *Meloidogyne* spp.	>80	生长受影响大，使用杀线剂
拟毛刺线虫 *Paratrichodorus* spp.	>100	生长受影响大，使用杀线剂
装饰小环线虫 *Criconemella ornata*	>500	生长受影响大，使用杀线剂
矮化线虫 *Tylenchorhynchus* spp.	>1 000	生长受影响大，呈现症状时使用杀线剂

图 9-37　线虫为害草坪症状

参考文献

Abd-Elgawad M, 2020, Managing nematodes in Egyptian citrus orchards[J/OL]. Bulletin of the National Research Centre, 44(1). https: //doi. org/10. 1186/s42269-020-00298-9.

Abd-Elgawad M M M, Koura F F H, Montasser S A, et al, 2016. Distribution and losses of *Tylenchulus semipenetrans* in citrus orchards on reclaimed land in Egypt[J].Nematology, 18: 1141–1150.

Badra T, Elgindi D M. 1979. The relationship between phenolic content and *Tylenchulus semipenetrans* populations in nitrogen-amended citrus plants[J]. Revue de Nématologie, 2 (2): 161–164.

Bridge J, Plowright R A, Peng D, 2005. Nematode parasites of rice[M]//Luc M, Sikora R A, Bridge J .Plant parasitic nematodes in subtropical and tropical agriculture, 2nd edn. CABI Publishing, Wallingford: 87–130.

Brown R A. 1981. Nematode diseases[M]// Economic importance and biology of cereal root diseases in Australia. Report to Plant Pathology Subcommittee of Standing Committee on Agriculture, Australia.

Catling H D, Cox P G, Islam Z, et al, 1979. Two destructive pests of deep water rice–yellow stem borer and ufra[J].ADAB News, 6: 16–21.

Dickerson O J, Blake J H, Lewis S A, 2000. Nematode guidelines for South Carolina[EB/OL]. https://www.clemson.edu/public/regulatory/plant-problem/pdfs/nematode-guidelines-for-south-carolina. pdf.

Duncan L W, Ferguson J J, Dunn R A, et al, 1989. Application of Taylor's power law to sample statistics of *Tylenchulus semipenetrans* in Florida citrus[J]. Supplement to the Journal of Nematology (Annals of Applied Nematology), 21: 707–711.

Duncan L W, 2005. Nematode parasites of citrus[M]// Luc M, Sikora R A, Bridge J. Plant parasitic nematodes in subtropical and tropical agriculture.2nd Edition. CAB International Wallingford UK.

Egunjobi O A. 1974. Nematodes and maize growth in Nigeria. II. Effects of some amendments on populations of *Pratylenchus brachyurus* and on the growth and production of maize (*Zea mays*) in Nigeria[J].Nematol Medit, 3: 5–73.

Gad S B, 2019. Future of plant parasitic nematode control[J]. EC Agriculture, 5(4): 213–214.

Garabedian S, Van Gundy S D, Mankau R, et al, 1984. Nematodes. In: Integrated pest management for citrus[M]. University of California, Riverside: 129–131.

Gowda M T, Rai A B, Singh B, 2017. Root knot nematode: a threat to vegetable production and its managemen[R]. IIVR Technical Bulletin No. 76, IIVR, Varanasi: 32.

Grabau Z J, Vann C, 2017. Management of plant-parasitic nematodes in Florida field corn production[EB/OL]. https: //edis. ifas. ufl. edu/ng014.

Hershman D E, 2015. Soybean cyst nematode (SCN) management recommendations for kentucky[EB/OL]. https: //plantpathology. ca. uky. edu/files/ppfs-ag-s-24. pdf.

Hollis J P, Keoboonrueng S, 1984. Nematode parasites of rice[M]//Nickle W R . Plant insect nematodes. Marcel Dekker, New York: 95–146.

Inserra R N, Stanlet J D, O'Bannon J H, et al, 2005. Nematode quarantine and certification programmes implemented in Florida[J]. Nematol Medit, 33: 113–123.

Inserra R, Vovlas N, O'bannon J, et al, 1988. *Tylenchulus graminis* n. sp. and *T. palustris* n. sp. (Tylenchulidae), from Native Flora of Florida, with Notes on *T. semipenetrans* and *T. furcus*[J]. Journal of nematology, 20(2): 266–287.

Jagdale G B, 2013. Guide for interpreting nematode assay results[EB/OL]. https: //secure. caes. uga. edu/extension/publications/files/pdf/C%20834_3. PDF.

Jones J, Gheysen G, Fenoll C, 2011. Genomics and molecular genetics of plant-nematode interactions[M]. Heidelberg, Germany: Springer: 21–43.

Kevin, Lacey, 2019. Citrus rootstocks for Western Australia[EB/OL].https: //www. agric. wa. gov. au/citrus/citrus-rootstocks-western-australia.

Keetch D P, 1989. A perspective of plant nematology in South Africa[J]. South African Journal of Science, 85: 506–508.

Koenning S R, Overstreet C, Noling J W, et al, 1999. Survey of crop losses in response to phytoparasitic nematodes in the United States for 1994[J]. Journal of Nematology, 31(4S): 587-618.

Korayem A M, Hassabo S A A. 2005. Citrus yield in relation to *Tylenchulus semipenetrans* in silty loam soil[J]. Int J Nematol, 15: 179–182.

Lehman P S, 1996. Role of plant protection organizations in nematode management[C]. XIX Congress of Brazilian Society of Nematology, Rio Quente, Brazil: 137–148.

Mehl H L, 2018. Nematode management in field crops. https://www.pubs.ext.vt.edu/SPES/ SPES-15/SPES-15[EB/OL].html https://www.ars.usda.gov/northeast-area/beltsville-md-barc/ beltsville-agricultural-research-center/mycology-and-nematology-genetic-diversity-and-biolo-gy-laboratory/docs/docs-nl/plant-parasitic-nematodes/McDonald, AH.

Mueller J D, 2016. South Carolina pest management handbook for field crops[EB/OL]. https:// pdfs.semanticscholar.org/1e9e/c6c46f02838bcf75f5de8efffcc0ef0dee8c. pdf.

Nicol J M, 2005. Nematode parasites of rice[M]//Luc M, Sikora R A, Bridge J .Plant parasitic nematodes in subtropical and tropical agriculture, 2nd edn. CABI Publishing, Wallingford: 131–191.

Nicol J M, Rivoal R, 2007. Integrated management and biocontrol of vegetable and grain crops nematodes[M]//Ciancio A, Mukerji K G.Global knowledge and its application for the integrated control and management of nematodes on wheat. The Netherlands: Springer: 243–287.

Nicol J M, Turner S J, Coyne D L, et al, 2011. Current nematode threats to world agriculture[M/ OL]// Genomics and Molecular Genetics of Plant-Nematode Interactions: 21–43.DOI: 10. 1007/978-94-007-0434-3_2.

Nicol J M, Rivoal R, 2008. Global knowledge and its application for the integrated control and management of nematodes on wheat[M]//Ciancio A, Mukerji K G . Integrated Management and Biocontrol of Vegetable and Grain Crops Nematodes.The Netherlands: Springer: 251–294.

Noling J W, 2019a. Management in cucurbits (Cucumber, Melons, Squash) [EB/OL]. https: // edis. ifas. ufl. edu/pdffiles/NG/NG02500. pdf.

Noling J W, 2019b. Nematode management in tomatoes, peppers, and eggplant[EB/OL]. https: // edis. ifas. ufl. edu/pdffiles/NG/NG03200. pdf.

Omar S, Tate B, 2018. Egypt: citrus annual. gain report number: EG 18031, USDA Foreign Agricultural Service, 10 p[EB/OL]. https://apps.fas.usda.gov/newgainapi/api/report/downloadreportbyfilename?filename=Citrus%20Annual Cairo Egypt_12-10-2018.pdf (accessed 22 January 2020).

Okorley B A, Agyeman C, Amissah N, et al, 2018. Screening selected *Solanum* plants as potential rootstocks for the management of root-knot nematodes (*Meloidogyne incognita*)[J/OL]. International Journal of Agronomy Volume 2018, Article ID 6715909, 9 pages.

Plowright R A, Bridge J, 1990. Effect of *Meloidogyne graminicola* (Nematoda) on the establishment, growth and yield of rice cv. IR36[J]. Nematologica, 36: 81–89.

Rao Y S, Prasad J S, Panwar M S, 1986. Stem nematode (*Ditylenchus angustu*s) a potential pest of rice in Assam and West Bengal, India[J].International Nematology Network Newsletter, 3: 24–26.

Sekora N S, 2018. Vermiform second stage juvenile (J2) of the citrus nematode, *Tylenchulus semipenitrans* (Cobb, 1913) [EB/OL]. http://entnemdept.ufl.edu/creatures/nematode/citrus_nematode.htm.

Shi Q, Shi X, Song W, et al, 2020. First report of southern root-knot nematode (*Meloidogyne incognita*) on maize in Shandong province of China[J]. Plant Disease, 104(10): 2739.

Smolik J D, Evenson P D, 1987. Relationship of yields and *Pratylenchus* spp. population densities in dryland and irrigated corn [J]. Journal of Nematology, 19(Annals 1): 71–73.

Smiley R, Yan G P, 2010. Cereal cyst nematodes: Biology and management in Pacific Northwest wheat, barley, and oat crops[R]. A Pacific Northwest Extension Publication Oregon State University.

Subbotin S A, Sturhan D, Rumpenhorst H J, et al, 2003. Molecular and morphological characterisation of the *Heterodera avenae* species complex (Tylenchida: Heteroderidae) [J]. Nematology, 5(4): 515–538.

Wallace H R, 1965. The ecology and control of the cereal root nematode[J]. Australian Journal of Agricultural Research, 31: 178–186.